U0312831

# 电学领域
# 热点专利技术分析

DIANXUE LINGYU
REDIAN ZHUANLI JISHU FENXI

周述虹 主编

知识产权出版社
全国百佳图书出版单位

图书在版编目（CIP）数据

电学领域热点专利技术分析 / 周述虹主编. —北京：知识产权出版社，2017.7
ISBN 978 - 7 - 5130 - 5050 - 0

Ⅰ.①电… Ⅱ.①周… Ⅲ.①电学—专利技术—研究 Ⅳ.①O441.1 - 18

中国版本图书馆 CIP 数据核字（2017）第184453号

责任编辑：刘 睿 刘 江　　　　　　　责任校对：王 岩
封面设计：张国仓　　　　　　　　　　责任出版：刘译文

电学领域热点专利技术分析

周述虹　主编

| | | | |
|---|---|---|---|
| 出版发行：**知识产权出版社** 有限责任公司 | 网　　址：http://www.ipph.cn |
| 社　　址：北京市海淀区气象路50号院 | 邮　　编：100081 |
| 责编电话：010 - 82000860 转 8344 | 责编邮箱：liujiang@cnipr.com |
| 发行电话：010 - 82000860 转 8101 | 发行传真：010 - 82000893/82005070/82000270 |
| 印　　刷：北京嘉恒彩色印刷有限责任公司 | 经　　销：各大网上书店、新华书店及相关专业书店 |
| 开　　本：787mm×1092mm　1/16 | 印　　张：20 |
| 版　　次：2017年7月第1版 | 印　　次：2017年7月第1次印刷 |
| 字　　数：445千字 | 定　　价：70.00元 |
| ISBN 978 - 7 - 5130 - 5050 - 0 | |

# 编　委　会

**主　编：**周述虹
**主要撰稿人：**

周述虹（序言、第一章第六节）

李　捷（引言）

易　铭（第一章第一节）

崔成东（第一章第二节）

黄旭光（第一章第三节）

张永辉（第一章第四节）

徐金娜（第一章第五节）

金　政（第二章第一节）

倪晓东（第二章第二节）

马海燕（第二章第三节）

高　涛（第二章第四节）

郭冰冰（第二章第五节）

倪　铨（第三章第一节）

曹　玮（第三章第二节）

凌玮杰（第三章第三节）

贾国渊（第三章第四节）

李小婉（第三章第五节）

**主要统稿人：**周述虹、金政

# 序　言

　　电学领域具体涉及计算机技术、半导体、元器件以及电力电子等技术领域。电学领域高新技术多，技术更新快，在专利方面呈现出专利申请量大、专利诉讼频发且诉讼标的额大、高新科技企业对于专利技术的保护和运用需求高的特点。为深入实施创新驱动发展战略，助力高新科技创新发展，本书从电学领域中选取近年来专利申请活跃的15个热点技术领域开展专利分析和研究，以期对相应领域的技术研发人员提供一定的参考。

　　本书分为计算机技术领域、半导体器件领域、电力电子领域三大部分，通过对国内外专利数据库的检索和分析，对相关领域的热点技术从专利申请量、国内外主要申请人、技术演进路线、重点专利等多维度进行细致的梳理和研究，对技术发展脉络和重点技术进行深入阐释，对相关领域的科研机构与企业了解本领域专利布局状况和专利技术发展态势具有一定的参考价值。

　　感谢全体编撰人员为本书的形成所付出的辛勤努力，在此致以最诚挚的感谢。

　　由于时间仓促、水平有限，书中内容难免存在不足之处，希望读者批评指正，提出宝贵的意见和建议。


周述虹

# 目 录
CONTENTS

# 引　言

本部分对本书中专利技术分析的数据来源、数据检索、数据处理、数据标引、相关事项与约定、专利分析方法进行统一介绍。

一、数据来源

1. 专利数据来源

本书采用的专利文献数据主要来自中国专利检索系统（CNABS）数据库、全球专利索引（DWPI）数据库、VEN专利数据库等。

2. 法律状态查询

中国专利申请法律状态数据来自E系统案卷信息查询模块。

3. 引用频次查询

引文数据来自DII（Derwent Innovations Index）数据库。

由于部分专利申请可能需要18个月之后公布，一些2016年提交的专利申请可能存在尚未公开的情况，在WPI、CPRS等数据库中均不包括这部分没有公开的专利申请，因此，本书的专利分析仅基于已经公开的专利申请。

二、数据检索

检索采用模块化检索和增量化检索的策略：

（1）构建相关行业中外企业名录；

（2）收集相关分支对应的准确分类号；

（3）结合项目分解表整理扩展与所分析技术相关的关键词；

（4）根据检索结果搜集新的相关企业/扩展关键词；

（5）构建更全面的检索式，通过标引去噪。

具体的检索过程中按照三级结构来构建检索式。

第一层级：以申请人入口来检索，此类申请人为其主要研究或者业务涉及该领域的企业单位；

第二层级：以该领域中其他申请人为入口检索，并且要剔除掉这些申请中不相关的文献；

第三层级：以分类号、关键词入口来检索，补充第一、第二层级检索中被遗漏的文献，并针对特定的重点研究领域进行针对性检索防止漏检；

对于检索词的选取，首先列出尽可能的表达方式，同时也征询行业、研究机构和企业专家的意见，了解一些通用的常用的或者专业的表达方式，从而形成检索词的合集，且通过多个层级的检索来不断地反馈与扩充检索词的集合，并且从中剔除带入很多噪声的不合适的关键词。

## 三、数据处理

### 1. 数据去噪

对检索过程中带来不同程度的噪声，基于对噪声来源及类型的分析，确定以下去噪策略：（1）简单利用分类号去噪，对检索的结果直接用较大范围的分类号从总体上限制；（2）在后续标引数据的过程中还发现一定数量的噪声文献，通过阅读摘要或全文，手动去噪，实现标引的过程去除干扰噪声。

去除噪声的步骤可归纳为以下几步：

（1）确定去除的关键词或者特殊字符，在检索结果中进行噪声去除；

（2）浏览去除的文献，评估去除噪声的效果，如果去除的文献中含有较多与技术主题的相关文献则需要对去噪检索式做出调整；对于去噪效果比较好的检索式中，检查误伤文献，则将这些误伤文献重新加入最终的已去噪检索结果中重新作为目标文献。

（3）利用调整后的去噪检索式继续去噪，重复步骤（2），直至达到满意的去噪效果。

### 2. 申请人名称整理

同一申请人的名称通常会发生变化的情况将主要有：（1）大规模的企业会有一些子公司或分公司，因此专利申请过程中可能会带有地域性名称等；（2）译名的变化，当一专利申请进入其他国家或者地区申请时，同一申请人会因为翻译的不同而导致具有不同的名称；（3）公司并购或者拆分，由于市场竞争隐私，很多申请人之间会发生并购、买卖或拆分，这样也会导致同一申请人的名称变化。

因此，在研究过程中，为了数据分析的准确性，对中国专利申请的申请人名称进行整理，对具有多个名称的同一申请人进行合并处理；对全球专利申请的数据采集使用公司代码进行分析。

## 四、数据标引

数据标引就是对数据进行进一步的加工整理，给经过数据清理和去噪的每一项专利申请赋予属性标签，以便于统计学上的分析研究。所述"属性"包括技术分解表中的子分支类别，以及自定义的需要研究的项目的类别。当为每一项专利申请进行数据标引后，就可以方便快捷地统计相应类别的专利申请数量或者其他方面的分析项目。通过数据标引，有利于厘清技术方案，并方便统计各技术分支的各项数据，为后续的专利分析打下坚实的基础。

（1）具有多个技术方案的专利文献处理。一件专利申请往往会包括多个技术方案或一个技术方案的多个方面，如果其涉及不同的技术分支，对该件专利申请的数据标引工作可以分为以下情况：如果一项专利申请解决的技术问题以某个技术主题为主，或者实施手段以某个分支技术为主，而仅提及其他技术，那么这篇专利文献就会标引为该主要涉及的技术分支；如果在几个涉及的技术分支中都公开了完整的技术方案，那么该篇文献就归类到涉及的几个技术分支。

（2）噪声文献的标引。文献所属分类号或者关键词与所研究领域相同，但是具体的技术方案构思或者整体而言并不涉及相关技术，应当归为噪声文献；另外，当一篇文献覆盖所有的关键词，但是通过阅读发现与技术主题不相关，那么这篇文献就可以标引为噪声文献，后续阶段可以删除此类标引文献；而对于属于上一级技术分支，但是无法归类到下一级子分支的文献，可以标引为"其他"，单独属于一类。

（3）新技术/新应用的标引。由于所研究技术领域中技术更新频繁，技术发展较快，因此针对本领域中的新技术或者新应用，在标引时采用统一的标记关键字/词来标记出文献所属的新技术或者新应用。

（4）核心专利/专利群的标引。由于在技术领域中，存在涉及某些技术核心的专利，或者某一批专利均属于一个相同或者相近的技术点，构成一个专利群，在标引时，针对这些核心专利/专利群进行标引，利于后期的统计分析。

（5）备注项。设置备注项，以标记出文献可能所涉及的其他方面，同时由于所标引文献可能属于同一技术分支中的多个，此时也可以在备注项中标明该情况。

五、相关事项与约定

1. 术语约定

此处对本书出现的以下术语或现象，一并给出解释。

（1）项：同一项发明可能在多个国家或地区提出专利申请，WPI 数据库将这些相关的多件申请作为一条记录收录。在进行专利申请数量统计时，对于数据库中以一族（这里的"族"是指同族专利中的"族"）数据的形式出现的一系列专利文献，计算为"1项"。

（2）件：在进行专利申请数量统计时，例如为了分析申请人在不同国家、地区或组织所提出的专利申请的分布情况，将同族专利申请分开统计，所得到的结果对应于申请的件数。1项专利申请可能对应于1件或多件专利申请。

（3）专利被引频次：指专利文献被在后申请的其他专利文献引用的次数。

（4）同族专利：同一项发明创造在多个国家申请专利而产生的一组内容相同或基本相同的专利文献出版物，称为一个专利族或同族专利。

（5）同族数量：一件专利同时在多个国家或地区的专利局申请专利的数量。

（6）诉讼专利：涉及诉讼的专利。

（7）全球专利申请：申请人在全球范围内的各专利局的专利申请。

（8）中国专利申请：申请人在中国国家知识产权局的专利申请。

（9）国外在华专利申请：外国申请人在中国国家知识产权局的专利申请。

（10）3/5 局申请：指同一项专利申请同时向美国专利商标局、欧洲专利局、中国国家知识产权局专利局、日本特许厅、韩国专利局中的任意三个局提交了专利申请。

（11）日期约定：依照最早优先权日确定每年的专利申请数量，无优先权日的以申请日为准。

（12）图表数据约定：由于专利数据公开的不完整性，其不能完全代表真正的专利申请趋势，数据仅供参考。

### 2. 重点专利的定义和筛选

根据重点专利的影响因素，同时咨询行业、企业相关专家的意见，确定以下重点专利的筛选规则。

（1）根据被引用频次进行选择。专利文献的被引用频次具有以下特点：专利文献的被引用频次与公开时间的年限成正比，公开越早被引用的频次就越高；被引用频次相同的专利文献，公开时间越晚，重要性越高；同一时期的专利文献，被引用频次越高，重要性越高。根据专利被引用频次的统计，选取引用频次较高的专利。

（2）根据同族数量选取。关注同族数量较多的专利申请，尤其是同族专利申请涉及不同国家和地区的情况。

（3）重要申请人的专利。在重点专利选取过程中注意重要申请人的专利申请，即申请量排名靠前的重要申请人，在同等条件下，重点关注重要申请人的专利申请。

（4）根据专利的保护范围。重点专利在一般情况下保护范围较大，通过查看其所要求保护的范围大小也可以帮助确定专利的重要程度。

### 六、专利分析方法

本书主要使用的专利分析方法列举如表0-1所示。

表0-1　主要专利分析方法

| 专利分析方法 | 具体操作 | 主要作用 |
| --- | --- | --- |
| 创新动态分析 | 统计各年份的申请量 | 找到该技术领域的专利申请趋势，了解专利技术的历史发展情况，推测未来的发展趋势 |
| 创新区域分析 | 统计分析不同国家/地区的专利申请量；统计分析国内各省市的申请量 | 发现该技术领域中技术较强的国家/地区、省份 |
| 创新主体分析 | 从申请总量、3/5局申请量、授权量多个维度统计申请人排名 | 发现该技术领域中较强实力的主要申请人 |
| 创新重点分析 | 统计不同技术主题的专利申请量 | 发现热点技术主题；分析不同类型的申请人在各技术主题的专利申请侧重点等 |
| 创新发展路线分析 | 通过相关专利文献确定专利技术出现的节点 | 专利分析技术的发展轨迹及趋势 |

# 第一章　计算机领域热点技术

## 第一节　智能手机低功耗专利技术分析

### 一、智能手机低功耗技术概述

随着智能手机相关技术的发展，功耗越来越高，续航能力受到越来越严峻的挑战，性能与功耗如何平衡成为技术发展的热点。

随着智能手机的发展，硬件性能的提升、手机功能逐步增多，一天一充电已经成为人们生活的日常环节。智能手机区别于其他通信工具，最突出的优势就在于其移动性、便携性。而采用锂电池供电是其移动性、便携性的基础，但锂电池容量的瓶颈已成为智能手机续航能力的掣肘。❶

与智能手机硬件的飞速发展相反的是手机电池技术，尽管电池容量在不断提升，但不管是液态锂离子电池还是更加高效的锂离子聚合物电池，都没有摆脱锂离子电池的窠臼，手机电池技术的停滞已成为智能手机续航的软肋。其实锂电池容量已从当初的数百mAh提升到现在的数千mAh，然而大容量电池如2 000mAh、3 000mAh并没有带来更好的续航表现。硬件的发展，例如处理器核心数量越来越多、屏幕显示精度越来越高、内置各类传感器的逐渐增加，这些硬件快速更新换代所带来的沉重功耗压力基本上把电池更多的续航时间无情抵消。❷ 以Android手机为例进行系统耗电分析，结果如图1-1-1所示，该测试以Monsoon公司的Power Monitor TRMT000141提供稳压电源代替手机电池供电，在不同场景下记录手机平均电流。从图中可以看出，屏幕显示及通信方式不同成为电量开支的两大关键因素。

面对以上问题，大部分手机厂商只是想方设法压缩手机的硬件空间，而非从技术层面提高电池性能，而致使智能手机陷入电量不足的深渊之中的无疑就是智能手机行业的两大巨头：三星和苹果。自从2011年发售的5.3英寸屏幕的手机Galaxy Note一年销售达到1 000万部，三星手机就引领着整个行业向大屏幕手机方向迈进。而苹果更是在上市伊始就以一体化机身设计理念影响了整个行业，电池不可拆卸大大提高了电量使用的紧张程度。应对电量不足问题，目前从系统运行方面节省电量是主流节能手段。

---

❶ Daniel Moreno："Geo-localized messages irradiation using smartphones: An energy consumption analysis"，Computer Supported Cooperative Work in Design（CSCWD）2013 IEEE 17th International Conference on 2013.

❷ Tulika Mitra："Energy-efficient computing with heterogeneous multi-cores"，2014 International Symposium on Integrated Circuits（ISIC）2014.

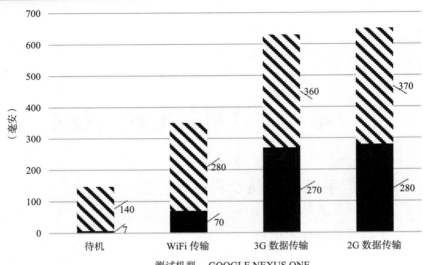

图1-1-1　Android智能手机平均耗电电流

数据来源：马云："Android手机耗电深度解析：3G耗电是WiFi四倍"，载http://digi.tech.qq.com/a/20131115/014966.htm，2013年11月15日。

在安装第三方软件，进行后台清理、省电管理的同时，省电模式也是每部Android手机必备的系统功能之一。Android 5.0 Lollipop版本系统中正式加入电池保护模式，iOS9系统中更是加入了过去从未出现过的低功耗模式，以降低处理器性能为代价增加续航能力。❶

伴随着手机厂商从各方面着手进行节约手机能耗，智能手机电源低功耗技术稳步发展，相关技术的专利申请数量快速攀升。下文从智能手机电源低功耗技术角度出发，以CNABS专利数据库以及VEN专利数据库中的检索结果为分析样本，从专利文献的视角对智能手机电源低功耗技术的发展进行统计、分析及总结，以期较为深入地揭示该领域的技术发展脉络和趋势。

## 二、智能手机电源低功耗技术专利申请整体情况

本节详细分析智能手机电源低功耗技术的专利状况，从申请人、申请年代、申请地域、申请趋势等多方面进行分析与总结。

### （一）全球范围的专利状况

本节主要对全球专利的申请状况进行分析，从中得到技术发展趋势以及各阶段专利申请人所属的国家分布。其中以每个同族中最早优先权日期为该申请的申请日，系列同族视为一件申请。

---

❶ Richard Fujimoto："An Empirical Study of Energy Consumption in Distributed Simulations"，2015 IEEE/ACM 19th International Symposium on Distributed Simulation and Real Time Applications（DS-RT），2015.

**1. 全球申请量趋势分析**

图1-1-2示出了智能手机电源低功耗技术的全球专利申请趋势，大致可以分为三个阶段，其划分依据为申请量的变化。

图1-1-2　全球专利申请趋势

（1）萌芽阶段（2006年以前）。

由图1-1-2可以看出，2006年以前申请量较少。自1993年诞生第一部智能手机，诺基亚、爱立信、三星、摩托罗拉等众多厂商在智能手机行业不断试水，尝试开发出各种各样的手机，但仍留有传统手机的影子，设备自身功耗低、电池可更换。而苹果2007年推出的第一代iPhone冲击着智能手机行业，采用一体化机身设计，电池无法拆卸，无论是自身功耗的提升还是电池不可替换带来的限制，无疑都大大降低了续航能力。在此之前，智能手机的节能并不受到厂商及用户的重视。

在此期间，美国MARVELL将电脑CPU休眠的方法移植入智能手机之中，活动模式下向处理器提供高供电电压及时钟频率，非活动模式下仅提供较低的供电电压（US7454634B1，申请日：2003年8月28日）；韩国LG则在触摸屏的节能技术上做出创新，根据手机剩余的电池电量调节触摸屏对于用户输入的采样率，即电量越少、采样率越低（KR2005000052065，申请日：2005年6月16日）；美国苹果手机则率先利用如接近传感器、环境光传感器、加速度计等感应用户行为并根据感应结果调节设备状态，如用户接电话手机靠近人脸时关闭屏幕等技术在此时就已提出（US7633076B2，申请日：2006年10月24日），该专利几乎涵盖应用层面能够实现的所有低功耗核心技术，后续许多技术演进均在此专利的基础上做出改进。

（2）成长阶段（2007～2013年）。

自2007年第一代iPhone发布，智能手机行业开始飞速发展。2010年3月，三星推出Galaxy S，首次采用4英寸Super AMOLED电容触控屏（KR2009000128775，申请日：2009年12月22日）及当时技术领先的1GHz 蜂鸟处理器，❶ 自此开启了大屏幕手

---

❶　Timothy Menard: "Comparing the GPS capabilities of the Samsung Galaxy SMotorola Droid Xand the Apple iPhone for vehicle tracking using FreeSim_Mobile", in2011 14th International IEEE Conference on Intelligent Transportation Systems（ITSC），2011.

机时代。屏幕尺寸、显示效果、触控精度的提升都意味着极高的电量消耗。2011年则开启了多核的大门，主流处理器厂商如NVIDIA、高通、德州仪器等厂商纷纷推出双核产品，2012年NVIDIA的tegra3拉开了四核的序幕（US2011213998A1，申请日：2010年5月25日），同年应用了四核的智能手机上市，仅一年就抢占了主流市场，对功耗的需求急剧增长。然而正如前文所述，2005～2007年，手机电池能量密度大幅提升，2013～2014年进一步提高，之后却再难取得较明显的进展。❶ 种种情况均导致智能手机的续航能力受到严峻挑战，因而这一阶段是智能手机电源低功耗技术得到飞速发展的阶段。由图1-1-2可以看出，尤其是2011～2013年申请量激增。

在此阶段，中国和美国申请量大幅增加，分别占据此时期申请总量的33%和30%。以苹果为行业领军企业，包括三星、LG、索尼、华为、联想、HTC等公司技术发展日趋成熟，申请量逐年提升，打开了智能手机电源低功耗技术的不同思路。如屏幕节能方面，苹果在提出可感测多点触摸的触摸屏的同时，提出了首先对触摸屏进行粗扫描以感测是否存在触摸，判断存在后再进行精确扫描以节约触摸屏工作电量（US2008/0158167A1，申请日：2007年1月3日）；在节能策略优化方面，苹果提出采用运动传感器管理设备的电力模式，即根据运动传感器，如加速度传感器、陀螺仪、线性运动传感器等，判断用户当前的使用状态，并判断是否无误操作（US2010/0235667A1，申请日：2009年9月2日）。在低电量使用优化方面，苹果提出通过将预测用户下一动作的功耗与当前电池剩余电量相比较，若剩余电池电量不足则降低其他方面消耗，例如关闭不必要的功能，若依旧不足以支持用户使用，则发出警告（US2008/0201587A1，申请日：2007年2月16日）。在数据交互优化方面，联想提出了流量监控，根据流量大小切换数据传输接口，提高数据传输效率的同时降低数据传输功耗（CN101751361A，申请日：2008年12月16日）。索尼提出了比较用户行为模式是否与数据库中的历史数据相同，以判断是否为误操作并降低设备唤醒次数、节约功耗（US2013/0194223A1，申请日：2012年1月27日）。

（3）成熟阶段（2014年至今）。

由图1-1-2可知，2014年度专利申请量较2013年有所下降，尽管其中有部分专利申请尚未公开的原因，但由目前的趋势可以看出该技术已经进入成熟阶段。

由图1-1-3所示，成熟阶段各国家或地区申请量分布占比变化并不是太大，但可以看出，此阶段中国申请量提升。随着国家和国内企业越来越重视知识产权保护，我国已明确将知识产权的"十三五"纳入国家"十三五"的重点专项规划，2016年更是"十三五"规划的开局之年，知识产权的重要性已经日益凸显，❷ 国内公司的申请量逐渐增多。尽管我国申请数量上涨明显，但关键技术仍然掌握在外国企业手中。

---

❶ Kun Wei: "Prolonging battery usage time in smart phones", in 2013 IEEE International Conference on Communications（ICC），2013；王国华、夏永高、刘兆平："锂离子电池富锂锰基正极材料专利技术分析"，载《储能科学与技术》2016年第5期。

❷ 李玲娟、霍国庆、曾明彬："重构知识产权政策促进'十三五'新兴产业发展，"载《中国战略新兴产业》2015年第Z2期。

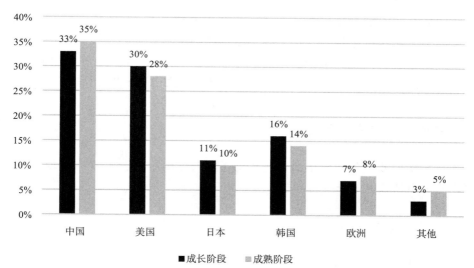

图1-1-3  各国或地区申请量分布及变化

### 2. 全球专利被引证情况分析

专利申请量的分析只是专利分析的一部分，并不能完全体现技术的掌握与分布情况。接下来以专利被引证情况为基础对智能手机电源低功耗技术的发展情况进行分析。

图1-1-4统计了智能手机电源低功耗技术领域中被引证量较多的公司，统计其申请量及申请比重，以及其专利被引证率，可以清晰看出各公司在智能手机电源低功耗技术方面的专利布局与技术水平。

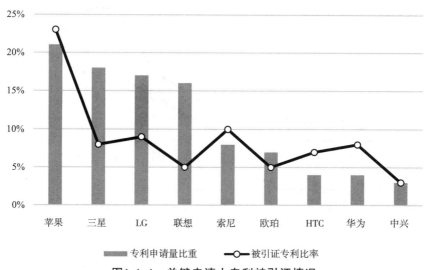

图1-1-4  关键申请人专利被引证情况

苹果公司无论是从数量上还是质量上均占据优势，尽管三星、LG等企业的申请量并不低，但质量上显然略逊一筹。可见苹果公司专利布局较为成功，其他企业难以绕开，长达五年之久的苹果与三星之间关于智能手机的专利之争以三星同意赔偿苹果5.48亿美元告终，苹果保留其专利，从图1-1-4中也可以或多或少得到一些解释。

图1-1-4同时总结了本领域的关键申请人，将在后文中进一步分析。

### 三、中国专利申请状况

作为成长阶段及成熟阶段申请量比重均占据首席的中国，本节将从多个角度详细进行国内专利申请状况的分析。

#### （一）中国专利申请趋势

有鉴于中国在智能手机电源低功耗技术领域中起步相对略晚，技术发展情况与全球整体趋势稍有不同，这里不以全球范围发展状况划分的三个阶段为标准对中国专利申请趋势进行分析。

由图1-1-5可以看出，2006年我国开始申请智能手机电源低功耗技术领域的相关专利，起步较国外相对晚，在国外技术也在成长阶段的情况下，国内的技术也在成长中，申请人少、申请数量也较少。尽管起步较晚，但申请量的增长趋势和全球趋势大致相同，2010~2011年都开始飞速增长。而在全球申请量于2013年后明显回落的情况下，国内申请量依然在稳步增长，从中可以看出国内技术的飞速发展，以及对知识产权的日益重视。

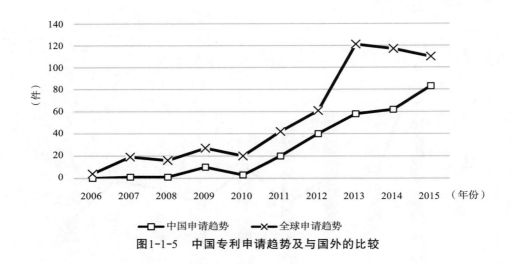

图1-1-5 中国专利申请趋势及与国外的比较

#### （二）中国专利申请的申请人分析

对国内关键申请人进行分析，按照各大企业申请量排序如图1-1-6所示。

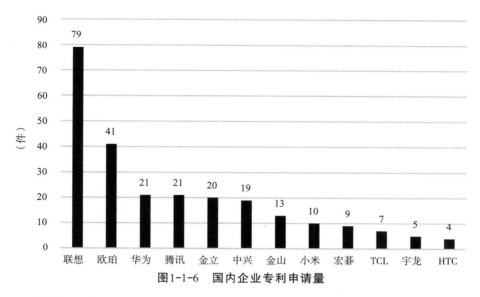

图1-1-6 国内企业专利申请量

2016年第一季度的智能手机出货量排名前三的国内品牌分别是华为、OPPO、vivo，并且OPPO和vivo取代2015年出货量排名前五的联想和小米，从图1-1-6可以看到，上述品牌对应的企业在智能手机电源低功耗技术领域的申请量大部分都比较高，可见专利布局成功也是以上品牌在市场获得成功的一部分原因。

图1-1-6中所统计的均为国内大公司申请，其总数已经占到国内总申请量的74%，占国内公司申请量的83%，如图1-1-7所示，大学申请量及个人申请量总和仅占总量的10%，而公司申请中的小公司申请量占比也不多，仅占总量的16%，占公司申请量的17%，可见国内智能手机电源低功耗技术掌握在大公司技术人员手中。

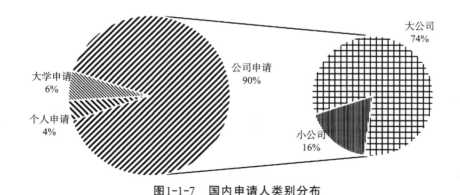

图1-1-7 国内申请人类别分布

## 四、本领域关键申请人分析

前文通过分析全球专利申请的被引证情况，总结出智能手机电源低功耗技术领域中的关键申请人，分别是：苹果、三星、LG、联想、索尼、欧珀、HTC、华为、中兴。涉及其他小公司及大学申请、个人申请等，前文仅对中国国内的大小公司、大学申请及个人申请进行了统计，但国际申请趋势大致相同，小公司申请、大学申请及个人申请在智能手机电源低功耗技术领域的申请量均偏低。

（1）国外大公司，以苹果为代表。

如图1-1-8所示为苹果公司在智能手机电源低功耗技术领域的技术发展路线。其中最早涉及环境参数感测方面的文献US7633076 B2公开了根据各类传感器感测用户行为数据，并根据用户行为调节设备功耗的技术方案，该专利几乎涵盖所有传感器行为，同时公开了多种行为调整结果，例如接近度数据、触摸输入数据、加速度数据、温度数据、声光数据、位置数据、RF数据、运动数据等，并可以根据上述数据或数据的组合执行功耗调整的多种手段，例如改变显示亮度、改变输入设备（触摸屏等）的感测模式、调节设备工作模式以及上述行为的组合等。后续其他公司在环境参数感测方面作出的改进几乎均与该技术方案有重叠，在该技术方案的基础上作出改进。文献US8311526 B2公开了可以根据设备地理位置等信息，通过丰富相关信息并进行分类同时可提供至其他用户，节约功耗。在供电策略优化方面，文献US8269453 B2公开了通过加入基于电容的供电系统在电池供电中断时采用储能电容暂时供电，并提高了供电效率、降低供电浪费、增加电池寿命。在自身参数感测方面，文献US8315746 B2公开了采集设备自身温度参数，根据温度情况调节功耗的技术方案。

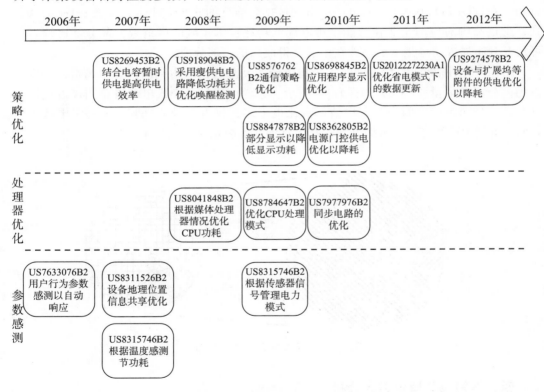

**图1-1-8 苹果公司智能手机电源低功耗技术发展路线**

由图1-1-8可以看出，初期苹果公司在环境参数感测、设备自身参数感测等参数感测方面作出了较多工作，后期重心逐渐转移到显示、供电以及系统策略优化方面，且申请大多以优化硬件控制为主，代表着智能手机电源低功耗技术领域的较高水平。

（2）国内大公司，以联想为代表。

联想作为国内电子行业尤其是计算机领域的领军企业，近年来一直走在国内技术前端。在看到智能手机庞大的市场潜力后，联想推出属于自己的智能手机品牌，并于2014年成功收购摩托罗拉的智能手机业务，成为全球第三位仅次于三星和苹果的智能手机厂商。尽管联想在2016年第一季度智能手机出货量被OPPO和vivo所赶超，但得益于联想在计算机领域发展较早，对知识产权重视程度较高，且技术创新的资本较为充足，使得联想在智能手机电源低功耗技术领域的专利申请量一直占据国内申请量第一的位置。

通过前文介绍的全球专利被引证情况，可以看出，联想申请量可与三星、LG匹敌，但专利被引证率低。其在智能手机电源低功耗技术领域申请的专利量虽高，但常存在同一核心技术方案对技术细节进行改变后申请多个专利的情况，这也是造成联想相关专利的被引证率低的一个重要原因。

由图1-1-9可以看出，联想在智能手机电源低功耗技术领域起步稍晚，初期主要在策略优化及处理器的优化方面作出改进，2011年后对智能手机内的传感器研究更多。

在处理器的优化方面，联想提出配置有两个功耗不同的处理器，以适应于设备对

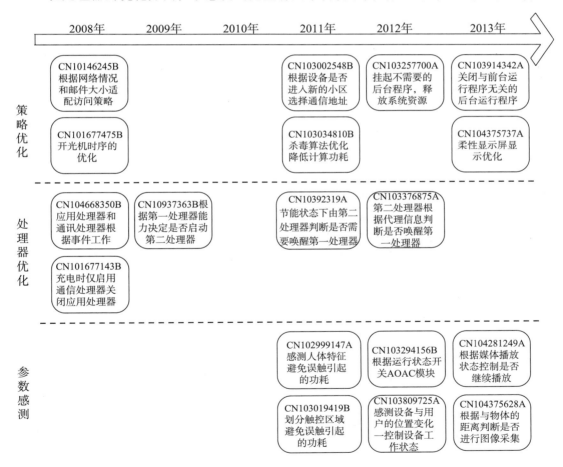

**图1-1-9　联想公司智能手机电源低功耗技术发展路线**

处理不同需求的功能时，采用功耗适应的处理器。围绕这一主题，联想申请了多项专利，早在2008年提出配置应用处理器和通信处理器（CN101668350 B），两处理器可以同时工作，也可仅有通信处理器工作处理通信功能，并确定是否唤醒应用处理器，以降低功耗。进一步提出配置功耗远低于应用处理器的通信处理器，在充电时仅开启通信处理器。同年还有围绕该主题的类似申请，例如CN101754458 A的技术方案侧重于仅在有通信处理器需求时开启通信处理器，以及类似的CN101751361 B根据数据流量决定是否开启两处理器之间的高速数据通道。进一步将该主题进行扩展，不再限定为应用处理器和通信处理器，尤其是功能上不再限定为其中一个处理器仅处理通信数据，CN101751114 B公开了两个处理器均能够独立对显示模块进行控制的技术方案，根据显示内容进行切换。CN103092319 A公开了两处理器在节能状态下接收到数据后优先启用第二处理器处理，并判断是否需要唤醒第一处理器。CN103376875 A进一步改进为第二处理器根据第一处理器发出的代理信息判断是否唤醒第一处理器，即第二处理器作为第一处理器的代理处理器，需要用户操作时唤醒第一处理器。由上述各专利的概述中可以看出，发明点相近、技术细节有所区别，均围绕两个处理器以适应不同功能启用不同处理器的主题。

在参数感测方面，2010年以前对于智能手机内部传感器的技术掌握尚未成熟，之后在感测环境、用户、设备自身参数等方面均作出了较多工作。2011年申请以通过感测结果判断用户触碰是否为误触，降低误触引起的功耗，如CN102999147 A通过感测接近度等判断是否为误触，CN103019419 B通过划分某区域为触控有效区域以降低误触。之后根据感测结果作出了更细致的改进，例如CN103294156 B为根据感测结果（程序运行状态）开启或关闭AOAC模块，CN10389725 A为根据感测结果（位置变化）切换设备状态，CN104281249 A为根据感测结果（媒体播放状态）继续播放或停止播放媒体文件，CN104375628 A为根据感测结果（与物体的距离）继续进行或停止图像采集。

在策略优化方面，可包含的方面较多，包括通信优化、后台清理优化、杀毒算法优化、显示优化、功耗策略优化等。

总体而言，联想作为国内知名企业的代表，在领域内的技术水平是较为领先的，能够在一定程度上反映出国内智能手机电源低功耗技术领域的整体发展水平，但创新能力有待提高。希望"中国制造2025"规划能够带给中国企业新生，未来赋予"中国制造"以全新的含义。

（3）国内中小企业、高校及个人申请。

在前文已经介绍过，国内中小企业、高校及个人申请数量仅占国内申请总量的26%，智能手机电源低功耗技术掌握在大公司手中。对于个人来说，智能手机科技含量较高，个人能力有限，未必有条件跟紧技术发展脚步，申请量最低，视撤率较高。

高校申请比个人申请稍多，但由于高校申请人特点，其通常不是专门针对智能手机电源低功耗技术进行研究，更倾向于研究电子设备的电源低功耗领域中能够通用的低功耗技术方案，例如优化任务调度、优化功耗监测等，其往往以算法的改进作为突破口，难成体系，也较少能够应用于实际使用之中。

国内中小企业的申请量在三者中最多，但质量偏低，通常以一个较小的点为突破作出改进，改进较小，审查过程中能够发现与现有技术的区别技术特征偏向技术细节，创造性高度偏低，原因也是小公司难以紧跟技术发展，资金、人力等受限使其难以克服较为困难的技术障碍，能够在智能手机的功能上加以优化，但创新高度有待提升。

### 五、智能手机电源低功耗专利技术的主要分类与分析

#### （一）技术分支概述

由于智能手机电源低功耗技术的特殊性，技术分支并不能十分严格地将专利所属分支区分出来，其软硬件互相牵涉情况十分明显，软件与软件、硬件与硬件、硬件与软件之间的相互交叉控制均较为常见。本书将智能手机电源低功耗技术主要按照技术方案的优化对象或优化依据进行技术分支的划分，分为8个技术分支。

（1）CPU降耗：调节CPU电压/时钟频率/操作状态的相关技术方案；

（2）多处理器：涉及多个处理器尤其是同时存在高性能和低性能处理器结合使用的技术方案；

（3）功耗负载感测：通过传感器等监控手段监控某一硬件或软件的功耗情况进而调节设备整体功耗的技术方案；

（4）环境参数感测：通过传感器、摄像头等监控当前设备所处环境情况，进而调整设备功耗的技术方案；

（5）自身参数感测：通过传感器等监控设备自身使用情况，例如电量、温度等，进而调整设备功耗的技术方案；

（6）显示策略优化：优化设备显示方法以节能的技术方案；

（7）系统策略优化：优化系统节能或低功耗模式的技术方案；

（8）供电策略优化：优化设备供电的技术方案。

尽管上述技术分支在一定意义上仍然有部分重叠，不能将所有专利十分严格地区分开，但根据一个专利技术方案的最为核心的技术重点能够比较清晰地了解领域中的各类技术所属。

各技术分支申请量占比如图1-1-10所示，可以看出，系统节能、低功耗模式策略的优化及显示方面的优化明显更受到重视，其原因不难理解。智能手机的特殊性在于其搭载了和计算机功能不相上下的系统，因此在智能手机电源低功耗技术中，有很多与计算机电源低功耗技术重叠的部分，领域转用较为频繁。举一个最简单的例子，计算机一段时间无人使用后可以设定进入睡眠状态，CPU及显示屏幕功耗大幅降低，这样一个技术方案在智能手机中同样适用，也就是通常智能手机的锁屏功能。因而将计算机适用的系统节能策略进行优化后转用到智能手机，是较为常见的一种技术手段，这类技术方案在计算机电源低功耗技术领域中就已经发展较为完善，转用到智能手机上的技术门槛较低，节能效果不差，同时，一个设备降低功耗的最基础的也是其节能、低功耗模式的策略设定，因而这类专利申请量最多。

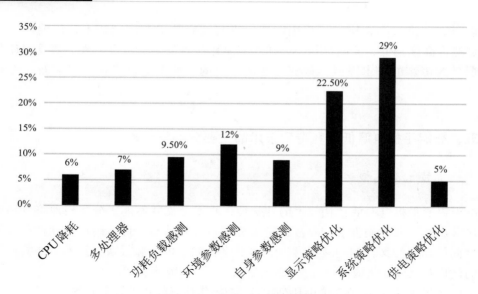

图1-1-10　各技术分支申请量分布

显示策略优化数量众多，其原因在于智能手机均采用触摸屏作为屏幕，在前文已经说过，显示屏的功耗是设备总功耗的重要部分之一，因而申请人在此方面作出的改进也非常多。

尽管本书将CPU降耗和多处理器降耗划分为两个技术分支，侧重点不同，但实际上二者均是对处理器功耗降低作出的改进，由图1-1-10可知，二者合并占据总量的13%。这一点也可由前文的说明中看出。处理器肩负着整个设备正常运转并关乎着几乎所有功能的实现，计算量庞大、工作时间长、性能要求高，因而处理器的节能降耗也至关重要。

技术分支的申请量在一定程度上可反映出该技术分支的重要程度，下面将重点介绍申请量最多的几个技术分支，其在智能手机电源低功耗技术中也发挥着至关重要的作用。

（二）系统策略优化

系统策略优化是以上8个技术分支中申请数量最多的，下面对该技术分支进行介绍。

系统策略优化通常侧重于系统节能模式、低功耗模式的优化，例如优化低功耗模式下各个硬件的工作状态，以及优化低功耗模式的进入条件。该技术起源较早，在未出现智能手机时，在计算机电源低功耗技术领域中就已经广泛应用，该技术分支门槛较低，简单而言仅需要将适用于电脑的系统策略转而应用于智能手机即可，例如在萌芽阶段的介绍中提到的电脑CPU休眠的方法移植入智能手机之中，活动模式下向处理器提供高供电电压及时钟频率，非活动模式下仅提供较低的供电电压。为了更具针对性，在示例性专利中尽量选取仅为智能手机研究的相关专利。

专利示例按时间顺序展示于图1-1-11。US2004199798 A1（US7734943 B2）将耦

接到图形加速器的存储器DRAM中的数据复制到耦合到处理器的存储器SRAM中，利用SRAM刷新显示器，以此降低DRAM的功率。该专利考虑到智能手机系统中图像处理所消耗的大量功耗，显然也能够适用于其他对显示要求高的电子设备，这类专利能够解决较多电子设备普遍存在的技术问题，但由于智能手机的比笔记本电脑更加便携且采用触摸屏的特性，智能手机相对于其他电子设备的误触、误判出现率更高，因而并不能解决移动过程、使用过程中的误触、误判问题。

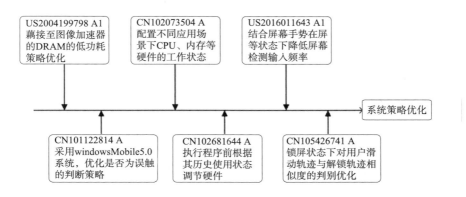

**图1-1-11　智能手机中系统策略优化技术示例性专利**

　　智能手机随身携带，用户误触概率较高，触碰后误判为解锁/唤醒的概率也较高，因此在系统策略优化中降低误触及误判造成的功耗也是一个重要研究方向，CN101122814 A公开了在系统应用程序层判断接收到的信号是否是用户所期望的唤醒，每200ms查询一次注册表中的锁定状态，如果5s内解除锁定则判断为正常唤醒。锁屏与滑动解锁为智能手机区别于传统计算机、笔记本电脑的一大特征，US2016011643 A1及CN1054267 A在此方面作出了改进。前者对解锁效能作出优化，降低解锁和锁屏状态下的检测用户触摸输入的频率；后者针对解锁时需要启动屏幕作出改进，在锁屏状态下即检测用户在屏幕上的滑动轨迹，通过图案相似度、结合滑动起点、终点等点的触压力度判断是否为解锁操作，且仅点亮用户滑动轨迹对应处的背光灯。

　　同样，智能手机随用户携带，移动频率更高，移动路线、目的地等信息中通常能够分析当前用户的行为特点，CN102073504 A和CN102681644 A均属于适应性的系统策略优化。前者可根据智能手机的应用场景，只启动部分需要的应用模块和驱动模块，自动配置资源，管理底层硬件资源，使其处于不同的工作状态，以避免不必要的功耗；后者为对应用程序历史使用状态参数的收集和判断，当启动应用程序时，根据历史使用情况调节各硬件模块的工作状态。

　　从上述对系统策略优化的低功耗技术中可以看出，系统策略优化技术的研究方向多，创新空间大，且部分分支不仅适用于智能手机，还适用于其他具有智能操作系统的便携式电子设备。尽管目前在这一技术分支下的专利申请量已经很多，但在系统策略方面的优化依然是降低设备功耗的基本方向，也是重要方向。

### （三）显示策略优化

前文多次提到，智能手机的一大"电量杀手"就是触摸屏，不仅是触摸检测，而且当下显示器技术越来越精细化，像素高、色彩度丰富，都造成显示耗电大幅提升，因而显示策略优化在智能手机电源低功耗技术领域不容忽视。示例性专利根据申请日排序展示于图1-1-12。

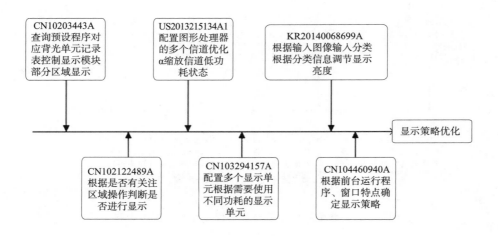

**图1-1-12　智能手机中显示策略优化技术示例性专利**

屏幕显示策略优化主要以降低屏幕亮度、降低点亮屏幕的频率和调整显示区域为主，其他还包括降低刷新频率等。如何降低屏幕亮度方面其实在台式计算机、笔记本电脑、电子阅读器中就已有较为充分的研究，在智能手机电源低功耗技术的研究中并不是最多的，基本上可以沿用台式机、笔记本电脑、电子阅读器中的降低亮度的策略。

为了解决显示时图形处理器所消耗的功率，US2013215134 A1还公开了一种图形单元中的α信道功率节省，图形处理电路包括多个信道，多个信道包括多个颜色分量信道，每个颜色分量信道均被配置为处理图形信息的输入帧的像素值的颜色分量。多个信道还包括α缩放信道，该α缩放信道被配置为处理器输入帧和/或输出帧α的值（指示透明度）。该图形处理电路还包括控制电路。控制电路被配置为相应于确定输入帧或输出帧中的至少一者不包括α值而将α缩放信道置于低功率状态。即如果输入帧或输出帧中的至少一者不包括α数据，则可将α信道置于低功率状态。

部分显示是屏幕显示策略优化中的一个重要研究方向，尽管目前似乎并未在实际应用中实现部分显示，但各申请人在该方向下不断进行改进，较早的如CN10203034434 A公开了将屏幕划分为多个背光驱动单元，可独立开闭，控制显示时，将需要显示的区域与背光单元排列位置进行对比，判断启动哪些背光单元，还可由用户拖拽预设发光区域，实现了根据显示区域部分点亮背光，亦即部分显示。CN104460940 A同样将屏幕区域进行划分，但加入了前台显示程序是否有变化是否需要刷新等判别，进一步优化了部分显示的技术方案。尽管部分显示可以明显降低显示方面的功耗，但部分显示时的计算量大大提升，部分显示后的显示效果、用户体验均有下降，且考虑到部分显示后，是否能够真正显示出用户期望显示的部分，会不会导致用户真正想要观看的内容被"吞"，这些都需要继续作出改进。虽然为了解决该问题提出了不少解决办法，例如采用人脸识别技术识别当前用户正在观看的部分，但人脸识别的计算量偏大，应用于手机这种较小的屏幕时准确率偏低，因而实用性并不强。

为了解决部分显示时存在的误判问题，CN102122489 A公开了一种自动降低有机发光显示功耗的方法，该方法在浏览功能下，判断是否有关注区域选取操作，如果有则对选择区域的显示信号进行数据处理，并调节画面显示，例如调整关注区域内的像素点电压值不变，亮度维持，其他区域亮度降低。尽管该技术方案也涉及将非关注区域关闭的实施例，但亮度降低或关闭可由用户选择，且关注区域本身由用户选择，目前技术条件下可实施性较自适应性的部分显示更高。与根据需求控制整体显示策略类似的技术方案还有CN103294157 A，其配置了两个功耗不同的显示单元，由用户选择是否启用功耗较低的显示单元，进而节约显示功耗。因此，相对于部分显示而言，调节亮度更具实用性，也是优化显示策略的一个重要方向，KR20140068699 A公开了图像分析器用于分析输入图像生成图像信息，图像分类器使用图像信息将图像分类，图像处理器通过使用输入图像的图像信息以及分类信息生成用于输出的映射函数，处理器为该输入图像设置最大亮度值至映射函数。通过该技术方案，根据输入图像的图像信息进行分类并生成适于输出的映射函数以采用合适的亮度显示图像，降低显示功耗。这一类根据需求控制整体显示策略的技术方案相对于部分显示来说用户体验提高，能够取得更为不错的技术效果。

（四）CPU 降耗及多处理器

CPU降耗不仅是智能手机、更是所有电子设备的电源低功耗技术中的重点，当下处理器核心数量越来越多，性能越来越高，计算量越来越大，功耗问题备受重视。由于CPU涉及几乎所有的电子产品，单纯的CPU降耗的申请量非常多，本书更重视适用于智能手机的CPU降耗技术方案，对于普适于所有计算设备尤其是服务器级别计算机的CPU降耗技术方案，涉及较多虚拟机技术、复杂的DVFS技术、任务调度技术等，并不适用于智能手机，本书并不考虑。

多核处理器的降耗是处理器降耗中的一个重要分支，按申请日顺序示例于图1-1-13，US7502948 B2公开了一种多核架构中的工作点管理系统，通过检测多个核中的各核心的ACPI的处理器功率状态来确定活性核的数量，根据活性核的性能等级和存储在配置表中的最大工作点的相关信息，以产生限制请求，指示最大工作频率或最大核心电压。据此降低多核处理器中的每个核的工作频率或电压。US2010332877 A1公开了一种减小多个处理器功耗的方法，关联I/O设备的每个处理器可以具有默认的功耗状态，当第一I/O从每个处理器接到关于进入功耗减小状态的请求时，可以向控制器发送关于功耗减小状态的功率管理请求，控制器开始对来自外部设备的输入数据进行高速缓存，从而不用将数据通过处理器发送到存储器。这样，由于处理器不进入活动功耗状态以向存储器发送输入数据，从而减小功耗。同时，处理器可以保持处于功耗减小状态，直到其中一个处理器接收到中断为止。US8990591 B2公开了一种用于更高效的实时平台

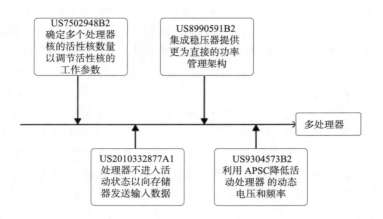

图1-1-13　智能手机中多处理器低功耗技术示例性专利

功率管理架构，可以采用集成稳压器提供更为直接的功率管理架构，也使用直接功率管理接口DPMI来提供更为直接的功率管理架构。US9304573 B2公开了一种基于活动处理器的动态电压和频率管理方法，包括多个处理器和被配置在各操作点之间切换处理器的自动功率状态控制器APSC，APSC包括寄存器用于利用目标操作点中用于处理器的目标操作点，对操作点进行描述的数据还包括在操作点处可以同时活动的处理器的数量是否收到限制的指示，基于该指示和活动处理器的数量，APSC可以利用降低的操作点来覆盖所请求的操作点。

从上述涉及的多处理器低功耗技术专利中可以看出，这一技术领域的核心技术均由国外大公司掌握，例如前三件专利的申请人为英特尔，第四件为苹果。而国内在多处理器降耗技术方面，大学申请偏重于研究降频、降压的算法如DVFS，公司申请偏重于多处理器的开启与关闭或交替工作等，在对联想申请的专利进行分析时，已经列举了多篇同类专利，较为典型的是应用处理器和通信处理器的相互控制，在某一处理器不必要工作时将其置于低功耗状态。由此可以看出，国内对于核心技术的掌握尚不完善，仍存在较大的发展和创新空间。

在多核处理器推出后，仅针对处理器不特别针对多处理器的降耗研究相较于多核处理器热度稍降，且该技术本身的研究起步早、技术成熟、完善，这里仅列举两件专利作出示例，如图1-1-14所示。

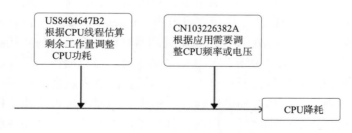

图1-1-14　CPU降耗技术示例性专利

通过本小节的介绍可以看到目前处理器低功耗技术的申请情况，多核处理器自提出以来就快速抢占市场，多核处理器的低功耗技术同样颇受关注，从目前的专利申请量来看，无论是多核处理器还是单核处理器的低功耗技术都已有大量研究，但国内多核处理器的低功耗技术发展情况仍有发展空间。

### （五）其他技术分支

除前文介绍的4个主要技术分支外，其他技术分支申请量较低。例如功耗负载感测、环境参数感测及自身参数感测，这三个技术分支主要涉及结合智能手机内部配置的多种多样的处理器感测参数，根据感测结果调节设备的功耗，例如设置某硬件或软件应用的功耗阈值，以限制过高的功耗，或根据当前时间、地理位置信息或是否被移动、如何放置等信息判断用户使用的概率高低调节功耗，该类专利在苹果早期申请中已经公开得较为全面，在针对苹果公司的专利分析时已经作出介绍，后续作出的改进大部分为细节上的改进，不具备代表意义。而供电策略优化通常与其他技术分支重叠较多，实质上功耗的调节归根结底均依赖于供电策略的改变，因而单纯属于该技术分支的专利并不多，以改善供电效率为主，也具有普适性，并不仅仅适用于智能手机，技术起源早、较为成熟，在此不做更加详细的介绍。

## 六、结　语

由前文分析可以看出，目前智能手机电源低功耗技术已经趋于成熟，苹果公司在行业发展初期的专利布局奠定了部分基础，而后国内外各大公司在该领域作出的创新引领着智能手机电源低功耗技术逐步走向完善。但也可以看出，仍然存在部分能够看到降低功耗的空间、但尚且存在缺陷的技术分支，需要进一步改进方能投入实际应用，是未来可能的发展方向。

# 第二节　移动支付安全认证专利技术分析

## 一、移动支付安全认证技术概述

### （一）身份认证概念

身份认证的本质是被认证方的相关信息，比如私密信息、特殊硬件识别信息、个人特有的生物特征，除被认证方自己外，任何第三方（在需要认证权威的方案中，认证权威除外）不能伪造，被认证方能够使认证方相信其确实拥有相关信息，则其身份就得到了认证。身份认证主要基于以下要素[1]：

---

❶　张亮、刘建伟："基于手机令牌的动态口令身份认证系统"，载《通信技术》2009年第1期。

（1）根据你所知道的信息来证明你的身份（what you know，你知道什么）；

（2）根据你所拥有的东西来证明你的身份（what you have，你有什么）；

（3）直接根据独一无二的身体特征来证明你的身份（who you are，你是谁），比如指纹、面貌等；

（4）根据被认证方所在的位置如地理位置、IP地址等（where you are，你在哪里）。

现有的身份认证技术都是基于这几个要素或者在其基础上，相互结合发展而来的。

### （二）身份认证模式

根据参与认证的实体间的关系，身份认证模式可分成单向身份认证、双向身份认证、可信任第三方认证和分布式认证模式。❶

#### 1. 单向身份认证

单向身份认证是指消息从一个用户A到另一个用户B的单向传送。

图1-2-1示出单向身份认证模式，单向认证系统中，一方必须向另一方提供能够证明自己身份的验证信息，被认证方只能无条件地信任认证方。

**图1-2-1　单向身份认证模式**

#### 2. 双向身份认证

图1-2-2示出双向身份认证也就是对单向身份认证中的第二步进行确认。双向认证系统中，参与认证的各方处于平等的地位，各方为了取得对方的信任都必须提供自己的身份证明信息。

**图1-2-2　双向身份认证模式**

#### 3. 可信任第三方认证

可信任第三方，指一个能够帮助实现基于计算机的信息传送的安全性和可信性的独立和中立的第三方。图1-2-3示出可信任第三方认证，可信任第三方认证是指利用第三方机构的作用来实现建立双方的相互信任关系。在通信中，需要借助第三方提供安全认证的相关服务，负责向通信双方发送秘密消息，仲裁通信双方对消息的真实性和合法性产生的纠纷。常见的CA认证就是一种可信任第三方认证。这种机制要求第三方认证机构是一个高度可信任的实体。

---

❶　李晓航、王宏霞、张文芳：《认证理论及应用》，清华大学出版社2009年版。

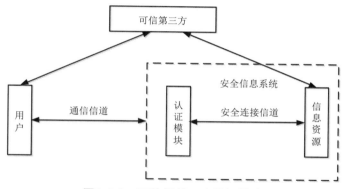

**图1-2-3 可信任第三方认证模式**

4. 分布式认证

传统的单一集中认证模式在可靠性和安全性上都存在不同程度的缺陷，可能会因为网络的故障而无法提供认证服务，可能会受到来自网络上的或其他方面的不同程度的攻击，而且一旦单个认证系统被攻破，整个系统都会陷入危险之中。分布式认证技术是解决这些问题的一个办法，它是将认证操作分散到多个服务器上，对来自多个系统的判决结果进行整合，从而达到身份认证的目的。整合多数系统的判决结果来进行网络身份认证，可以降低单一模式认证的脆弱性。分布式认证中网络上分布的各个主体使用的安全策略需要存在多样性，否则，一次有效攻击就可以攻破所有的系统，则分布式策略带来的安全性也就不复存在。

## 二、专利统计分析

为全面、准确了解国内外移动支付领域中身份认证技术专利申请状况，通过在中国专利检索系统（CNABS）数据库和全球专利索引（DWPI）数据库中利用关键词和分类号对涉及移动支付领域身份认证技术专利申请进行全面检索和汇总，并人工筛选去除检索文献中的明显噪音，获得相关技术主题的专利申请702篇，其中中文文献301篇。统计时间为2016年6月15日，考虑到一部分发明专利公开的滞后性，2015~2016年相关数据并不能准确体现申请量的变化趋势，下文后续所有分析统计均是基于以上筛选的文献进行。

### （一）全球范围的专利申请状况

本节主要对全球的专利申请状况进行分析，从中得到技术发展趋势以及各阶段专利申请来源分布、专利申请区域分布。其中以每个同族中最早优先权日期视为该申请的申请日，一系列同族申请视为一件申请。

1. 专利申请总体趋势

图1-2-4示出移动支付身份认证技术全球专利申请趋势，大致可以分为三个时期，

各时期的划分以申请量平均增长率的变化为标准。

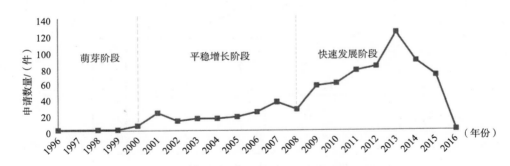

**图1-2-4　移动支付身份认证技术全球专利申请趋势**

（1）萌芽阶段（1996～2000年）。

从图1-2-4可以看出，移动支付身份认证技术专利申请量和移动互联网的整体发展趋势是一致的，即移动互联网的高速发展带动了专利申请量（如无特殊说明，下文所述专利均指移动支付身份认证专利）的迅猛增加。

1996～2000年，移动互联网刚刚起步，专利申请量很少但是已有明显的增长势头，可以看出受限于移动互联网、移动终端尚未普及，以及人们的购物方式、支付习惯还停留在线下，市场需求非常有限，移动支付中身份认证的研究还处在探索阶段，就其采用的技术而言多是基于静态口令（如基于用户的ID或终端ID等）。

（2）平稳增长阶段（2001～2008年）。

2001～2008年，世界范围内的研究机构投入该方向的研究精度开始增加，专利申请量呈现平稳增长态势。

图1-2-5示出2001～2008年平稳增长阶段申请量国别以及申请来源国和地区分布。从图中可以看出，该阶段专利申请的国家和地区范围有所扩大，在全球范围内，该领域专利申请主要是向美国专利商标局（USPTO）、韩国特许厅、日本特许厅、中国国家知识产权局、世界知识产权组织等提交。其中，向美国提交的专利申请数量最大，约占该领域专利申请总量的27%，之后依次为韩国、日本、中国。这一时期，美国、日本、韩国等发达

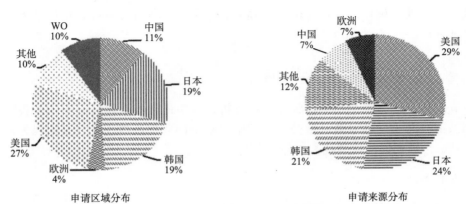

**图1-2-5　2001～2008年平稳增长阶段申请量国别／地区分布**

国家在无线通信设备、无线网络建设、无线技术发展等方面均处于领先地位，以NEC、TSUSHINMO、BIZMODELINE、SAMSUNG、SIMENS、VISA等为代表的日韩美通信行业巨头开始在全球进行该领域专利布局；值得一提的是，随着中国经济的发展，中国的网民数量不断增加，巨大的市场潜力也吸引了上述巨头公司在中国的专利申请。

从申请来源国和地区分析看，美国申请人除了在本国提交大量专利申请外，还在WIPO提交了较多申请，同时兼顾在中、日、韩、欧洲的专利布局，这也反映出美国申请人比较重视全球市场，在主要国家和地区都进行了专利布局。与美国申请人相似，日本和韩国申请人也比较重视全球专利布局，尤其重视在本国和美国的专利申请布局。相对而言，中国申请人的大量专利申请都是在国内提交。这也表明这一时期，美国和日本、韩国的申请人在移动支付身份认证技术上都投入较多精力并取得丰硕成果。

这一阶段主要申请人的前五位分别是NEC、TSUSHINMO、BIZMODELINE、SAMSUNG、SIMENS公司，可以看出该阶段的主要申请人都属于行业内的重要企业，这些企业所申请的专利也都属于相应技术分支的基础专利。另外，这一阶段申请的专利主要涉及基于智能卡的身份认证，基于静态口令以及通过第三方参与的双向身份认证等，属于相应技术分支的开创性和突破性技术，示例性文献如NEC公司的JP2007128182，申请日为2005年11月12日，该技术方案中实现了一种根据交易事务ID，通过第三方认证服务器，在交易支付过程中对交易双方进行身份认证，该方案以静态口令（共享的交易事务ID）并引入第三方认证服务器，既对购买方进行认证，又对卖方进行认证，进一步增强了交易的安全性。

（3）快速增长阶段（2009年至今）。

由图1-2-4可以看出，从2009年至今，移动支付身份认证专利技术专利申请量开始呈现快速增长趋势，这得益于这一时期全球互联网的高速发展，移动互联网的基础设施建设的积累，同时智能手机得到极大普及，电子商务的发展培养了人们线上支付的消费习惯，比如国外的eBay、Amazon等，中国的淘宝、京东等，这些巨头同时开发了移动终端APP，进一步推动了移动支付的广泛应用，也带来更多的安全问题。

图1-2-6示出2009年至今快速增长阶段申请量国别以及申请来源国和地区分布。从申请区域来看，在这一时期，中国网民的爆炸式增长，经济的高速发展为全球提供

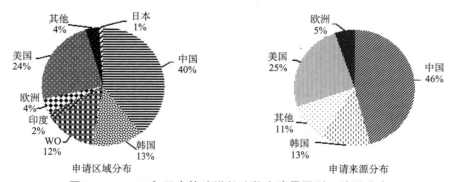

**图1-2-6　2009年至今快速增长阶段申请量国别／地区分布**

了一个巨大的消费市场，在中国申请的专利量也超过了一直独占鳌头的在美国专利申请量，约占整个专利申请量的40%，其次是向美国提交的专利申请量，约占申请总量的24%。值得注意的是，作为发展中国家人口数量庞大的印度，随着其国内的经济发展，也吸引了多个申请人在印度的专利布局，而由于日本在此方面专利申请量的锐减导致日本本国的专利申请量出现较大程度的下滑，在日本的申请量仅占申请总量的1%。

从申请来源国和地区分析看，这一时期，一个突出的特点是，中国申请人提交了大量专利申请，不过中国申请人的大量专利申请都是在国内提交，在其他国家提交的申请数量很少，这说明中国在全球专利布局方面有所欠缺。从图1-2-7可以看出，近些年来，越来越多的中国企业投身到该领域的研发中，体现在该阶段全球前十名的主要申请人中，有7位中国申请人，包括腾讯科技、国民技术、深圳亚略特生物识别科技、黄金富知识产权公司等创新企业。

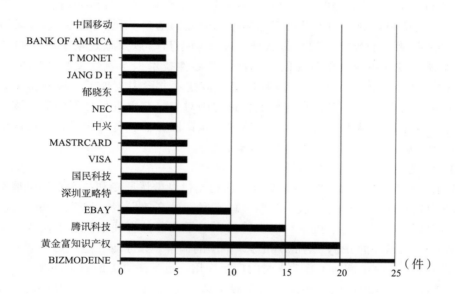

图1-2-7　专利申请量排名前15名的申请人

此外，美国和韩国申请量依然占据较大的比重，美国申请人除了在本国提交大量专利申请外，还在WIPO、中、欧、韩、印度等组织、国家和地区进行专利申请，这说明美国申请人在不同的发展阶段，都比较重视全球市场，保持在主要国家和地区进行专利布局。

2. 全球重要申请人分析

本小节从本领域重要申请人方面做进一步分析，主要考虑申请人历年的申请总量，按照申请总量进行排名，取前15名申请人进行分析。

从上一小节的分析中可以看出，诸如BIZMODELINE、腾讯科技、EBAY一直是较为活跃的申请人，且这些申请人在申请数量以及质量方面都自始至终占据较为重要的地位，部分公司一直处于所属领域的领头羊地位。总体来看，申请总量排名前15的申请人所申请的专利总数占全部专利总量的17%，由此可见该领域专利申请分布较为分散，虽然排名前15名的申请人以大公司居多，但就申请数量来说，还没有形成几家独大的情形，一方面由于身份认证技术的不断演变发展，多数技术分支不断演变和融合；另一方面移动终端软硬件的不断发展使得许多创新技术得以在移动端应用。

图1-2-7示出专利申请量排名前15名的申请人，根据图示，可以将本领域的主要申请人分为如下三类：首先，是以中兴、NEC为代表的通信公司，其中又以NEC公司对移动支付身份认证的应用技术研究最早，中兴在近年来的申请量上增加明显；其次，是以VISA、MASTERCARD、T MONET为代表的消费卡提供公司，这类公司最早向用户提供线上、线下的便携支付，可见美国、韩国等发达国家在消费观念上较为超前以及消费能力较强，为该领域技术的发展提供了契机；最后是以BIZMODELINE、腾讯科技、EBAY、国民技术、深圳亚略特等为代表的电子商务、创新科技综合型公司；随着中国经济的不断发展，以腾讯为代表的中国创新科技公司专利申请量有了明显的增长。此外，除了上述排名前15的申请人，还有美国的GOOGLE公司、BENEDOR CORP等公司的申请量排名靠前。美、韩、中等众多跨国企业的专利申请量排名靠前，也表明产业界对移动支付身份认证技术研发的重视以及相关技术未来的良好发展前景。

### （二）国内的专利申请状况

本节主要针对国内专利申请状况的趋势以及专利重要申请人进行分析，从中了解国内该技术领域的发展趋势。

#### 1. 国内专利申请趋势

图1-2-8示出移动支付身份认证技术的国内专利申请趋势，大致可以分为三个时期，萌芽探索期为2001～2005年，缓慢增长期为2006～2010年，快速发展期为2011年至今，对比全球相关专利申请趋势（见图1-2-4），可以看出中国国内专利申请和全球相关专利申请趋势大致相同，都先后经历萌芽探索、缓慢增长和快速增长三个阶段；但是中国国内的申请每个阶段相对全球申请都有一定的滞后，比如国内申请平稳增长开始于2006年，而全球申请平稳增长开始于2001年；不过这种差距在第三阶段缩短到2年，中国国内申请在2011年迎来了快速增长，而全球申请在2009年开始大幅提升；究其原因，2009年之前国内的无线互联网基础设施建设、智能手机普及率都和全球有比较明显的差距，中国在该领域一直处在追赶的状态，但是到了2010年前后，随着中国国内无线通信和智能手机的普及，国内电子商务的快速发展，以及人们消费、支付习惯的改变，中国在该领域和全球发达国家相比差距越来越小，因此在2010年前后中国和全球的申请均迎来了较快的增长。

（1）萌芽探索期（2001～2005年）。

早期，我国互联网及移动互联网普及率低，经济落后消费水平有限，加之智能手机刚刚兴起，移动支付也未引起社会太多的关注，其安全性并没有得到足够重视，身

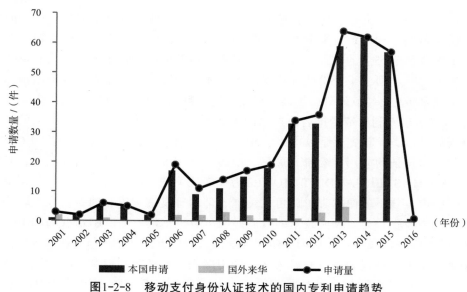

图1-2-8　移动支付身份认证技术的国内专利申请趋势

份认证技术在该领域的应用也较为滞后，因而此阶段的专利申请数量非常少，只有几件个人申请和少数科技公司的申请专利，以及为数不多的国外来华的专利。

（2）缓慢增长期（2006～2010年）。

从图1-2-8中可以看出，缓慢增长期主要呈现出以下特点：一方面，国内关于该项技术的专利申请数量明显增加，国外来华的申请量整体小于本国申请量；另一方面，专利申请量总体增幅比较平缓，但申请量和申请人数量基本上逐年递增。

究其原因，该项技术彼时在全球范围内都处于一个发展期，美日韩等发达国家的一流企业重点发展本国和美国市场，不过随着中国经济的发展，移动互联网的普及，特别是移动智能终端的广泛使用，该领域的跨国企业逐步开始重视中国市场。同时国内一部分科研院所/高校/企业开始着手于该项技术研究，且取得了初步的研究成果，逐渐形成研究热潮。

（3）快速发展期（2011年至今）。

该时期，国内相关技术的专利申请趋势总体呈现明显上升趋势，增长迅速。这一时期，受国内电子商务发展，移动互联网、智能手机终端的普及，以及人们消费习惯的改变等诸多因素影响，越来越多的国内申请人加入到对移动支付身份认证技术的研究中来，其研究成果在最近几年得到集中体现。与此同时，中国的移动互联网产业也迎来了千载难逢的好机遇，参与到该项技术研究的单位不断增多，与之前的发展阶段相比，国内申请人所占申请量比重有了进一步的提高。

2. 国内主要专利申请人分析

本小节从国内专利申请的申请人角度对该领域的专利申请做进一步分析，主要考虑申请人的申请数量以及申请人的类型。按照申请总量进行排名，对国内专利申请量排前15名的分析如下。

图1-2-9显示了国内的申请量排名前15位的申请人，其中排名前10具体公司及申请数量如表1-2-1所示。

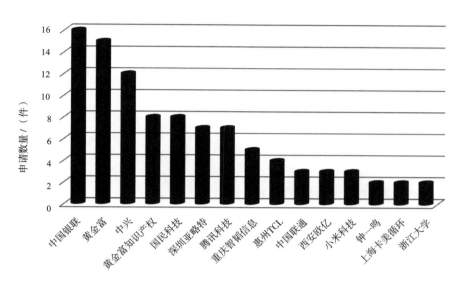

图1-2-9 国内专利申请量排名前15名的主要申请人

表1-2-1 国内申请量排名前10位申请人及其申请数量

| 排名 | 申请人 | 申请数量（件） |
|---|---|---|
| 1 | 中国银联股份有限公司 | 16 |
| 2 | 黄金富 | 15 |
| 3 | 中兴通讯股份有限公司 | 12 |
| 4 | 黄金富知识产权咨询（深圳）有限公司 | 8 |
| 4 | 国民科技股份有限公司 | 8 |
| 6 | 深圳市亚略特生物识别科技有限公司 | 7 |
| 7 | 腾讯科技（深圳）有限公司 | 5 |
| 7 | 重庆智韬信息技术中心 | 5 |
| 9 | 惠州TCL移动通信有限公司 | 4 |
| 10 | 中国联合网络通信集团有限公司 | 3 |

图1-2-10示出国内各类型申请人的专利申请量的比重，国内的专利申请人大型企业的申请量最多，占有总申请量的46%，其次为中小型企业，而个人以及高校/研究院的申请量的加和仅占20%。这也从侧面反映出本领域的主要研发人员的分布情况。

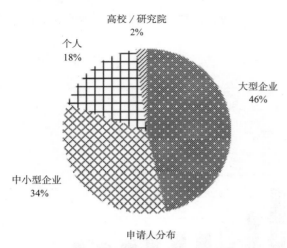

高校/研究院
2%

个人
18%

大型企业
46%

中小型企业
34%

申请人分布

**图1-2-10 国内各类型申请人的专利申请量的比重**

## 三、移动支付身份认证关键技术分支

常用的与移动支付相关的身份认证技术种类多样，从认证因素的不同这一角度划分，主要包括基于静态口令的身份认证、基于动态口令的身份认证、基于智能卡的身份认证、基于生物特征识别的身份认证以及基于数字证书的身份认证等；从认证因素数目的不同这一角度划分，又可分为单因素认证、双因素认证和多因素认证等。下文主要针对其中申请量较大的4个关键技术分支：基于动态口令的身份认证、基于智能卡的身份认证、基于生物特征识别的身份认证和基于数字证书的身份认证的专利申请状况进行分析。

### （一）基于动态口令的身份认证

针对静态口令存在的诸多安全问题，安全专家提出了动态口令密码体制。基于静态口令的认证是最简单、最易实现的一种认证技术，也是目前应用最广泛的认证方法。❶ 其实现如下：当用户需要访问系统资源时，系统提示用户输入用户名和口令；系统采用加密方式或明文方式将用户名和口令传送到认证中心，和认证中心保存的用户信息进行对比；如果验证通过，系统允许该用户进行随后的访问操作，否则拒绝用户的进一步访问操作。静态口令的应用非常广泛，它可以用在所有的软件中，是绝大多数应用和硬件设备的默认认证方式。其优势在于实现简单、成本低、速度快。但口令认证的安全性较差，为了方便，人们往往选择一些易记口令，而穷举攻击和字典攻击对这类弱口令非常有效。使用口令的另一个不安全因素来源于网络传输，许多系统的口令是以未加密的明文形式在网上传送的，窃听者通过分析截获的信息包，可以轻而易举地获得用户的账号和口令。无论因为何种原因造成口令泄露都会导致系统侵入攻击。因此，为提高安全性，通常会配合相应的管理制度控制口令的使用。例如，对口令长度和内容的限制（如要求口令长度是8位以上，要有数字和大小字母混合组成等）、要求定期更换口令、要求在固定的设备上登录、不同系统功能采用不同的口令等。采用这些方法虽然可以在一定程度上提高系统的安全性，但是并不能从根本上解决安全问题，也造成用户使用的不方便。对于安全性要求不是很高的领域，静态口令认证仍然是一种可取的方式（如专利文献US2002/0073027A1，申请日：20001211）。

---

❶ 肖珊、郎为民、胡东华："一种高效的移动微支付和认证协议"，载《计算机应用研究》2009年第8期。

基于动态口令的密码体制是以保护关键的信息资源。❶ 动态口令产生的主要思路是：在登录过程中加入不确定变化因素动态口令，以一次性动态口令登录，每次登录的认证信息都不相同。验证系统接收到登录口令后进行验算即可确认用户身份的合法性。由于每个正确的动态口令只能使用一次，即使非法用户截获了已经通过验证的正确口令，再次提交到认证服务器也不能通过验证，因此不必担心口令在传输认证期间被第三方监听到，从而提高登录过程的安全性（如专利文献CN101145905A，申请日20080319，KR10-2010-0136376，申请日：20090618）。动态口令按生成原理可分为非同步和同步两种认证技术。非同步认证技术生成的动态口令主要是依据挑战/应答原理来实现（如专利CN102457842，申请日：20101022）。同步认证技术包括与时间有关的时钟同步认证技术和与时间无关的事件同步认证技术。时钟同步认证指利用令牌和验证方的时钟信息作为缺省的挑战参数，来产生和验证动态口令，如RSASecurity Inc.公司的SecurID。事件同步认证技术的典型代表是ENIGMA公司的认证技术，它以上次生成的动态口令作为缺省挑战参数，来产生动态口令（如专利文献CN103312519A，申请日：20130705）。目前动态口令的令牌载体的实现形式可以有硬件令牌、软件令牌和手机令牌等。借助于用户"拥有"的和用户"知道"的，即令牌和PIN码，可实现双因素强认证（如专利文献US2013/0276078A1，申请日：20131017，US2013/0226813A1，申请日：20130207）。

## （二）基于智能卡的身份认证

智能卡（Smart Card）是一种集成的带有智能的电路卡，它不仅具有读写和存储数据的功能，而且能对数据进行处理。基于智能卡的认证方式也是一种双因素的认证方式（PIN码+智能卡），除非PIN码和智能卡被同时窃取，否则用户不会被冒充。智能卡一般是形状与信用卡类似的矩形塑料片，也有许多其他的形式。其中，基于USBKey的身份认证是目前比较流行的智能卡身份认证方式（如专利文献FR1056906A，申请日：20100831；US2004/0149827A1，申请日：20031230；US2008/0015994A1，申请日：20070927）。

USBKey结合现代密码学技术、智能卡技术和USB技术，是新一代身份认证产品，它具有以下特点。❷

（1）双因子认证。每一个USBKey都具有硬件PIN码保护，PIN码和硬件构成用户使用USBKey的两个必要因素，即所谓"双因子认证"。用户只有同时取得USBKey和用户PIN码，才可以登录系统。即使用户的PIN码被泄露，只要用户持有的USBKey不被盗取，合法用户的身份就不会被假冒；如果用户的USBKey遗失，捡到者由于不知道用户的PIN码，也无法假冒合法用户的身份（如专利文献KR10-1301995B1，申请日：20120631）。

（2）带有安全存储空间。USBKey具有8K～128K的安全数据存储空间，可以存储数字证书、用户密钥等秘密数据，对该存储空间的读写操作必须通过程序实现，用户

---

❶ 李晓瑾、童恒庆："一次性口令认证技术的改进"，载《微型电脑应用》2007年第23期。
❷ 叶锡君、吴国新、许勇、束坤："一次性口令认证技术的分析与改进"，载《计算机工程》2000年第9期。

无法直接读取，其中用户私钥是不可导出的，杜绝了复制用户数字证书或身份信息的可能性（如专利文献CN102819799A，申请日：20120728）。

（3）硬件实现加密算法。USBKey内置CPU或智能卡芯片，可以实现PKI体系中使用的数据摘要、数据加解密和签名的各种算法，加解密运算在USBKey内进行，保证用户密钥不会出现在计算机内存中，从而杜绝了用户密钥被黑客截取的可能性（如专利文献CN103346881A，申请日：20130614）。

（4）便于携带，安全可靠。如拇指般大的USBKey非常便于随身携带，并且密钥和证书不可导出；USBKey的硬件不可复制，更显安全可靠。每个用户持有一张智能卡，智能卡存储用户个性化的秘密信息，同时在验证服务器中也存放该秘密信息。进行认证时，用户输入PIN码，智能卡认证PIN码成功后，即可读出智能卡中的秘密信息，进而利用该秘密信息与主机之间进行认证。但对于智能卡认证，需要在每个认证端添加读卡设备，增加了硬件成本，不如口令认证方便和易行。

### （三）基于生物识别特征的身份认证

生物识别认证方式是通过计算机将人体固有的生理或行为特征收集并进行处理，由此进行个人身份鉴定的技术。生物特征识别技术目前主要利用指纹（如专利文献KR2002-0026959A，申请日：20001004）、声音（如专利文献US6678754B1，申请日：20040113）、虹膜、视网膜（如专利文献US2008/0015994A1，申请日：20070927；KR10-20100136349A，申请日：20090618）、脸部（如专利文献JP特开2005-293544，申请日：20040310）、掌纹（如专利文献CN102930436A，申请日：20121023；CN105335853A，申请日：20151026）这几个方面特征进行识别。[1] 与传统的身份认证技术相比，基于生物特征的身份认证技术具有以下优点：（1）不易遗忘或丢失；（2）防伪性能好，不易伪造或被盗；（3）"随身携带"，方便实用。

目前，已有的生物特征识别技术主要有指纹识别、掌纹识别、手形识别、人脸识别、虹膜识别、视网膜识别、声音识别和签名识别（如专利文献CA2363220A1，申请日：20011123）等。其中，指纹识别是最早研究并利用的，且是最方便、最可靠的生物识别技术之一。此外，声音、虹膜、视网膜、脸部特征识别，都是非接触方式进行，易于被用户接受。此外，有的文献还将生物特征识别信息和非生物特征识别信息相结合构成多模态识别（如专利文献KR10-20100136349A，申请日：20090618）。

### （四）基于数字证书的身份认证

数字证书（Digital Certificate）是标识一个用户身份的一系列特征数据，其作用类似于现实生活中的身份证。[2] 国际电信联盟的X.509建议定义了一种提供认证服务的框架。X.509数字证书的认证技术是依赖于通信双方共同信赖的第三方来实现认证

---

[1] 王敏、戴宗坤、方勇："一种新的一次性口令机制及其应用"，载《计算机应用研究》2005年第1期。

[2] Brood UaidyaYoungJin KimEung-Kon Kim："Authentication Mechanisms for Wireless Mobile Network"，in UIC 2006LNCS 4159:902-911.

（如专利文献US7107248B1，申请日：20000911）。X.509认证是基于公开密钥的，在实现上相对于私钥方式更加简单明了，能够让通信双方容易共享密钥，而且它利用公钥密码系统中数字签名的功能强化了网络上远程认证的能力。这里可信赖的第三方是被称为CA（Certificate Authority）的认证机构。该认证机构负责认证用户的身份并向用户签发数字证书（如专利文献FI20000135A，公开日：20010725）。数字证书包含用户身份信息、用户公钥以及证书发行机构对该证书的数字签名信息。证书发行机构的数字签名可以确保证书信息的真实性，用户公钥信息可以保证数字信息的完整性，用户的数字签名可以保证数字信息的不可抵赖性。数字证书是X.509的核心，遵循X.509标准所规定的格式，称为X.509数字证书。基于X.509证书的认证技术适用于开放式网络环境下的身份认证，该技术已被广泛接受，许多网络安全程序都可以使用X.509证书，如IPsec、SSL、SET、S/1VIIME等（如专利文献WO2011137493A1，申请日：20100505）。

### （五）全球及中国涉及主要技术分支专利申请状况

移动支付相关身份认证领域内全球申请量排名靠前的申请人，其申请的专利所涉及的各技术分支所占的比重，可以从一个侧面反映各技术分支在专利技术中的应用比重。

图1-2-11示出重要申请人申请专利所涉关键技术分支占比，可以看出，无论是全球还是中国，基于生物特征识别的身份认证技术在移动支付领域的申请量均占据首位，紧随其后的基于智能卡的身份认证、基于数字证书的身份认证及基于动态口令的身份认证技术也均占相当的份额。这几种关键技术并不是彼此独立的，很多时候会相互融合，协同发展，同一件专利申请可能会涉及两种或多种技术分支。

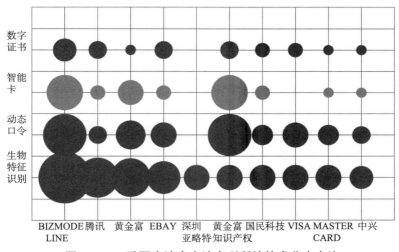

**图1-2-11 重要申请人申请专利所涉技术分支占比**

图1-2-12示出全球及中国申请专利关键技术百分比，结合图1-2-9可知，全球以及中国范围内的申请专利关键技术百分比与领域重要申请人的申请专利所涉关键技术百分比是一致的。

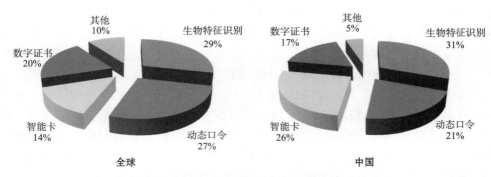

图1-2-12　全球及中国申请专利关键技术百分比

身份认证技术的发展经历了一个从静态口令到动态口令、从软件加密到硬件加密、从单因素认证到双因素认证再到多因素认证、从加密密钥到生物特征识别这样的发展趋势。如今占据重要地位的身份认证技术包括动态口令身份认证、基于智能卡的身份认证、生物特征识别身份认证、数字证书身份认证、多因素身份认证以及新出现的基于云的身份认证技术。同时，从全球专利申请分布上可以看出，移动支付相关身份认证技术重点专利申请主要集中在美国、欧洲和日、韩等国家和地区，但是并没有集中掌握在某个或某几个公司手中，专利申请呈发散性分布。往往在一项重要技术出现后，各家公司都会或多或少进行一些针对性的专利布局，在身份认证技术领域呈现出百家争鸣的态势。中国在以上关键技术分支专利申请的发展趋势与全球的发展趋势相符。综合来看，中国在各个关键技术分支都有一定数量的专利申请，其中在基于智能卡的身份认证和基于生物特征识别的身份认证领域的申请数量相对较多。具体来说，国内部分企业在USB加密认证设备、双界面卡电子钥匙、分布式密钥加密认证、生物特征识别（尤其是指纹识别）以及动态口令认证等方面均提交了一定数量的专利申请并获得授权。而获得授权的专利大部分属于外围专利，基础专利和重点专利并不多，涉及的技术也比较分散，尚未形成良好的专利布局。❶

## 四、专利诉讼分析及总结与建议

本部分主要总结和分析相关产业专利诉讼情况，并结合前面的分析，对相关单位对相关领域的技术研究、专利布局提供一些建议。

### （一）专利诉讼分析

对于高新科技企业而言，专利的战略运用可使企业研发及产业化速度获得持续的、领先的、快速的竞争优势；而专利诉讼是专利战略的核心组成部分。对移动支付身份认证领域专利诉讼关系的梳理和分析，有助于相关单位谋划本单位技术开发方向

---

❶ 郑晓双、朱琦："移动支付身份认证技术专利申请分析"，载《中国知识产权报》2014年9月3日第7版产业观察。

和市场拓展目标，避免专利侵权。翟东升等[1] 以科技产业咨询室[2] 中提供的诉讼信息作为数据来源，通过人工筛选获得相关诉讼案件共计16起，同时梳理、整合移动支付终端领域身份认证技术专利诉讼关系，对该领域的相关诉讼企业、主要涉及专利等情况进行分析。

相关诉讼案件2011年1起、2012年5起、2013年10起，可见移动支付终端领域诉讼案件呈现增长趋势。此外，通过科技产业咨询室提供的数据，筛选并整理了2014~2015年的相关专利诉讼情况，包括2014年1件、2015年2件。其中，Intellectual Ventures、Hand Held Products、SMARTFLASH为主动诉讼程度较高的企业，下面对以上公司的起诉情况进行分析。

（1）SMARTFLASH公司起诉分析。SMARTFLASH在2013年5月指控SAMSUNG、HTC、GAME CIRCUS侵犯其专利，所涉及专利为资料存储与存取系统（Data Storage and Access Systems），专利分别为US7334720、US7942317、US8033458、US8061598、US8118221、US8336772，所涉及技术为APP付款确认方法，涉及产品包括SAMSUNG的Tablets、Smart TVs，HTC的Android based HTC Devices和GAME CIRCUS的Coin Dozer等。

（2）Intellectual Ventures公司起诉分析。Intellectual Ventures于2013年7月指控SunTrust Banks侵权其US5745574、US6826694、US6715084、US6314409、US76346665共计5件专利，所涉及技术均为电子交易专利，涉及产品包括PCI Data Security Standard Merchant Services IBM Z9 Systems等；于2013年6月指控COFC、COBNA、COMA侵权其US7664701、US6182894等5件专利，所涉及技术均为线上金融服务方法专利等。

（3）Hand Held Products公司起诉分析。Hand Held Products公司作为全球领先的手持式一维与二维条码辨识器制造商于2012年6月指控Amazon、Quidisi、A9Innovations等侵权其US6015088专利，所涉及技术为条码辨识功能，涉及产品为智能手机上具备扫描条码取得商品价格的手机应用程序。

（二）总结与建议

本节以CNABS和DWPI数据库收录的专利文献为样本，分析移动支付身份认证技术相关的国内外专利申请及其发展趋势，并对相关产业的专利诉讼情况进行梳理。通过上述分析，对于本领域的技术发展历程以及现有技术发展水平有了更进一步的认识，对于以后审查该领域的案件大有裨益，对相关单位就该领域专利布局、提高其竞争力、控制产业生态提供参考。

通过以上分析可以看出，当前移动支付相关产业正处于蓬勃发展时期，庞大的移动消费市场，使得中国在全球移动支付市场上占据重要地位。在这种情况下，国内相关企业在移动支付的身份认证方面也具有良好的发展机遇。第一，在技术研发方面，

---

[1] 翟东升、王路凯："移动支付终端领域身份认证技术专利分析"，载《情报杂志》2015年第5期。
[2] "科技产业资讯室.专利情报"，in http://iknow.stpi.narl.org.tw /Post/Default.aspx?Cate1D=5，2014-04-02。

由于目前国内企业在基于智能卡的身份认证、基于生物特征的身份认证和动态口令身份认证这些方面已经拥有一定数量的专利申请，在云身份认证领域也有涉及，技术基础较好。国内企业需要充分利用自身的技术基础，致力于发展具有优势的技术，同时也需要大力发展多因素组合型身份认证技术，重点关注新兴领域的云身份认证技术。第二，在中小企业发展方面，由于移动支付安全领域具有技术分散的特点，中国也有许多中小企业参与其中，尤其是比较热点的或新兴的技术，比如生物特征识别和云身份认证方面，大部分提交专利申请的企业为中小型企业。但这些中小型企业提交的专利申请数量普遍较少，有的只有一两件。在这种情况下，一方面可以采取多企业联合共享专利和技术的方式，共同发展壮大；另一方面可以汲取国外同类公司通过参与专利并购而获得发展的经验，在某一技术主题上进行深入研究和创新，提高专利申请的质量。

此外，随着企业越来越重视对专利权的维护，企业间技术竞争尤为激烈，随之产生的侵权案件数量与日俱增。在移动支付身份认证技术领域，近几年来，相关诉讼案件大约有20件，相关单位特别是中小企业应该进一步提高专利意识，对发起诉讼的公司的在华专利提高警惕，并进行分析和研究，提前做好应对准备。与此同时，企业对诉讼案件中所涉及的专利应当深入研究，把握热点技术，比如APP付款确认、多次密码验证等，调整研发方向合理进行专利布局。

# 第三节　声波触摸屏专利技术分析

## 一、声波触控屏技术概述

随着计算机技术的发展演变在实现人机交互的过程中，计算机的输入方式也逐渐发生改变，经历了以下几个阶段，依次由初始的打纸带输入演变到键盘输入和鼠标输入，最终发展到现在的触摸输入和体感输入。计算机输入方式的演变过程实质上是一个从专业到普及的过程，而具有普适性的触摸屏输入和体感输入使更多人得以使用计算机。❶

其中触摸屏作为现有使用范围最广、使用简单方便的输入装置，在使用时用户只需直接使用手指或使用相匹配的触控笔点击触摸屏的特定位置即可控制计算机的运行。作为目前最简单、方便、自然的一种人机交互工具，触摸屏提供了良好且友善的交互界面，赋予多媒体以崭新的面貌，是极富吸引力的全新多媒体交互设备，因而被广泛应用。

触摸屏在生产生活中的广泛应用，刺激了触摸屏技术的研究发展和产品的量产，而随着触摸屏技术的发展，触摸屏的种类逐渐变得多样化，从技术原理来区别可简单分为五个基本种类：矢量压力传感式触摸屏、电阻式触摸屏、电容式触摸屏、光学式

---

❶ 张雪峰："触摸屏技术浅谈"，载《现代物理知识》2014年第3期。

触摸屏、电磁式触摸屏、声波式触摸屏。其中声波式触摸屏安装的是一块没有任何膜贴覆层的纯玻璃，因此具有高清晰度、高分辨率、高透光率（可达高达92%）、高度耐久、抗刮伤性良好、反应灵敏且不受温度湿度等环境因素影响的特点，而且其寿命较长；其高透光率能保持清晰透亮的图像显示效果；其没有漂移因此只需安装时一次校正且有第三轴（压力轴）响应；其良好的特性致使其在公共场所例如ATM机、电磁辐射较高的工业控制装置和汽车用电子装置上被广泛运用。

声波是物体的机械振动在介质中的传播，其本质是一种机械波，具备折射、反射、衍射、散射特性；通过声波相关的物理量（如振幅、波长、频率、周期、速度等）应用技术手段实现的触摸屏统称为声波触摸屏。❶ 最早记载声波触摸屏技术的文献为布伦纳（A.E.Brenner）和布吕纳（P.de.Bruyne）于1970年在 *IEEE* 上发表的论文"A Sonic Pen：A digital stylus system"。

随着声波触控技术的发展，各公司在不同的时期提出了多种形式的声波触摸屏，按照其结构和原理，主要可分为以下几类：表面声波触摸屏、弯曲声波触摸屏以及其他感测方式；其中表面声波触控屏根据其结构又可分为早期表面式声波触控屏和改进型表面声波触控屏；弯曲声波触摸技术则包括振波感应式技术（Dispersive Signal Technology，DST）和声脉冲识别技术（Acoustic Pulse Recognition，APR）。

## （一）表面式声波触摸屏

最早出现的声波触摸屏为表面式声波触摸屏，表面式声波触摸屏是利用触摸时沿介质表面浅层传播的声波进行触摸确认。

### 1. 早期表面式声波触摸屏

早期的表面式声波触摸屏结构设置较为简单，通常包括玻璃基板、对向设置的X/Y轴发射换能器和X/Y轴接收换能器以及控制电路，其检测触碰位置主要利用相对设置的发射换能器与接收器来进行。如图1-3-1所示，由控制电路控制X/Y轴发射换能器将电信号转换为声波，并由对应的X/Y轴接收换能器检测声波。当用户通过手指或物体触碰玻璃基板时，由于手指的阻挡，沿X和Y方向的声波会因受阻而衰减，X/Y轴接收换能器便会接收到衰减后的信号，控制电路根据回收的信号状况，计算得到X/Y轴同时发生衰减的交叉点即确定出的用户触碰的位置。该结构的专利申请早期见于由加拿大专利和发展有限公司（Canadian Patents and Development Limited）提出的申请号为US1974081896A、发明名称为使用层状片的触敏位置编码器（Touch Sensitive Position Encoder Using A Layered Sheet）的申请。

---

❶ 田民立、齐慧峰、徐国祥、刘以成："声波触摸屏技术概述以及专利现状"，载《电子世界》2014年第8期。

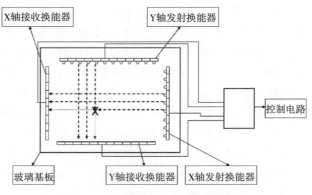

**图1-3-1 早期表面式声波触摸屏**

该早期的表面式声波触控屏结构比较简单，且其基于相对设置的发射换能器和接收换能器可以直接得到相应的触碰位置，不需要经过复杂的计算；但是，其为了达到其检测的分辨率以及对整个区域进行检测而需要使用较多数量的发射和接收换能器，从而导致该早期的表面式声波触摸屏的成本较高而不利于推广。

2. 改进的表面式声波触摸屏

随着技术的发展，为了减少换能器的个数以降低声波触摸屏的成本，表面式声波触摸屏出现了一种新的结构，该新的结构在触摸屏中设置了反射条纹。其具体结构如图1-3-2所示，该改进的表面式声波触摸屏在玻璃基材的左上角和右下角各固定了竖直和水平方向上的超声波发射换能器，右上角则固定了两个相应的超声波接收换能器，玻璃基材的四周则刻有45度角由疏到密间隔非常精密的反射条纹。该结构早期专利申请见于由齐尼思电子公司（Zenith Electronics Corporation）提出的申请号为US19850698306A、发明名称为用于图形显示装置的触摸控制装置（Touch control arrangement for graphics display apparatus）的申请。

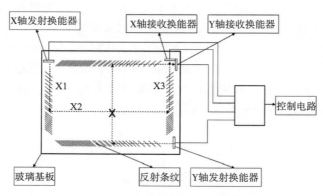

**图1-3-2 改进的表面式声波触摸屏**

其具体检测方式如下：以X轴为例，控制电路产生发射电信号，该信号经X轴发射换能器转换成厚度方向振动的声波X1，声波X1在传播途中遇到X轴发射换能器下方的45度倾斜的由疏到密间隔的反射条纹后发生反射，产生和入射波X1成90度并与Y轴平行的分量X2，分量X2传至玻璃基板X方向的另一边遇到X轴接收换能器下方的45度倾斜的反射条纹，经再次反射产生分量X3沿与声波X1相反的方向传至X轴接收换能器。X轴接收换能器将回收到的声波转换成电信号。控制电路对该电信号进行处理得到表征玻璃基板声波能量分布的波形。用户触碰屏体时，干扰声波的传输，部分声波能量被吸收，回收到的信号会发生衰减，控制电路通过预定的程序分析衰减情况，通过衰减的时间判断出X方向上的触摸点坐标。同理，可以判断出Y轴方向上的坐标，两个方向的坐标一旦确定，触摸点便唯一地确定下来。

由于改进的表面式声波触摸屏不再采用膜层结构，而仅需要设置4个廉价的压电陶瓷换能器，因而大大降低了触摸屏的成本，促进了声波触摸屏的广泛应用与发展，代表表面声波触摸屏的技术相对发展进入相对成熟的阶段，进而使得表面式声波触摸屏根据不同的应用场景衍生出普通型、防暴型、防尘型、斜角型、防眩光型等在不同场合使用的触摸屏。

### （二）弯曲声波触摸屏

伴随着技术的飞快发展，新型的弯曲声波触摸屏技术被提出。相对于表面式声波触摸屏根据触摸检测由声电换能器发出的声波的衰减程度，弯曲声波触摸屏不再需要声电转换器，其利用用户触摸面板时所发生的振动或是进行拖动操作时产生的摩擦振动，该振动作为声波通过基板自身的弯曲振动并向周围空间辐射，进而利用该振动完成位置检测，其中的振动可以视为整个面板都在振动的一种振动。触摸产生的振动波在玻璃中传播的时间与其距离成正比，在传播过程中以触摸中心为同心圆向外扩展，弯曲声波触摸屏利用触摸产生的振动在不同的时间到达屏幕周围的传感器这一特点检测触控的位置。

#### 1. 振波感应式触摸屏

振波感应式（DST）触摸屏摸屏技术由美国3M触控系统公司和英国扬声器公司NXT共同开发。振波感应式（DST）触摸屏分析触碰位置的方法与GPS、雷达及声呐领域检测目标物体位置的技术方法相同，都是利用三角检测的方式，通过振动到达传感器时间的不同进行位置计算。如图1-3-3所示，振波感应式（DST）触摸屏的基板由弯曲材质构成，在受到物体的驱动下会产生弯曲波，当用户触碰基板时，基板会向四周散射弯曲波，通过设置于基板四周的压电传感器，可以检测散射的弯曲波，通过对检测到的散射弯曲波的处理分析，确定出用户的触碰位置。此外，振波感应式（DST）会把玻璃的固有振动指定为由触控所产生的频率，其他的一律视为噪声，所以可以避免触控以外的错误录入。

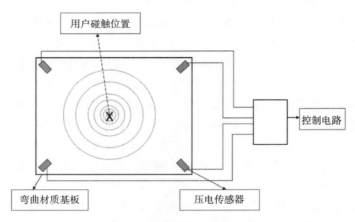

**图1-3-3 振波感应式触摸屏**

### 2. 声波脉冲式触摸屏

声波脉冲式（APR）技术是由美国埃罗电子有限公司首创的一项弯曲波触控技术。相对于振波感应式（DST）触摸屏，声波脉冲式（APR）触摸屏以一种简单的声音辨识方式来测量玻璃上被接触点的位置，其关键是在玻璃上每个位置触压时都会产生独特的声波。APR触摸屏的基本结构如图1-3-4所示，触摸屏的基板同样由弯曲材质构成，其不同在于通过特殊的加工处理使得弯曲材质基板每一个位置所散射出的弯曲波都具有独特性，且将压力传感器不对称地配置在外部，当用户触碰基板的点a和点b时，压电传感器所检测的由两点散射出弯曲波的特性是不同的，控制电路具有预先设置的弯曲波与坐标对应表，可以根据检测到的弯曲波的特性确定弯曲波的产生位置。

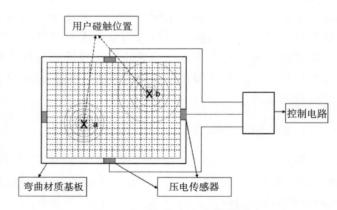

**图1-3-4 声波脉冲式触摸屏**

由于弯曲声波触摸屏检测用户触摸面板时所发生的振动或是进行拖动操作时产生的摩擦振动，且该振动在玻璃等基材的内部进行传播，因此其与表面式声波触摸屏相比，极少受到刮伤、表面异物、水滴等干扰的影响，提高了声波触摸屏工作的稳定性。

此外，声波触摸屏还存在少量的其他触摸检测方式，例如阵列设置的检测方向向外的声波式传感器检测来自屏幕上方的触摸，但此类检测方式数量较少，在此不予详述。

## 二、声波触摸屏专利申请趋势分析

为了进一步了解声波触摸屏领域中的技术发展方向以及专利申请数量，笔者利用检索系统中的CNABS、DWPI等数据库，通过IPC分类号、CPC分类号、相关关键词等使用不同的检索策略进行检索，获得初步结果后再通过概要浏览和推送详细浏览将检索得到的文献中明显的噪声去除，最后结合统计命令以及Excel从多角度对该技术领域的中国专利申请和国际专利申请进行统计分析，文献统计的时间节点是2016年5月20日。

### （一）声波触摸屏国际专利申请现状

本小节主要对国际专利申请现状进行分析，从中得到关于声波触摸屏的国际专利申请趋势、专利申请人国家分布和主要申请人等信息；该分析数据主要来自德温特数据库（DWPI），其中一系列的同族申请视为一个申请，申请的申请日是指同族中最早的优先权日期。

1. 声波触摸屏国际专利申请趋势分析

图1-3-5示出声波触摸屏的国际专利申请趋势，由于数据库中所收录的数据具有时间滞后性，并且专利申请从提出申请到被公开具有一定的时间间隔，因此，2014年和2015年的数据有所偏差，均少于实际的申请量。由图1-3-5可以看出，触摸屏技术发展大致可以分为三个时期，各时期划分以申请数量和增长率的变化为标准。

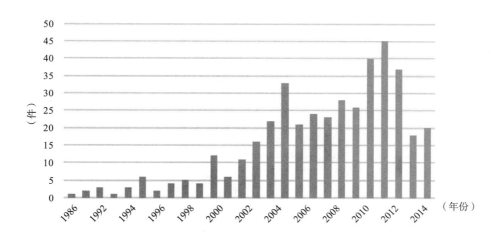

**图1-3-5　声波触摸屏的国际专利申请趋势**

第一阶段为1974～2000年，这一时期专利申请量较少，声波式触控技术发展缓慢。在这一时期，声波触摸屏的技术刚刚提出，技术研究存在各种障碍，且电子产品的研发较为缓慢导致电子产品的使用量较少，进而导致声波式触摸装置的使用量不足，因此，此阶段声波触摸屏技术处于萌芽阶段，新技术开发困难且开发速度较为缓慢。

第二阶段为2000～2010年，专利申请量逐渐上升且申请量较多。自2000年以来，各类电子产品开始普及，人们对于触摸操作的需求增加，各公司开始加大投入，使得专利申请量随着电子产品的普及呈现稳步增加；应当注意的是2006～2010年，由于苹果为首的手机制造公司开始推出采用电容式触摸屏的手机，从而使得各大公司的关注转向电容式触摸屏技术的研究，声波式触摸屏的年申请量暂时保持持续稳定。

第三阶段为2010年以来，该阶段专利申请量再次飞跃，而这同样与触摸屏技术整体的发展以及市场需求有关，此时触控技术已经较为成熟，触摸屏已开始进入各行业使用，例如在工厂设备、汽车导航上，而在此类工业场所或汽车装备上的电磁干扰较强，容易对现有使用较为广泛的电容式、电阻式等触摸屏产生干扰，而声波触摸屏的检测使用声波，其本身抗电磁干扰能力强，因此在工业场所、汽车等相关领域表现出良好的性能，进而使得其相关公司转而对声波触摸屏进行更大的投入研究，以改善声波触摸屏的性能并解决各种使用过程产生的问题，进而抢夺相关市场份额。

2. 国际专利申请的申请人国别分布及重要申请人

本小节从国际专利分布的申请人方面对声波触摸屏的专利申请进行分析，得到国际专利申请的国家分布以及重要申请人。

由图1-3-6可知，目前声波触摸屏的主要申请国家为美国、中国、日本、韩国，其申请量之和占总申请量的96.6%，其余包括欧洲各国的专利申请量极小，由此也可以看出中美日韩对声波触摸屏的研发和运用方面的技术较为重视且获得相应的成果，而欧洲各国在声波触摸屏上的研究投入较少，这也恰好符合现有触摸屏领域的技术分布。此外，中国专利申请量占申请总量的41.4%证明自施行专利法以及提出建设创新型国家的战略规划以来，国内公司对专利重视程度的大幅度提高以及国内科研创新能力的飞速发展。

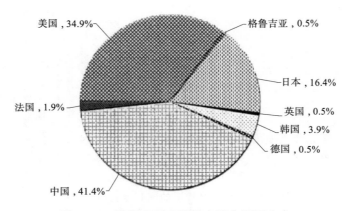

图1-3-6　国际专利申请的申请人国别分布

图1-3-7示出国际专利申请量排名前10名的申请人，分别是：（1）泰科电子有限公司（美国）；（2）成都吉锐触摸技术股份有限公司（中国）；（3）精工爱普生株式会社（日本）；（4）禾瑞亚科技股份有限公司（中国台湾）；（5）3M创新有限公司（美国）；（6）富士通株式会社（日本）；（7）电子触控产品解决方案公司（美国）；（8）昆山特思达电子科技有限公司（中国）；（9）接触板系统株式会社（日本）；（10）三星电子株

式会社（韩国）。

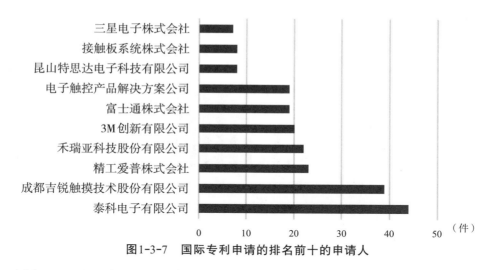

**图1-3-7　国际专利申请的排名前十的申请人**

由图1-3-7可以看出，排名靠前的申请人的数量同样具有较大差异，例如排名第一的泰科电子有限公司、第二的成都吉锐触摸技术股份有限公司，其申请量明显大于之后排名的公司，可见声波触摸屏领域相关专利的分布较为集中，为少数专业从事声波触摸屏的公司所拥有。此外该排名前十的公司还包括韩国三星电子株式会社，众所周知，三星在触摸屏领域中的主要研究方向和专利申请为电容触摸屏技术，而图1-3-7中三星在超声波触摸屏的申请量排名，则给其他进行触摸屏研究的公司进行提醒，在有能力的基础上在相关领域的技术研究和专利布局应当多元化，以应对各种复杂市场变化。

（二）中国专利申请现状

本小节通过对中国专利文摘数据库（CNABS）中已经收录的公开发明专利数据进行检索，并依据检索得到的专利进行专利申请量的变化趋势以及专利申请人的分析，从中得到声波触摸屏的技术发展趋势、申请人地区分布以及重要申请人等信息。

1. 中国专利申请趋势分析

由图1-3-8可以看出，自1985年中国专利法正式实施开始，就有声波触摸屏的专利申请提出，声波触摸屏技术于1986～2000年处于缓慢发展的第一阶段，每年相关专利申请量不超过10件，2000～2010年专利申请量处于高速发展时期，其申请数量翻倍增加，基本保持在每年15～20件，2010年后专利申请量再次增加，每年申请量25～30件；其相关专利申请量呈现稳步上升趋势，其与国际专利的申请变化趋势基本一致，证明在全球经济一体化过程的发展过程中中国的重要市场地位。

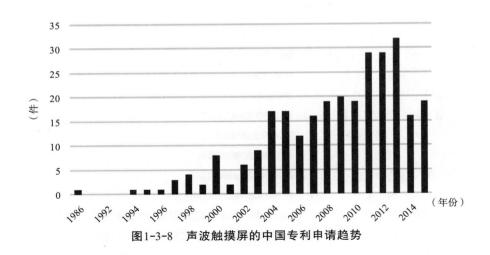

图1-3-8　声波触摸屏的中国专利申请趋势

**2. 中国专利申请的申请人国别分布、重要申请人**

图1-3-9示出中国专利申请的申请人的国别分布，目前中国国内声波触摸屏的主要申请国家为中国、美国、日本、韩国，与全球触摸屏专利申请中各国专利申请量排行基本一致。近年来专利侵权诉讼时有发生，专利保有量不足则要面对各种侵权可能以及庞大的专利授权使用的费用，造成企业的重大负担，因此国内申请人对于声波触摸屏的相关技术创新的重视程度逐渐增加，试图突破外国企业的专利封锁以及打破其垄断地位，从而国内技术创新研究开始逐渐加速，截至2016年国内专利申请中中国申请人申请的占有量已达到47.9%，在声波触摸屏领域中占有举足轻重的地位。

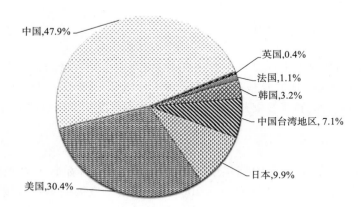

图1-3-9　中国专利申请的申请人国别／地区分布

图1-3-10示出中国专利申请的申请量排名前十的公司，其与国际申请排名前十的公司基本一致，尤其排名前十的公司中的美国公司例如泰科电子有限公司、3M创新有限公司在中国的申请量仍位居前列，说明此类国外公司对专利布局的重视程度以及对中国市场的重视；此外，与国际排名前十的公司相比较，其中部分公司例如精工爱普生株式会社、三星电子株式会社在中国的专利申请量排名并未进入前十，进而国内企

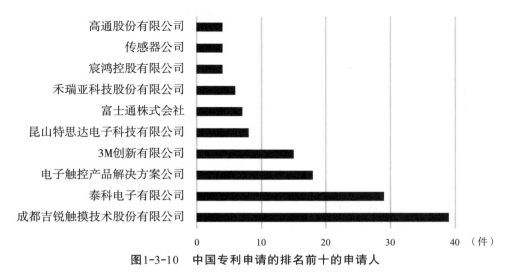

**图1-3-10　中国专利申请的排名前十的申请人**

业在进行科研创新和技术研究时可以考虑此类公司的研究方向以此突破部分日本、韩国企业的专利封锁。

　　此外，对中国专利申请的申请人类型进行分析，结果如图1-3-11所示：其中专利申请人的类型主要为公司，公司申请占申请总量的90%，仅有少量为个人申请以及高校申请，这符合声波触摸屏技术的领域特征；由于触摸屏相关技术针对性较强，研究方向已经很细，且需要多人或者公司持续性的研究，而对于高校来说，声波触摸屏的分类过于细致导致研究方向较为狭窄，不属于高校的通识教育的范畴，此外在研究过程中需要大量的科研经费和专业设备且国内高校专利转化能力较低，因此高校在此方面的研究较少，造成申请量较少。而由于高校通常拥有大量科研创新能力较强的技术人员且高校同样需要科研创新以提升自身实力，因此公司企业可采用目前被广泛采用的公司投入资源与高校的建立联合实验室的形式进行声波触摸屏的技术研究，促进双方的共同发展。

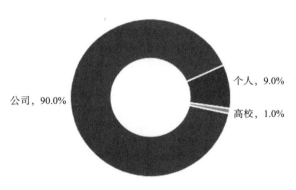

**图1-3-11　各类型申请人的专利申请量的比重**

### 三、声波触摸屏专利技术发展分析

#### （一）主要技术发展方向

　　本小节基于前述对声波专利触摸屏的技术分类标准，详细分析各类型声波触摸屏的发展历程以及其中发展较为成熟且申请量占比重大的技术分支的研究发展方向。

### 1. 各类型声波触摸屏专利申请比例

如前所述，声波触摸屏根据技术分类主要有两种四类，而其中各类型声波触摸屏的专利申请量所占比例如图1-3-12所示，其中涉及表面声波触摸屏的申请占申请量的66.9%，涉及弯曲声波触摸屏的申请占总申请量的17.4%，其他不限定于特定类型的例如声波触摸屏共同的应用、计算方法和少量的其他类型声波感测方式的专利申请占15.7%，而专利申请中最主要的申请量来自于改进的表面式声波触摸屏，占申请总量的55.3%。

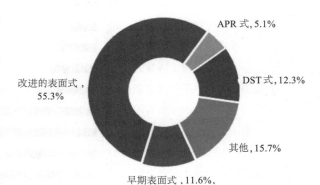

图1-3-12　各类型声波触摸屏的申请分布

### 2. 各类型声波触摸屏专利申请量变化趋势

下面对各类型声波触摸屏的申请量随年份的变化量进行分析，其中各类型申请量随年份的变化如图1-3-13所示，自改进的表面式声波触摸屏提出以来，其始终在声波触摸屏的申请中占有重要比例；即使2000年以后新型的弯曲式声波触摸屏被提出，改进的表面式声波触摸屏的申请量并未下降，其每年的申请量比例仍然维持在较高的水平，远远多于两种弯曲式声波触摸屏所占比例之和。

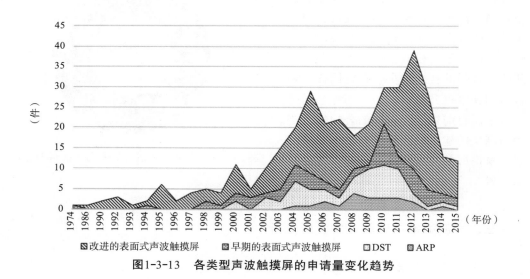

图1-3-13　各类型声波触摸屏的申请量变化趋势

### 3. 各类型声波触摸屏专利申请人状况

对于各类型触摸屏所涉及的申请人的数目进行分析，结果如图1-3-14所示，其中改进的表面式声波触摸屏所涉及申请人最多，合计89个，其余三种涉及较少，申请人个数均在30个以下；而各类型触摸屏申请量排名第一的申请人及其所占比例相应如下：早期的表面式声波触摸屏中申请量第一的申请人为富士通株式会社，申请量占该类型申请总量的22.9%；改进的表面式声波触摸屏中申请量第一的申请人为成都吉锐触摸技术股份有限公司，申请量占该类型申请总量的16.6%；声波脉冲式（APR）触摸屏中申请量第一的申请人为泰科电子有限公司，申请量占该类型申请总量的23.8%；振波感应式（DST）触摸屏中申请量第一的申请人为3M创新有限公司，申请量占该类型申请总量的34.0%；其中弯曲式声波触摸屏即声波脉冲式（APR）触摸屏和振波感应式（DST）触摸屏的专利申请人数量较少，专利申请更为集中；而改进的表面式声波触摸屏申请人较多，除排名靠前的申请人以外，专利分布较为分散。

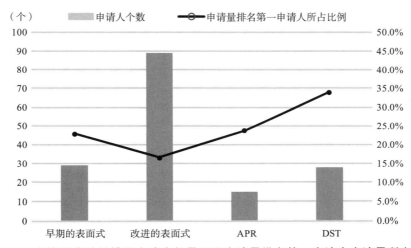

**图1-3-14 各类型声波触摸屏申请人数量以及申请量排名第一申请人申请量所占比例**

综合来看，造成上述申请量分布的原因主要在于：改进的表面式声波触摸屏结构简单且基于该结构进行触碰位置计算时所需要采取的算法同样较为简单，因此对相关的硬件要求较低，且该技术提出较早，整个技术框架发展较为完善，便于各申请人在现有技术的基础上做出改进；而弯曲式声波触摸屏虽然可以克服表面式触摸屏所带来的各种问题，但是其对触摸位置检测算法的复杂程度相对较高，且其产品生产实现的技术较为复杂，工艺不够完善，因此不利于小型公司企业进行研发改善，此外由于其技术分支中的基础专利仍然处于有效期内，技术改进后在产品化的过程中仍需支付大量的专利授权使用费用，造成部分公司没有足够的动力去进行研究改善，导致相关专利申请集中在个别公司手中，如作为振波感应式（DST）触摸屏的基础专利拥有者的3M创新有限公司占申请总量的1/3，进一步形成技术封锁。

（二）表面式声波触摸屏的技术发展方向

由于表面式声波触摸屏的专利申请在声波触摸屏中占有最大的比例，技术发展较为全面，因此选择表面式声波触摸屏分支进行具体分析，分析内容主要涉及其专利申请技术分支方向、技术改善目的和效果以及重要申请人专利申请分布，进而对表面式声波触摸屏的发展过程及其改进方向做出梳理。

1. 表面式声波触摸屏技术发展方向

受限于表面式声波触摸屏自身的结构，因此表面式声波触摸屏的专利申请主要集中在其结构例如基板、发射/接收换能器、反射条纹的改进以及其控制方法例如其坐标运算、发生声波的频率控制等，其各技术分支的专利申请量所占比重如图1-3-15所示。其中由于结构上的改进相较于算法易于改进，且其在授权之后在侵权判断中易于发现进行侵权认定，因此其结构方向的申请占申请总量的69.7%，而作为其中触摸屏主要结构的基板/反射条纹/换能器合计占申请总量的49.7%。

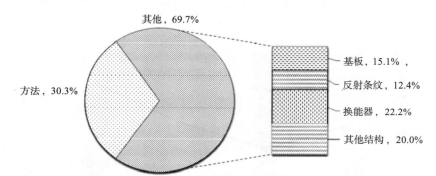

图1-3-15　表面式声波触摸屏各技术分支所占比例

进而通过声波触摸屏的结构与控制方法上的改进，实现触摸屏领域中共通的低功耗、多点触控、无边框、降低干扰提高准确度等技术效果，其不同技术效果涉及的专利申请量排名前十如图1-3-16所示。可以看出，表面式声波触摸屏与其他种类触摸屏一致，其需要重点解决的问题和实现的技术效果包括触碰精度的问题如避免干扰和产生误判、提高使用寿命如防水防尘进行保护、便捷操作的问题如实现多点触控和触摸屏幕大屏化的需求，这也给相关声波触摸屏研究的公司相应的启示，需要在此类问题上进行深入研究，提出自己独特的技术方案以满足市场的需求，同时警示各公司在解决此类问题时需要注意现有的授权专利，以避免产生侵权问题。

2. 表面式声波触摸屏重要申请人专利技术分析

下面从申请人方面入手，基于申请人的历年申请总量对申请人进行排序，排序结果如图1-3-17所示，其中申请量较多的企业分布在美国、中国、中国台湾地区和日本，在此分别选择其中申请量排名第一的成都吉锐触摸技术股份有限公司和第二的泰科电子有限公司对其技术发展历程以及重要专利申请进行分析，进而便于对表面式声波触摸屏的技术发展历程进行理解。

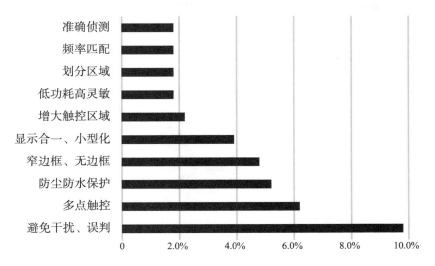

图1-3-16　表面式声波触摸屏专利申请涉及的申请量排名前十的技术效果

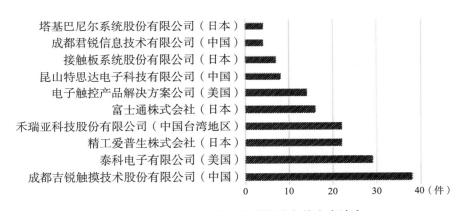

图1-3-17　表面式声波触摸屏申请量排名前十申请人

　　从表1-3-1、表1-3-2可以看出，作为国内申请人代表的成都吉锐触摸技术股份有限公司与国外申请人代表的泰科电子有限公司所研究的方向基本相同，都是通过改进相关的结构实现多点触摸以及声波触摸屏的无边框、薄型化等特性，然而国外申请人的相关专利申技术较为复杂且专利提出较早，国内申请人的相关专利结构较为简单，多涉及结构之间的重新组合以及各结构直接的位置排布方式，因此国外申请的专利被引用次数较多，其中申请号为US5591945A的申请被引用次数达450余次，是表面式声波触摸屏领域内重要的基础专利，在一定程度上说明国外申请人在本领域中的技术上仍然处于领先地位，国内申请人仍然需要进一步提高创新科研能力。

表1-3-1　泰科电子有限公司在表面式声波触摸屏领域的主要代表性专利

| 公开号 | 技术分支 | 图示 | 技术要点 |
|---|---|---|---|
| US5591945A | 基板+反射条纹 | 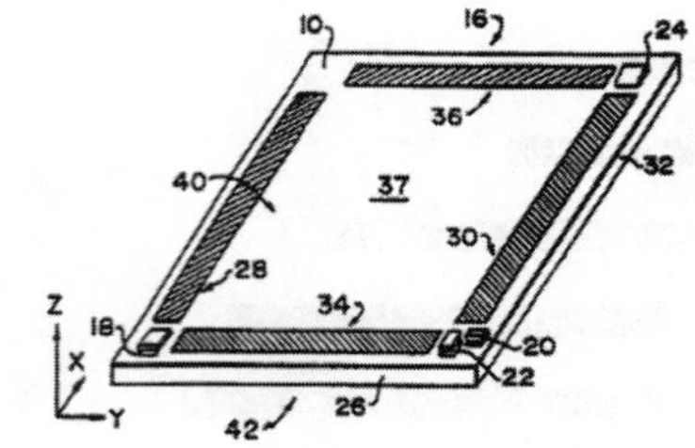 | 选择可传播切换变分量声波的基板和反射条纹，实现触摸定位的准确性，是表面式声波触摸屏的基础专利，该申请被引用450余次 |
| US6091406A | 换能器 | 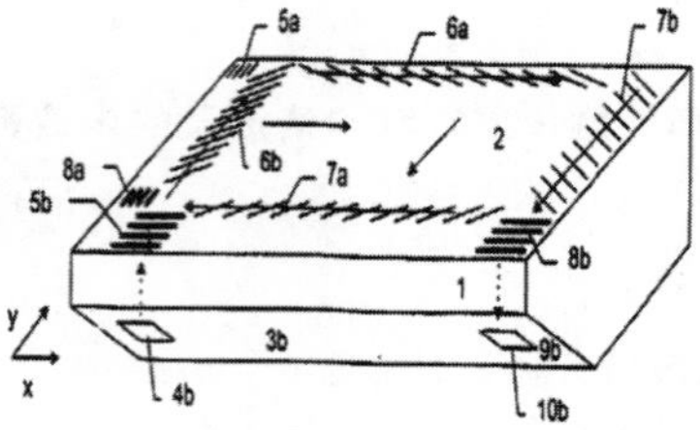 | 通过在表面设置光栅5a、5b将表面波与体波转换，例如将接收到的表面波转换为体波传输给换能器9b，进而产生电信号确定触摸位置，进而便于触摸屏与显示装置等其他装置的集成该申请被引用150余次 |
| US2008/007543A1 | 方法 | 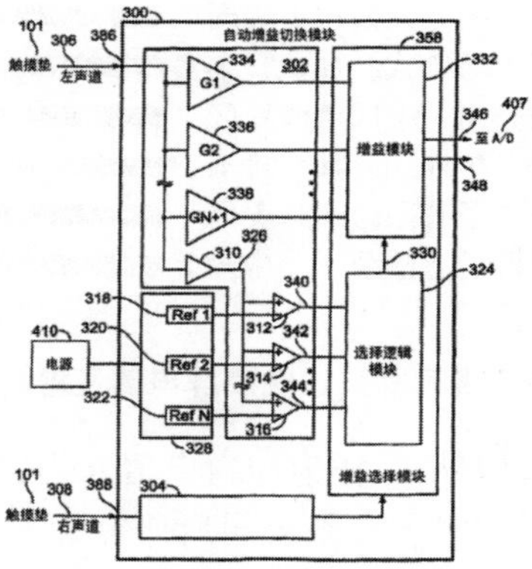 | 设置自动增益调整模块300，接收具有信号电平的指示触摸表面上的触摸位置的数据，多个增益元件接收模拟输入信号并输出增益调整后的模拟信号。增益选择模块基于模拟输入信号的信号电平来选择增益调整后的模拟信号之一，以此避免检测误差 |
| US2008/266266A1 | 反射条纹 | 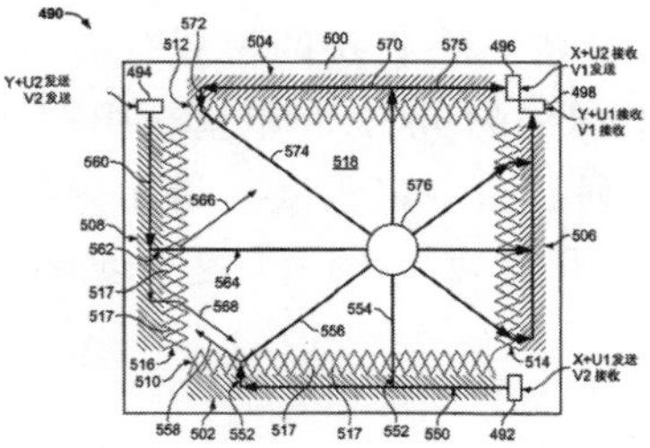 | 在现有的反射条纹502、504、506、508的前方设置分束器510、512、514、516，通过分束器的设置以及后续的计算实现多点触摸 |

表1-3-2　成都吉锐触摸技术股份有限公司在表面式声波式触摸屏领域的主要代表性专利

| 公开号 | 技术分支 | 图示 | 技术要点 |
|--------|----------|------|----------|
| CN1484195A | 方法+反射条纹 | 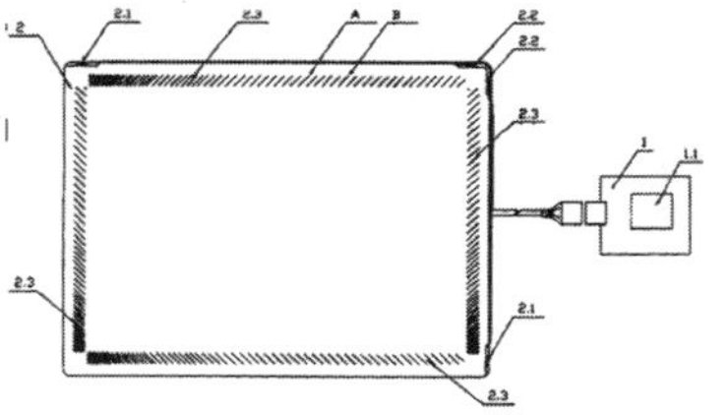 | 采用双频处理器+针对双频的反射条纹A、B，通过双频切换实现触控屏的低功耗 |
| CN101719043A | 换能器+反射条纹 | 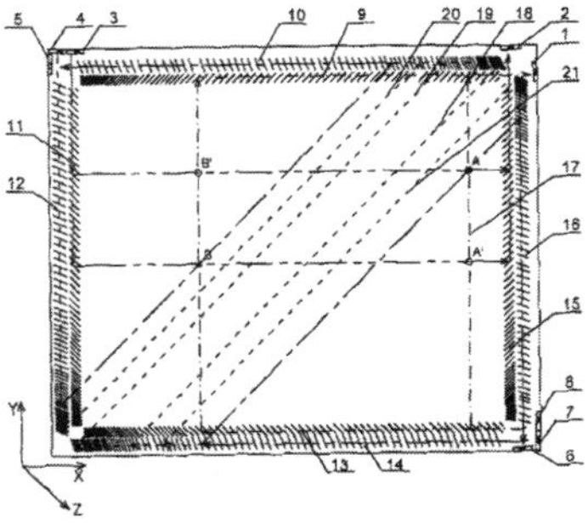 | 增设Z轴发射换能器4、7，接收换能器5、6，Z轴反射条纹10、12、14、16，通过增设的结构与原有结构经过计算得到触摸位置，实现多点触控 |
| CN103226417A | 基板 | 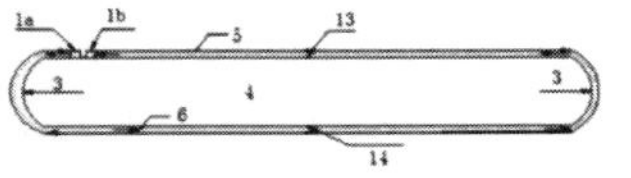 | 将触摸屏基板边缘设置为通过圆形连接，在一个触摸面上设置反射条纹阵列和换能器而另一个触摸面上没有，无须设计复杂的前框组件来遮挡反射条纹阵列和换能器等实现无边框设计 |
| CN104850277A | 发射条纹 | 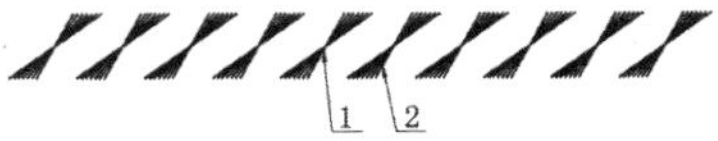 | 反射条纹阵列包括多组相互平行的反射单元1，多组反射单元1等间距并排设置，每组反射单元1均包括多根斜率不同的反射条纹2；能够将一个声波信号反射成多个不同方向的声波信号，从而在不增加设备或器件的前提下实现两点及以上的多点真实触摸响应 |

## 四、结　语

通过前述分析可以看出，声波触摸屏在整个触摸屏领域中占有重要位置，并且随着目前工业的发展，声波触摸屏以其特有的抗噪特性而被越来越广泛的应用；就目前的专利申请来说，申请人主要分布在中国、美国、日本、韩国，其中美国和日本掌握了大量的核心专利；而就中国国内的专利申请来说，其中申请量一半以上仍然为此类国外申请人提出的专利申请，这也说明国外企业对专利的重视程度以及对中国这一国际市场的重视，其希望通过相应的专利进行市场开拓和利益获取。

对国内申请人来说，由于国内触摸屏技术起步远远晚于日本以及我国台湾地区，因此虽然申请量总量多，但是多为外围专利，基础专利较少，核心专利申请量不足且专利分布较散乱，无法形成完整的专利布局，导致国外公司正通过核心专利布局对国内公司进行合围。

值得注意的是，随着创新型国家的建设和国内技术的发展，我国相关企业对专利的重视程度和技术能力在逐渐提高，专利申请的质量得到改善。此外，通过对表面式声波触摸屏的技术发展方向与重要申请人的代表性专利分析可以看出，目前国内申请人的主要研究和改进方向与国际申请人基本一致，例如无边框化和降低功耗，这也说明我国企业的研究方向开始与世界接轨并且正在努力向世界水平靠近。

因此，对于国内企业来说，在努力提高自己创造水平的同时，应当借鉴国际先进技术，在保证目前外围专利申请的基础上努力研发，提高自己在领域中的核心专利与基础专利的拥有量，增强自身在市场上的竞争能力。

# 第四节 基于直方图的图像检索专利技术分析

## 一、图像检索的起源

传统的检索技术只能针对文本内容进行检索，输入关键词，利用关键词在数据库中进行匹配，然后向用户反馈相对应的内容。随着计算机网络技术的发展，人们对于图像检索的需求越来越强烈，为了能够从浩瀚的图像数据库中快速、准确地找到用户所需的图像内容，图像检索技术应运而生，由用户输入描述图像的相关特征，或者直接输入相关的图像，然后从图像数据库中匹配对应的目标图像，将检索结果反馈给用户，以提供良好的用户体验。

### （一）引言及概述

图像中通常比文本内容蕴含更加丰富、多元化的信息，如何快速地从海量的图像资源中检索出所需信息是当前许多应用领域所面临的重要问题，图像检索（Image Retrieval）技术应运而生，即根据用户的输入反馈相应的图像检索结果。图像检索相关技术的研究开启较早，但早期主要是基于文本的图像检索技术（Text-Based Image Retrieval，TBIR），利用文本内容来描述图像的特征，如对于绘画作品用作者、年代、派别、尺寸等关键词来进行描述。但传统的使用关键词、文本来描述图像具有一定的局限性和主观性，基于个体对图像特征主观认识的描述方法不能充分描述图像资源。

考虑到颜色、纹理等信息能够比较客观地反映图像的基本特征，越来越多的人开始利用图像的颜色、纹理、布局等信息来进行图像检索，也就是现在的基于内容的图像检索技术（Content-Based Image Retrieval，CBIR），该过程主要依赖于将特征转化为直方图来完成。

从原理层面来讲，无论采用哪种检索技术，总要涉及以下三个方面：（1）要对用户的需求进行分析和转化，形成可检索的要素；（2）要不断地收集图像资源，对图像进行加工提取特征，并进行标引形成带有索引的图像数据库；（3）是计算用户输入的要素与图像数据库中记录的相似度的大小，将相似度大于预设阈值的记录作为结果，按照相似度降序的方式反馈给用户供其选择，即完成整个检索过程，图像检索流程如图1-4-1所示。

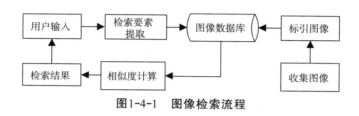

图1-4-1　图像检索流程

## （二）基于直方图的图像检索的原理和处理过程

图像检索涉及图像处理、计算机视觉、模式识别即神经网络等学科，同时与人脑的认知程度紧密相关，基于直方图的图像检索试图在理解图像内容的基础上，检索出与输入相类似的图像，其不同于传统的检索，它用于检索的是反映图像内容并与图像存储在一起的各种量化特征，使用的是基于相似性度量的实例查询（Query By Example）方法。

### 1. 基于直方图的图像检索的原理

基于直方图的图像检索的基本原理为：首先收集图像构建图像数据库系统，分析收集的图像，然后提取图像的特征作为直方图特征向量，与图像一起存储在数据库中，图像检索时，最后提取输入图像的特征或由用户指出要查询图像的直方图特征向量，与数据库中的直方图特征向量进行匹配，根据匹配结果按照相似度降序排列，返回一定数量的图像供用户选择，图像检索系统的原理图如图1-4-2所示。

图像检索系统的架构主要由以下几部分组成。

（1）图像数据库系统：由图像库、特征库、知识库组成，图像库的内容为数字化的图像信息，特征库存储从图像中提取的各种特征，知识库包含专门和通用的知识，以利于查询优化和快速匹配，有效地组织图像数据库并建立高效的索引，加快图像的检索速度。

（2）图像预处理模块：为了提高检索结果的准确度，通常会对输入的图像进行格式转换、尺寸统一变换、图像增强与降噪等预处理，以减少尺寸不同、噪声等对检索过程的干扰。

（3）直方图特征提取模块：涉及特征选择和特征提取，特征选择即选取适当的图像特征组成特征空间，一旦特征确定，其对应的特征空间也就确定了，选择的特征

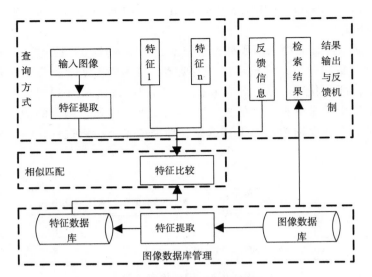

图1-4-2 图像检索系统原理

对于相似的图像具有稳定性，并且为了便于筛选，对于不同的图像要具有较强的区分性。提取特征是指从包含大量信息的图像中分解出不同种类的特征信息，特征提取的对象可以是整幅图像，也可以是图像的某个区域或具体的内容对象。

（4）相似度匹配模块：该模块完成图像匹配的工作，即确定相似性度量算法。检索是利用特征之间的距离函数来进行相似性匹配，模仿人类的认知过程，可以从特征库中寻找匹配的特征，也可以临时计算对象的特征，通常利用图像特征之间的欧式距离来度量二者之间的相似度。

通常以直方图的矩作为直方图特征向量来进行匹配检索，以颜色特征为例，对直方图来说，一、二、三阶中心矩分别为：

$$M_1 = \frac{1}{N}\sum_{i=1}^{N}H(C_i) \qquad\qquad\qquad (1)$$

$$M_2 = \left[\frac{1}{N}\sum_{i=1}^{N}(H(C_i)-M_1)^2\right]^{\frac{1}{2}} \qquad\qquad (2)$$

$$M_3 = \left[\frac{1}{N}\sum_{i=1}^{N}(H(C_i)-M_1)^3\right]^{\frac{1}{3}} \qquad\qquad (3)$$

设 $M_{H_i}^Q$、$M_{S_i}^Q$、$M_{V_i}^Q$ 分别为图像 Q 的 H（色度）、S（饱和度）、V（亮度）颜色通道的 $i$（$i \le 3$）阶中心矩，$M_{H_i}^I$、$M_{S_i}^I$、$M_{V_i}^I$ 分别为图像的 H、S、V 颜色通道的 $i$（$i \le 3$）阶中心矩，则距离度量函数为：

$$D(Q,I) = \sqrt{w_H \sum_{i=1}^{3}(M_{H_i}^{Q} - M_{H_i}^{I})^2 + w_s \sum_{i=1}^{3}(M_{S_i}^{Q} - M_{S_i}^{I})^2 + w_V \sum_{i=1}^{3}(M_{V_i}^{Q} - M_{V_i}^{I})^2} \cdots （4）$$

其中 $w_H, w_S, w_V$ 分别为加权系数。

**2. 图像检索的处理过程**

由于计算机仅仅是从图像中抽取部分特征来进行匹配，且与人眼的感观存在区别，因此对图像特征的抽取与人的思维并不一定一致，因此图像检索可以是一个循环迭代的过程，是一个逐步求精的过程。用户输入相应的内容，检索系统反馈对应的结果，如果搜索结果并非用户所需要的内容，用户可以根据结果对图像的特征描述进行修改，以期望获得满意的结果。也就是说，图像检索存在一个特征调整、重新匹配的循环过程，检索过程如下：

（1）用户提出查询要求，用户通过系统的人机交互界面输入图像或待检索的特征，查询接口对提交的数据进行预处理，例如进行灰度化、降噪、平滑滤波等处理，以减少其他噪声因素的干扰，尽量提高图像检索的精度，根据输入的内容形成与数据库系统中存储的直方图特征一样的形式，以便于下一步进行较为准确的特征匹配，将内容交给图像搜索引擎。

（2）进行相似度匹配，用户提交查询要求，计算机进行抽象理解，经处理形成查询特征，搜索引擎基于查询特征利用特定的搜索匹配算法与数据库中的特征进行匹配，并反馈结果。

（3）返回查询结果，从构建的图像数据库中通过匹配选择出与输入特征满足一定相似度的一组候选结果，然后按照与输入特征的相似度大小降序排列，排名越靠前的相似度越高，就越有可能是用户所期望的结果。相反，排名越靠后的相似度越低，是用户所期望的结果的可能性就越低，通过系统的交互界面总是将相似度最高的图像优先返回给用户，供其浏览查询结果。

（4）调整查询特征，对于检索系统返回的一组查询结果，用户可以通过遍历挑选满意的结果结束检索过程。用户若对检索结果不满意，可以从候选结果中选择一个示例，进行查询特征调整，形成一个新的查询，如此逐步求精，直到满意为止，具体实现过程如图1-4-3所示。

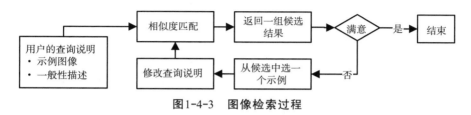

**图1-4-3　图像检索过程**

**3. 直方图图像检索的主要特点**

直方图来源于数学概念，对频数进行统计得到的图形。图像的直方图简单而言就是对颜色、纹理等特征出现的频数进行统计，可以简单描述一幅图像专用对应特征的全局分布，尤其适合描述那些难以自动分割的图像和不需要考虑物体空间位置的图像，具有以下显著特点。

（1）位置和形状无关性。图像直方图的形状与主体所在的位置以及形状没有关联。以颜色特征为例，像素的颜色级数一般用0~255的范围来表示，根据所需的精度不同，对颜色级数的统计范围也就不同。为了图像的简洁性和直观性，通常不会对每一级进行统计，一般选取其中一些比较有代表性的统计，表明图像的主要特征即可。图像的直方图描述了每个灰度级的像素的个数，不为这些像素在图像中的位置提供任何线索，只要位于图像中即可，任意一个特定的图像都具有唯一的直方图。图1-4-4示出了一个简单的示例，如果阴影部分具有相同的灰度值，而且面积相等，无论形状是否相同，这四幅图像的直方图都是完全相同的。

图1-4-4　直方图的位置和形状无关性

（2）叠加性。如果一幅图像由两个不连接的区域组成，并且每个区域的直方图已知，则整幅图像的直方图是该两个区域的直方图之和。

（3）总体性。直方图是总体灰度概念，从直方图中可以看出图像整体的性质。如图1-4-5所示：直方图a表示图像总体偏暗；直方图b表示图像总体偏亮；直方图c表示图像的灰度动态范围太小，许多细节必然分辨不清楚；直方图d表示图像灰度级分布均匀，给人以清晰、明快的感觉。

图1-4-5　直方图的总体性

（三）图像检索技术的主要应用领域

图像检索可以快速地搜索到与输入图像具有相同特征的多幅图像。根据这一特点，图像检索技术可以应用于诸多方面，最简单的用于图像搜索引擎，根据输入得到相关的图像，或者用于图像分类，针对大量图像，快速进行检索将具有相同特征的图像归为同类，或者用于图像分析、图像统计等，还可以用于智能监控安防领域的对象跟踪，对摄像头获取的图像序列的特征进行监控，若某一帧中图像特征发生突变，即与前帧相似度较低，连续数帧后突变消失，表明有对象闯入监控区域，实现特定对象的识别、目标跟踪，具体的应用领域如图1-4-6所示。

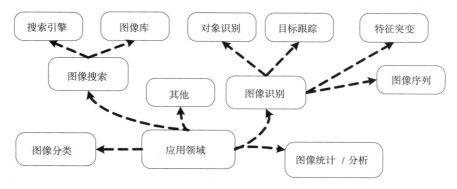

图1-4-6 图像检索应用领域的分支

## 二、专利申请趋势分析

为了研究基于直方图进行图像检索的专利技术发展情况以及相关的专利申请数量，利用检索系统中的CNABS、CNTXT、SIPOABS、DWPI、VEN、USTXT等数据库，并通过IPC、CPC分类号、较准确的关键词、转库检索等策略相结合，获得初步结果后通过概要浏览和推送详细浏览将检索得到的文献中的明显噪声去除，然后结合统计命令以及Excel从多方面对该技术领域的中国专利申请和全球专利申请进行统计分析，统计的公开日时间节点为2016年上半年。

### （一）全球专利申请量分析

本小节将通过基于直方图进行图像检索的全球专利申请量来分析目前在世界范围内基于直方图进行图像检索的发展趋势，并通过图表客观呈现出其技术发展趋势以及各国研究的主要方向等相关技术信息。

1. 全球历年专利申请量年代分布

图1-4-7为基于直方图的图像检索技术的全球历年专利申请量分布情况，可以看出，基于直方图的图像检索技术在全球的申请量重点分布在2008年以后，2001～2007年，专利申请量很小且无明显增长势头，此时说明基于直方图的图像检索技术处于起步阶段，世界范围内投入该方向的研究精力较小，市场需求非常有限；2010～2015年，基于直方图的图像检索技术的专利申请量增长幅度较大，在我国的专利申请量增量体现得尤为明显，同时反映出其技术尚未成熟但处于快速发展期，2015年之后的专利申请由于公开时间滞后的原因，导致数据相对不完整，但通过当前的申请态势可以判断，其世界范围内的申请量将会进一步增加。

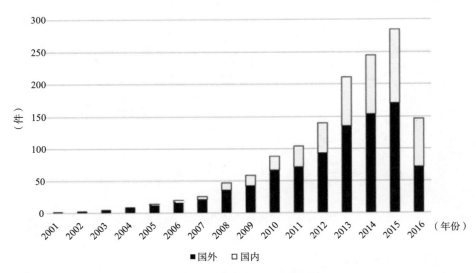

图1-4-7　全球历年专利申请量年代分布

### 2. 专利申请IPC分类号分布

下面针对基于直方图的图像检索技术的专利申请的分类号的分布情况进行统计分析，主要分为国际部分和国内部分。

图1-4-8示出国内相关申请的IPC分类号分布情况，可以看到，国内基于直方图的图像检索技术相关的专利申请主要集中在G06T（一般的图像数据处理或产生）、G06K（数据识别、数据表示）、G06F（电数字数据处理）、H04N（图像通信）、A61B（医学或兽医学）等几个分类号，G06T分类号的申请量占比高达56%，G06K的申请量位居第二位，占比15%，然后是G06F，图像处理相关专利主要分布在这三个分类号中。

通过图1-4-9可以看出，在国外申请的专利中，G06Q（涉商领域）、G03B（摄影术；电影术）也是比较重要的分类领域，综合图1-4-8和图1-4-9可知G06T和G06K分类号是基于直方图的图像检索中研究的热点和重点，其文献数量在世界范围内占有极大比例，而在其交叉边缘领域的研究也在逐步增强，并且在G06F、H04N、A61B等相关数据处理领域、医学领域

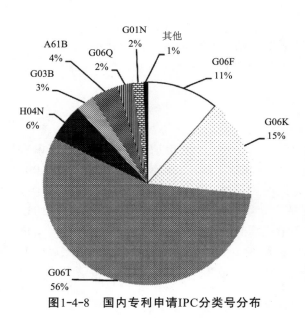

图1-4-8　国内专利申请IPC分类号分布

取得了较好的科研成果，这也表明世界范围内的申请人在基于直方图的图像检索技术

的多样化运用方面在不断地创新，并且取得了一定的成效。

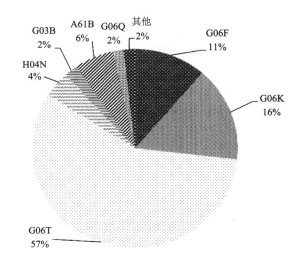

图1-4-9 国外专利申请IPC分类号分布

3. 世界专利申请的申请人国家或地区分布

图1-4-10示出了基于直方图的图像检索世界专利申请的申请人国家或地区分布，显示出不同国家地区对该技术的专利布局情况，也代表了不同国家地区在该技术领域的技术研发能力。许多申请人还进行了WO申请，以期望在除本国以外的其他国家地区进行专利布局。为了体现WO申请量情况，将WO专利作为特殊单项列入该表，该专利申请目标国是指在专利申请提出的这些国家、地区和组织，通常来说，一个国家的申请量所占份额的大小在一定程度上也客观体现了该国在该领域科技实力的强弱，可以看到，中国、美国以及韩国是该技术领域中最重要的申请国家，也是原创技术实力相对较强的国家；其次依次为日本、德国、其他国家或地区。从数据上来看，除了中国、美国外，韩国、日本、德国等也是该领域高度关注的竞争市场者，是基于直方图的图像检索领域中大型科技公司和科研机构所在国和地区，这也从侧面反映出这些地区具有较好的市场前景以及具有较强的创新科研能力。

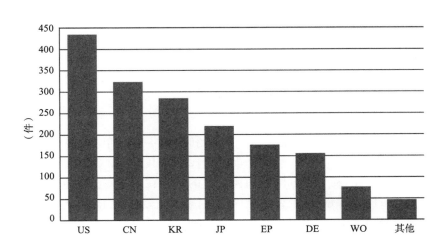

图1-4-10 世界专利申请的申请人国家或地区代码

由图1-4-11可以看到，基于直方图的图像检索的各应用领域历年专利世界申请量增长情况，2009～2016年，将基于直方图的图像检索用于图像搜索、图像分类、图像统计/分析的研究申请均处于快速增长期，同时也取得了一定的科研成果，而在用于图像识别以及其他方面的研究进程则相对较平缓，没有明显的涨幅，这说明，在同一时期内世界各国和地区的关于基于直方图的图像检索中的各具体应用研究方向相对较集中。

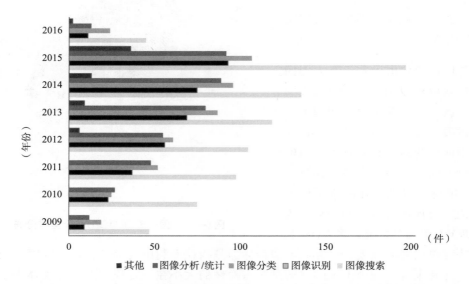

图1-4-11 基于直方图的图像检索在各应用领域中的历年专利世界申请量

## （二）中国专利申请量分析

本小节主要对中国专利申请状况的趋势、重点专利申请人及其分布以及基于直方图的图像检索的具体应用领域进行分析，通过统计CNABS和CNTXT数据库中关于直方图的图像检索的专利文献数据，共检索到274件较相关应用专利文献，从该些文献入手，从中整理出相关数据标引信息进行"质"与"量"的分析，并通过图像的表现形式呈现出基于直方图的图像检索的具体各项技术信息并客观反映其技术发展趋势，具体各方面的申请状况在下文呈现。

### 1. 中国专利申请年度发展趋势

图1-4-12为基于直方图的图像检索中国专利申请年度分布图，可以看出，基于直方图的图像检索在中国的申请量重点分布在2012年及其以后，2012年以前，相关专利申请量较小，由此说明基于直方图的图像检索的研究在我国仅处于起步阶段，国内外申请人投入研究的精力相对较少，这是因为我国的中文搜索引擎刚有所起色，针对图像的检索仍处于起步阶段。2012～2015年，专利申请量呈明显增长势头且在2015年达到峰值，由于2016年的相关专利申请数据大多为暂未公布状态，因此关于2016年申请量暂不对其进行数据分析考虑，而通过2012～2015年专利申请数量的强势增长趋势，可以判定该项技术由前期的萌芽发展状态逐渐向技术快速进步期过渡，由于各企业以及科研机构团体的着力关注研究，取得初步的研究成果，伴随着专利申请数量的迅速积累，其中必然会涌现出一批核心专利，从而使基于直方图的图像检索真正应用到各领域中。

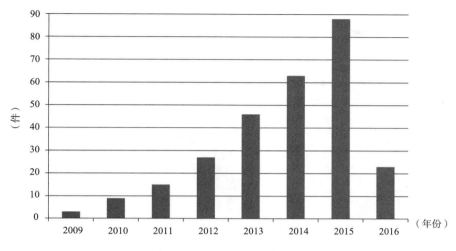

图1-4-12　基于直方图的图像检索的中国专利申请年度分布

2. 中国专利申请的申请人国家或地区分布

图1-4-13展示了基于直方图的图像检索的申请人国家或地区分布情况，各申请人在中国申请的专利中，申请量排名居首的为中国申请人申请，图像处理领域的传统强国美国、韩国、日本紧随其后，该图虽然未必能客观反映出我国在基于直方图的图像检索的研究已处于世界领先地位，但从专利申请的数量来看，其也能在一定程度上反映出中国申请人在图像检索的研究中已处于一种积极的态势，认识到直方图对于图像检索的重要性并积极探索其更大的应用空间。

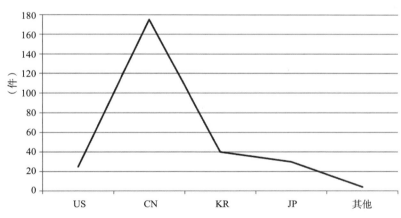

图1-4-13　基于直方图的图像检索申请人国家或地区分布

3. 中国专利申请的主要申请人排名

从图1-4-14可以看出，基于直方图的图像检索的中国专利申请中，相关专利申请人主要集中在国内申请人，尤其是国内的研究院所和高校，申请数量有较明显数量优势，其次为国内的百度、腾讯、搜狗等搜索引擎公司，然后是ＬＧ、谷歌、日本电

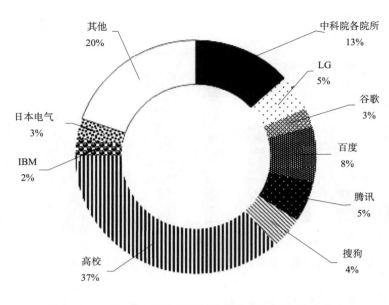

气、IBM等国际知名企业，由此可见，在我国各研究院所和高校中已广泛掀起图像检索的研究热潮。申请量排名前八位的为高校、中科院各所、百度、腾讯、LG、搜狗、谷歌、日本电气，而其中除了高校和中科院各所之外，其他申请人的申请量相对较少，各搜索引擎公司也比较活跃，相互之间的差别也较小，说明在我国的专利申请中，中科院各所、高校等科

**图1-4-14　基于直方图的图像检索主要专利申请人排名**

研单位在图像检索的研究方面投入了较大的精力，其研究能力也在部分领域处于领先水平，而国内的搜索引擎企业也是非常注重相关的研究，其他专利申请人则相对较分散，还没有出现某个竞争实力强，能够处于垄断地位的龙头企业。

4. 中国专利申请的技术主题分析

通过统计国内外申请人在我国关于基于直方图的图像检索的专利申请数量274篇专利文献，由图1-4-15可以得出，国内外申请人关于基于直方图的图像检索领域中的主

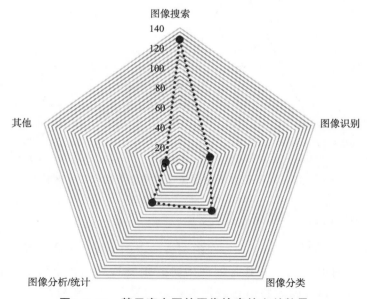

**图1-4-15　基于直方图的图像检索的文献数量**

要研究方向，以统计分析的数据来看，目前主要集中在与图像检索最相关的图像搜索方向，其次是图像分类、图像统计/分析、图像识别以及其他方面，在图像分类、图像统计/分析、图像识别方面的分布比较平均，图像识别主要体现在智能监控领域中的目标跟踪、人脸识别、车辆识别等方面。

由图1-4-16可以看出，基于直方图的图像检索历年专利中国申请量增长情况，2009～2015年，将基于直方图的图像检索用于图像搜索、图像识别、图像分类、图像分析/统计方面的申请量均处于快速增长期，各研究机构主要科研精力置于这几方面的应用中，同时也取得了一定的科研成果。与图像搜索的相关申请量相比，相对而言，在用作图像分类、图像统计/分析、图像识别方面的研究进程则相对较平缓，涨幅不算很突出，这一方面可以说明，各国申请人投入的科研力度精力有限；另一方面说明，基于直方图的图像检索的横向研究要想取得新突破还需要时间的沉淀以及思路的创新。

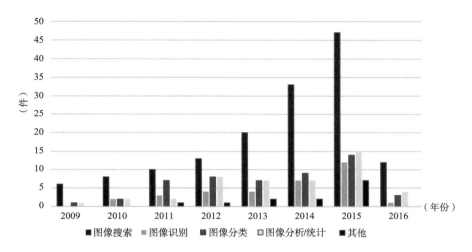

图1-4-16　基于直方图的图像检索历年专利中国申请量增长情况

## 三、基于直方图的图像检索专利技术发展路线

### （一）全球专利申请技术发展路线概况

1. 技术发展路线概述

通过前文统计分析可知，基于直方图的图像检索可描绘成如图1-4-17所示，其主要体现在以下几个方面：（1）基于直方图的图像检索直接用于图像搜索；（2）基于直方图的图像检索用于图像识别；（3）基于直方图的图像检索用于图像分类；（4）基于直方图的图像检索用于图像统计/分析；（5）基于直方图的图像检索用于其他方面，其发展路线也主要包括这几方面的发展。

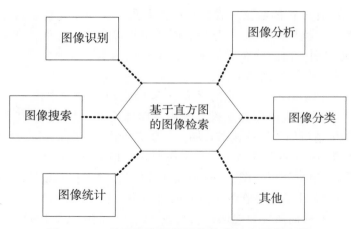

**图1-4-17　基于直方图的图像检索的应用多边图**

2. 基于直方图的图像检索专利申请历年技术发展路线

如图1-4-18所示，其展示了基于直方图的图像检索的历年主要技术发展路线，通过对该技术发展路线进行研究，有助于了解基于直方图的图像检索的发展历史和现状，以及明确其未来的发展方向。

**图1-4-18　基于直方图的图像检索的技术发展路线**

通过该发展路线图，可以清晰地看到，2008年基于直方图的图像检索技术刚刚起步，主要是简单地统计图像中不同颜色的像素点的个数而得到相应的颜色直方图，在检索时优先选择与输入图像的颜色直方图相同的图像；2009年时加入了预处理部分，在检索之前对图像进行尺寸变换、降噪等处理，减少因尺寸不一或噪声而导致的误差；2010年时提出分块思想，将图像分为多个块，分别计算每个分块的颜色直方图，采用图像块进行匹配，以提高效率；2011~2013年，分别引入了图像的纹理、边缘、形状等特征，形成新的特征向量进行检索，以提高处理精度；2014年提出选定感兴趣区域的思想，如只关心图像中央的对象，仅对感兴趣区域进行直方图特征的提取，使得结果更有针对性；2015年，为图像中位于不同位置的像素赋予不同的权值，通常位于中央的像素点比较重要，赋予的权值大些，通过加权特征匹配，使得结果更为精确；2016年上半年的专利申请显示，增加了对用户浏览不同图片的时间的考虑，以及结合用户眼球的运动情况，如用户凝视某图片或快速略过某图片，并记录浏览时间，从而更有利于确定用户的检索意图，以更有针对性地反馈合适的结果；截至目前的状况来看，基于直方图的图像检索技术一直在进步，考虑的因素也越来越多，在为用户提供良好体验的情况下，反馈的结果也更加准确。

## （二）重点专利及主要申请人技术发展路线分析

### 1.历年申请重点专利技术发展路线分析

图1-4-19为基于直方图的图像检索主要发展路线进程，节选2010～2016年各年份较有代表性的专利申请及其技术主题。

从图1-4-19中可以看出，2010年之前，关于采用直方图进行图像检索的相关研究相对较少，其相关专利申请也比较基础；而在2010年，最早由美国的谷歌公司提出一种快速图像搜索方法，可快速准确、实时地处理百万规模的图片数据，用于互联网基于内容的图片检索该方法把RGB颜色空间的图片转化到HSV颜色空间，把图片分块，提取各个小块的HSV颜色直方图信息，使用谱哈希算法得到图片的索引特征，对使用谱哈希索引特征的图像检索返回对应的相似图片集，采用欧氏距离作为图像间相似性度量的函数，对上述返回的相似图片集按照相似度从高到低排序，这为提高基于直方图进行图像检索的准确性提供了一种新的思路与研究方向，为后续更进一步的研究奠定了基础。

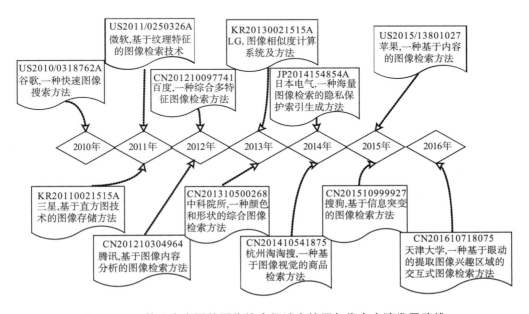

**图1-4-19　基于直方图的图像检索领域中的历年代表申请发展路线**

2011年基于直方图的图像检索的相关研究慢慢进入状态，这一年的相关专利申请量较2010年有了较大的提升，美国微软公司在分块图像检索的基础上，新加入了图像的纹理特征，其提出一种基于纹理特征的图像检索技术，通过颜色特征与纹理特征综合进行彩色图像检索，方法包括：将图像库中的彩色图像的R、G、B三个分量分别提取出来，利用三个分量分别计算指数矩的矩值作为图像颜色特征，将图像库中的彩色图像从RGB颜色空间转换到HSI颜色空间，使用I分量计算LAP（局部角相位）直方图H作为图像纹理特征，对颜色特征与纹理特征进行归一化处理形成直方图特征向量，构造图像特征库，输入待检索图像，计算其颜色特征与纹理特征，将直方图特征向量与图像特征库中的颜色特征与纹理特征利用欧氏距离进行相似度计算，将所得检索图像按照相似度从大到小依序输出，得到最终检索结果，具有计算简单、对待检索图像无须人工处理、普适性强、耦合性低等特点，保证了检索结果的精度及检索效率。

同年，三星在对海量图片进行分类存储时，同样用到了颜色特征和纹理特征相结合的图像检索技术，其提出基于直方图技术的图像存储方法，在符合人眼感知的HSV颜色空间对图像进行特征提取，特征提取前对图像进行直方图增强和降噪处理，以减少噪声对结果的影响，其同样较为准确地实现了海量图像的分类存储。

2012～2013年，关于基于直方图的图像检索相关研究主要集中在添加新的特征构建直方图特征向量，如边缘信息、形状特征等，其间国内的百度、腾讯、中科院所以及韩国的LG等纷纷提出综合多特征的图像检索方法，为进一步提高基于直方图的图像检索的精度作出了贡献。

2014～2015年对于基于直方图的图像检索的相关研究而言是比较关键的，通过前些年的研究，在构建直方图特征时考虑的特征越来越多（颜色、纹理、形状等），势必会降低图像检索的效率，为了解决这一问题，日本电气和杭州的淘淘搜公司分别提出一种涉及感兴趣区域提取的图像检索技术，用户在对图像进行检索时大多时候并不对图像中的所有内容感兴趣，在对图像进行特征提取之前，先进行一次图像分割以分出感兴趣区域，比较常见的如前景、背景分离，用户通常对前景比较关注，那么仅针对前景部分提取相应的特征构建直方图特征向量，然后在图像库中匹配反馈结果，在提高图像检索效率的同时一定程度上也提高了精度。

2015年，搜狗和苹果提出的图像检索方法首次纳入像素权值，由于图像的主体通常位于中央附近，靠近边界的像素通常为不重要的背景像素，基于此想到为不同位置处的像素赋予不同的权值，靠近中央附近的像素点的权值较高，位于边界处的像素点的权值较低，其至降为0，通过加权进行直方图的相似度匹配，进一步提高了图像检索的准确度。

虽然2016年基于直方图的图像检索的相关专利申请尚未形成完整的数据统计，但通过对已经公开的少量专利的分析发现，国内的天津大学又提供了一种新的思路，记录用户在浏览反馈结果时的情况，如浏览单幅图片的时间、眼球部位的运动情况等，以方便确定用户的检索意图，同时对于给出的结果正确与否也会有一个初步的认识，有助于后续对匹配算法进行调整，以给出更精准的结果。

总之，通过对近年基于直方图的图像检索的相关专利申请技术发展路线来看，虽然我国的相关研究起步较晚，但近几年的研究较为活跃，引起各界的广泛关注，相信在这种势头下，基于直方图的图像检索的相关研究必将取得更大的进步。

2. 国内外主要申请人技术发展路线分析

在国内，中科院院所、高校以及百度、腾讯、搜狗等搜索引擎公司是基于直方图的图像检索相关研究的中坚力量，中科院院所在2010年提出第一篇专利申请《一种基于空间连通域预定位的商标检测方法》，2010～2016年中科院院所和高校共计提出84篇相关专利申请，研究方向涉及图像搜索、图像识别以及图像分类、图像统计/分析各个方面，关于融合图像的颜色特征、纹理特征、形状特征作为总的直方图特征向量以及考虑像素位置的加权匹配等均有涉及，可见中科院院所及高校在该方面的研究已经处于国内领先地位且投入了大量科研精力，研究方向也在不断扩展并寻求突破，形成持续性，并呈现出申请量逐年递增的趋势，可以预期，2016年中科院所及高校等科研单位仍将是基于直方图的图像检索研究的主要国内申请人，其申请量也将会有一个新的突破。

当然国内的百度、腾讯、搜狗等一批优质的公司也不甘落后，理论联系实际，研究方向也涉及融合多特征以及提取感兴趣区域等多方面，付诸具体实践，并通过机器学习不断地学习用户的相关反馈，以调整自身的匹配算法，进而提供更加准确的检索结果。

国外的主要申请人集中在美国谷歌、微软、IBM、韩国LG、三星、日本电气等公司尤其是谷歌、微软具备先发优势，使其成为不可忽视的国外重要申请人。谷歌开始相关研究最早，但早期公开的相关资料较少，直到2009年才提交第一项基于直方图的图像检索相关的专利，一种允许最终用户基于图像特性来快速创建自己用于对图像进行重新排序的规则的交互式概念学习图像搜索技术，这些图像特性可包括视觉特性或空间特性，或者可包括这两者的组合，用户可根据其自己的一个或多个规则来对任何当前或将来图像搜索结果进行排序或重新排序，最终用户提供每一个规则都应匹配的图像的示例以及该规则应拒绝的图像的示例，该技术学习这些示例的共同图像特征，并且可根据习得的规则来对任何当前或将来图像搜索结果进行排序或重新排序。该技术为后续的基于直方图的图像检索技术的相关研究打下基础。

最近，谷歌针对图像的语义特征的相关研究渐渐增多，语义特征通常更贴近人的思维，对图像的描述更准确，也许不久的将来就可以灵活地将图像的语义特征与视觉特征融合起来一起构成特征向量，从而完成图像检索，这将大大提高图像检索的精度。

## 四、结　语

通过以上分析可以看出，基于直方图的图像检索目前还处于技术的高速发展阶段，申请人主要集中在中国、美国、韩国、中国台湾地区，其中美国、韩国等掌握了大部分的核心技术，谷歌、微软、LG等公司较为突出，我国虽然申请量较大，也掌握了部分核心技术，但国外的相关研究起步早，具有先发优势，其在直方图技术在图像检索中的应用技术积累时间长。

在我国的专利申请中，百度、搜狗、腾讯等做搜索引擎的公司在这方面也做了很多努力，其余为高校研究院所和中小企业的申请人，申请量总量虽然很大，但主要是在国外技术基础上作一些改进，目前难以形成技术壁垒优势，在研究深度方面也未形成较大规模；我国网民数量众多，数据量增长极快，且需求较多，从目前国家申请量方面的数据整理分析可以看出，中国在该领域的国际市场还是有一定影响力和巨大发展潜力的，在今后的发展中，国内该领域的各研究机构申请人也应多研究和借鉴先前技术并不断进行新的科研攻关，加强专利布局，重视核心技术的外围开发，以增强我国图像检索技术的综合竞争力。

# 第五节 多核系统的低功耗专利技术分析

## 一、多核处理器技术概述

如今对高速处理器的要求不断增加，使得工程师们认识到，仅提高单核芯片的速度会产生多热量且无法带来相应的性能改善，由此处理器从单核处理器进化成多核处理器（multi-core processor）。多核处理器由于在一个处理器内设置有多个核心，而且多个核心分担处理操作，因此可以提高处理性能。另外与附加几个处理器使用相比，由于可以共用核心以外的部分，因此具有制造费用低廉，而且可以实现小型化的优点。随着处理器核的不断增加和任务的不断加重，其能耗成为技术研究的瓶颈之一，由此，多核处理器核的低功耗技术成为当前的重点研究对象。

### （一）多核处理器的定义

多核处理器是指在一枚处理器中集成两个或多个完整的计算引擎（内核）。

20世纪八九十年代以来，推动微处理器性能不断提高的因素主要有两个：半导体工艺技术的飞速进步和体系结构的不断发展。半导体工艺技术的每一次进步都为微处理器体系结构的研究提出了新问题，开辟了新领域；体系结构的进展又在半导体工艺技术发展的基础上进一步提高了微处理器的性能。这两个因素是相互影响，相互促进的。一般来说，工艺和电路技术的发展使得处理器性能提高约20倍，体系结构的发展使得处理器性能提高约4倍，编译技术的发展使得处理器性能提高约1.4倍。但这种规律性的东西很难维持。

多核的出现有其必然性。首先，根据摩尔定律，微处理器的速度以及单片集成度每18个月就会翻一番。经过发展，通用微处理器的主频已经突破4GHz，数据宽度也达到64位。在制造工艺方面也同样以惊人的速度在发展，0.13μm工艺的微处理器已经批量生产，90nm工艺以下的下一代微处理器也已问世。至2010年芯片上集成的晶体管数目已超过10亿个。因此，体系结构的研究又遇到新的问题：如何有效地利用数目众多的晶体管？国际上针对这个问题的研究方兴未艾。多核通过在一个芯片上集成多个简单的处理器核充分利用这些晶体管资源，发挥其最大的能效。其次，随着VLSI工艺技术的发展，晶体管特征尺寸不断缩小，使得晶体管门延迟不断减少，但互连线延迟不断变大。当芯片的制造工艺达到0.18微米甚至更小时，线延迟已经超过门延迟，成为限制电路性能提高的主要因素。在这种情况下，由于CMP（单芯片多处理器）的分布式结构中全局信号较少，与集中式结构的超标量处理器结构相比，在克服线延迟影响方面更具优势。再次，随着处理器结构复杂性的不断提高，以及人力成本的不断攀升，设计成本随时间呈线性甚至超线性的增长。多核处理器通过处理器IP等的复用，可以极大降低设计的成本。同时模块的验证成本也显著下降。最后，超标量（Superscalar）结构和超长指令字（VLIW）结构在高性能微处理器中被广泛采用。但是它们的发展都遇到了难以逾越的障碍。Superscalar结构使用多个功能部件同时执行多条指令，实现指令级的并行（Instruction-Level Parallelism，ILP）。而其控制逻辑复杂，实现困难，研究表明，Superscalar结构的ILP一般不超过8。VLIW结构使用多个相同功能部件执行一条超长的指令，但也有两大问题：编译技术支持和二进制兼容问题。

由此，处理器工程师们开始研究多核芯片，使之满足性能要求。其通过划分任务，线程应用能够充分利用多个执行内核，并可在特定的时间内执行更多任务。多核处理器是单枚芯片（也称为"硅核"），能够直接插入单一的处理器插槽中，但操作系统会利用所有相关的资源，将它的每个执行内核作为分立的逻辑处理器。通过在两个执行内核之间划分任务，多核处理器可在特定的时钟周期内执行更多任务。多核技术能够使服务器并行处理任务，此前，这可能需要使用多个处理器，多核系统更易于扩充，并且能够在更纤巧的外形中融入更强大的处理性能，这种外形所用的功耗更低、计算功耗产生的热量更少。因此，越来越多的设计团队开始进行大量的多核技术研究。

2008年9月，英特尔终于按计划发布Xeon（至强）7400处理器。该处理器开发代号为"Dunnington"，是英特尔首颗基于x86架构的六核处理器，主要面向注重多线程运算的高端市场。英特尔表示，Xeon 7400在虚拟机和数据库应用方面进行了很多优化。其二级缓存高达16MB，每个核心都支持虚拟化技术，其虚拟化性能与以往产品相比提高达50%。此公司的该多核处理器在2006年年底申请专利，并于2007年年底被授予专利权（US7103881B2）。图1-5-1为英特尔的Xeon（至强）7400处理器。与四核或双核Xeon处理器相比，六核Xeon 7400处理器的最高主频稍低，它的最高主频仅为2.66GHz，TDP功耗和四核系列相同，为130瓦；而2.4GHz主频的处理器也拥有不错的性能，TDP仅为90瓦。入门级的2.13GHz处理器TDP功耗为65瓦，更适合在服务器或工作站使用。同时，AMD也发布了4款四核处理器，主频最高为2.4GHz的型号拥有和六核处理器相同的32MB二级缓存，TDP功耗为90瓦，其余3款处理器频率都为2.13GHz，只以二级缓存和功耗的不同来决定其性能。其中有2款处理器的二级缓存为12MB，一款为8MB，前二者中又有一款基于低电压技术的产品，TDP功耗仅为50瓦。

在国内，多核处理器生产商有华为、中兴、威盛等公司以及许多高校也参与到其中，虽然由于技术研发实力等原因，国内处理器的发展不如国外大公司快，然而在大家的共同努力下，由中国科学院研发的龙芯面世，并且取得不小的反响。因此，无论在国内外，多核处理器技术正以一种势不可当的力量趋于成熟。

图1-5-1　英特尔的Xeon（至强）7400处理器

（二）多核处理器低功耗技术分析的意义

半导体工艺的迅速发展使微处理器的集成度越来越高，同时处理器表面温度也变得越来越高并呈指数增长，每3年处理器的功耗密度就能翻一番。因此，功耗问题越来越突出，已成为继续提升处理器性能的首要障碍。相对于单核处理器，多核处理器的功耗效率具有明显优势，在一定程度上缓解了功耗瓶颈问题，但功耗绝对值仍在大幅增长，特别是芯片的功耗密度已达到火箭喷嘴的水平。不断增大的功耗不仅会消耗巨大的电能，增加处理器和系统的设计和维护成本，而且会导致芯片过热，影响处理器工作的稳定性和可靠性。一般地，温度每升高10℃，器件的故障率将提高2倍。如果不能有效控制功耗，则难以进一步提高微处理器的性能，且芯片无法正常工作甚至烧毁，因此，功耗过高是微处理器设计中所遇到的最大问题，而目前多核、多线程的处理器体系结构更是加剧了解决功耗问题的紧迫性。英特尔和AMD主流的Pentium 4 和Opteron处理器的功耗均已超过100W，Pentium 4600系列和Itanium系列处理器更是达到130W的惊人水平。表1-5-1给出2015年发布的Top500榜单排名前5的系统，其平均功耗为10 102.4kW，由此可见多核处理器在功耗方面的惊人消耗。

表1-5-1　2015年发布的Top500榜单排名前5的系统与功耗

| 排名 | 系统 | 国家 | 核数 | 持续性能（kW） | 峰值性能（kW） | 功耗（kW） |
|------|------|------|------|------|------|------|
| 1 | 天河二号 | 中国 | 3 120 000 | 33 862.7 | 54 902.4 | 17 808 |
| 2 | Titan | 美国 | 560 640 | 17 590.0 | 27 112.5 | 8 209 |
| 3 | Sequoia | 美国 | 1 572 864 | 17 173.2 | 20 132.7 | 7 890 |
| 4 | Kcomputer | 日本 | 705 024 | 10 510.0 | 11 280.4 | 12 660 |
| 5 | Mira | 美国 | 786 432 | 8 586.6 | 10 066.3 | 3 945 |

高功耗不仅意味着大量的能源消耗，热堆积和不断增加的功耗密度还将威胁到系统的稳定性。过高的功耗会限制处理器性能的提升，而如果进一步提高频率或增加缓存的容量，又会使处理器的功耗继续向上攀升，进而走入一个恶性循环。面对处理器的功耗压力，低功耗设计已经成为如今多核处理器设计中的核心问题。因此，本节从多核处理器的低功耗技术角度，以CNABS专利数据库以及VEN专利数据库中的检索结果为分析样本，从专利文献的视角对多核处理器的低功耗技术的发展进行统计、分析以及总结，期望这些分析与总结在某种程度上帮助审查员了解该领域的发展情况，对于审查工作具有良好的促进作用。

## 二、多核处理器低功耗技术专利申请整体状况

### （一）全球范围的专利申请状况

本小节主要对全球的专利申请状况趋势以及重要申请人进行分析，从中得到技术发展趋势，以及各阶段专利申请人所属的国家分布和主要申请人。其中，检索工作主要以CNABS专利数据库以及VEN专利数据库中的检索结果为分析样本，检索截止日期为2016年5月15日。经过仔细筛选之后获得相关技术主题的相关文献共计343篇，其中中文文献149篇。后续所有分析统计均是基于以上筛选的文件进行。同时以每个同族中最早优先权日期视为该申请的申请日，一系列同族申请视为一件申请。

1. 专利申请总体趋势

图1-5-2示出多核处理器低功耗技术的全球专利申请趋势，大致可以分为三个阶段，其划分依据为申请量的变化。

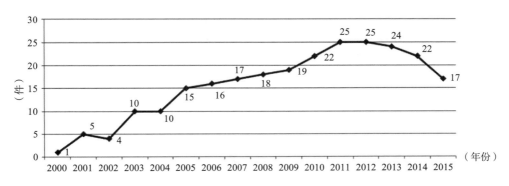

**图1-5-2　时间与数量的对应关系**

（1）萌芽阶段（2005年以前）。

2001年3月，IBM与索尼、东芝合作，着手开发一种全新的微处理器结构——Cell处理器，旨在以高效率、低功耗来处理下一代宽带多媒体与图形应用。该Cell处理器主要包含9个核心、1个存储器控制器和1个IO控制器，片上的部件互联总线将它们连

接在一起。核心间通信和访问外部端口均是通过内部总线进行，而且为了便于核间通信，整个Cell内部采用统一编址。这9个核心由1个PowerPC通用处理器PPE（Power Processing Element）和8个协处理器SPE（Synergistic Processing Element）组成。PPE是一个有二级缓存结构的64位PowerPC处理核心。SPE是一个使用本地存储器的32位微处理器，它没有采用缓存结构。PPE与SPE除了在结构上不同外，它们的功能也有差别：PPE是通用微处理器，拥有完整的功能，主要职能是负责运行基本程序和协调SPE间任务的运行；SPE则是结构较简单，只用来从事浮点运算。Cell的这种不对称结构被认为是一种典型的异构多核结构。针对这种低功耗异构多核处理器，IBM于2001年11月申请专利，并于2003年11月授予专利权（US6885644B1，申请日为2000年5月30日）。同时，英特尔等公司意识到多核处理器低功耗的重要性以及巨大的商业前景，也纷纷在多核处理器的低功耗技术上加大了投入力度，并于2003年推出双核安腾2处理器Montceit。其拥有17.2亿晶体管以及2个12MB的三级缓存，该产品将在指令和线程级具备并行特质（US2003/0120962A1，申请日为2003年6月26日）。由于其在结构以及算法中采用的低功耗技术，使其与130nm制程的安腾2芯片相比，Montceit在企业环境中的性能将提升25%，功耗降低10%。由于其使用的晶体管纳米技术以及结构算法，使得多核处理器的低功耗技术进入一个重要技术改革阶段。

（2）增长阶段（2006～2010年）。

从2006年开始，关于多核处理器的低功耗技术开始越来越受到重视，而申请人的数量相较之前的处理器生产商的几大巨头而言，也开始增多，申请人和申请数量都有大幅度的增加。

图1-5-3示出2006～2010年增长阶段的申请地区分布。在此时期，美国的申请开始大幅增加，美国的申请量占这一时期总量的39%。其中，英特尔、IBM、AMD等公司的技术开始逐渐发展趋于成熟，可以看出该阶段的申请人都属于该领域中的领军企业，这些企业属于该技术的最初研发者以及推动者。在这一阶段中，基本通过改变处理器核的频率/电压以使得处理器核性能改变，从而节省耗电量，如英特尔公司，提出使用多个电压调节器的功率管理系统可以用来向多核处理器中的核供电。每个VR可以向一个核或核的一部分供电，不同的VR可以向多核处理器中的核/部分提供多个电压，可以按由电压调节器供电的核/部分的所需对VR的输出电压值进行调节。由此实现根据不同核的负载来提供不同的电压/频率，以实现性能最大化，电压/频率的变化也节省了功耗（US20050238489A，申请日为2005年9月28日）；同时，IBM基于相同的原理对多核处理器进行低功耗处理，其提出当处理器自该电源系统消耗的功率超过预定阈值功率时，该电源系统抑制该处理器的核心中的至少一个。该电源系统可降低特定核心的指令发出速率，或时钟选通特定核心，以提供功率抑制。该电源系统随时间而动态地响应处理器电路从该电源系统接收到的实际输出电压与预期的输出电压相比较的偏差，并且校正此偏差，也就是其利用多核处理器之前的处理关系，对其性能进行

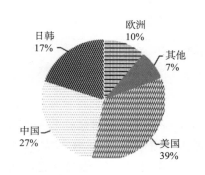

**图1-5-3　增长阶段申请量国别／地区分布**

重新控制，使得功耗降低（US20070621710A，申请日为2007年1月10日）。

（3）成熟阶段（2011年至今）。

由图1-5-2可以看出，多核处理器的低功耗技术的专利申请量从2011年至今呈现出稳步增长的趋势，该项技术发展呈现平稳的增长，标志着这项技术到了其成熟阶段。而伴随着本领域一些关键技术的公开，一些中小企业也可以涉猎这一领域，尽管申请的专利质量无法与全球性的大公司进行比较，不过申请的数量也是一个很大的数目，占据较重要的席位。

图1-5-4显示了在成熟阶段的各国和地区申请量的比重。与上一阶段的快速发展阶段相比，在该阶段，中国的申请量占用的比重呈现增长的趋势，这与中国国内处理器制造厂商的技术成熟以及对于专利的重视程度息息相关，此外，在这一时期，中国国内的大型公司也开始走向国际、并且意识到知识产权的重要性，进而导致中国的比重呈现出要赶超传统的首席占有者——美国的形势。尽管在数量上呈现出一定的优势，但是国内申请的质量并没有相应地发展，尤其是一些小型的公司，专利申请的质量水平不高，或者所提出的技术方案早在若干年前均已经被提出，或者所带来的创造性不高。

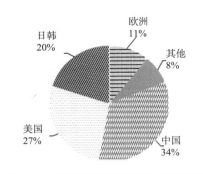

图1-5-4　成熟阶段的申请量国别／地区分布

如图1-5-5所示，其呈现出在成熟阶段的申请量较大的前7位的申请人，分别为英特尔、IBM、华为、高通、威盛、英业达和中兴。从如上所列举出的在该阶段的申请量位居前几位的申请人来看，中国的申请人数量在逐渐增多，以华为、威盛等知名企业为代表。

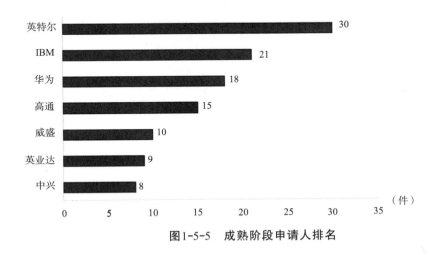

图1-5-5　成熟阶段申请人排名

2. 本领域重要申请人分析

本小节从本领域重要申请人方面做进一步分析，主要考虑申请人历年的申请总量，从上一小节的分析中可以看出，在本领域中，如英特尔、IBM、高通一直是较为活跃的申请人，且这些申请人在申请数量以及质量方面都自始至终占据较重要的地位，部分公司一直属于领域的领头羊。此外，就总体来看，在申请总量的排名中还有两类中国的企业，其中一类即以华为、中兴为代表的知名大公司，另一类是各种中小型公司、本领域中的高校、研究院以及个人的申请，这两类公司在申请的专利数量以及质量方面也有较大的区别。通过如上的分析，可以将本领域的申请人分成如下的三类：国际化大公司、国内知名企业、国内中小企业及高校、研究所。

（1）第一类：国际化大公司，以英特尔为代表。

图1-5-6所示为英特尔公司关于多核处理器低功耗技术的发展路线，其中开始涉及多核架构的改进的标志性文献为US7152169B2（申请日为2002年11月29日），其公开了使用多指令集以及间歇工作方式，使多核处理器架构得到优化，进而节省功耗。同时，其申请的US2003/0120962A1（申请日为2003年6月26日）专利，关联于双核安腾2处理器Montceit，其拥有17.2亿晶体管以及2个12MB的三级缓存该产品将在指令和线程级具备并行特质。由于其在结构以及算法中采用的低功耗技术使其与130 nm制程的安腾2芯片相比，Montceit在企业环境中的性能将提升25%，功耗降低10%。

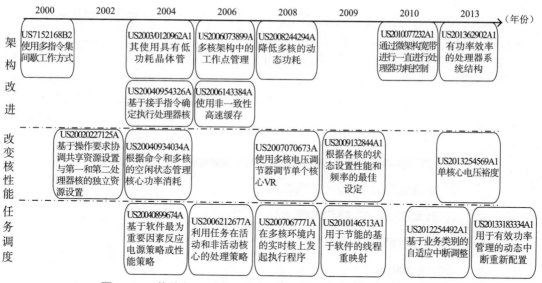

图1-5-6　英特尔公司关于多核处理器低功耗技术的发展路线

在改变多核处理器的核性能方面，英特尔也进行了大量研究，如使用热传感器识别出热点，热管理单元据此调节多核处理器核心的操作频率和电压（US20020227125A，申请日为2003年8月14日），操作要求能取决于当前对软件最重要的因素来反映电源策略或性能策略，该硬件协调逻辑用于协调共享资源设置与操作要求。该硬件协调逻辑还能基于该操作要求协调共享资源设置与第一和第二处理器核的独立资源设置（US20040899674A，申请日为2005年7月15），通过抑制在处理器中执行的指令的最大吞吐率，来允许处理器在从处于第一电压的增强型处理器暂停状态唤醒时执行指令（US20080284303A，申请日为2008年9月19日），处理器具有多个处理核心和功率控制模块，该功率控制模块与多个处理核心中的每一个相耦合。功率控制模块促进每一处理核心在与其他处理核心不同的性能状态下工作。通过允许其核心具有按照核心的性能状态配置，处理器可以减少其功耗并提高其性能（US201213976682A，申请日为2012年3月13日）等。

英特尔在多核处理器低功耗方面还涉及多核处理器的任务调度，如使用节流模块确定当前执行程序中存在的并行数量，并改变各核上该程序的线程的执行。如果并行数量大，则处理器可以在配置成消耗更低功率的核上运行更大数量的线程。如果并行数量小，则处理器可以配置成在用于更高标量性能的核上运行更小数量的线程（US20040952627A，申请日为2004年9月28日），在支持同步多线程的多核心处理器上，跟踪每个逻辑处理器的功率状态。在指示逻辑处理器准备转换到深低功率状态时，可以执行软件重映射（US20080316014A，申请日为2008年12月9日）。

总体而言，英特尔公司试图从各个方面，如多核处理器架构的改进、改变多核处理器核性能、多核处理器的任务调度等各个方面来降低多核处理器在应用时的功耗。通过与其他公司专利申请内容的比较不难发现，英特尔的技术代表了本领域的较高水平。

（2）第二类：国内知名公司，以华为为代表。

华为是中国最具实力的电子产品和解决方案的供应商，同样其在多核处理器低功耗方面也为国内技术做出了贡献。虽然华为在多核处理器低功耗技术的研究开始的比较晚，然而在成熟阶段，申请了许多高质量的专利，如在架构改进方面，使得多核系统中配置全局共享的内存和局部共享的内存，多核系统中的所有中央处理器CPU都能够访问全局共享的内存，多核系统中的部分CPU能够访问局部共享的内存（CN101246466A，申请日为2007年11月29日），任务分配器根据状态寄存器的状态判断处理器内核是否空闲，任务分配器通过传输通道向空闲的处理器内核传输消息包。系统包括多个子处理系统，多个子处理系统分别包括任务分配器、状态寄存器及处理器内核。能够提高多核处理器处理任务的效率，使多核处理器在不降低对突发数据的处理能力及系统性能的前提下，实现低功耗（CN101403982A，申请日为2008年11月3日），通过统计多核对称多处理系统的当前系统负荷，将当前系统负荷与系统负荷空闲阈值进行比较，若当前系统负荷小于系统负荷空闲阈值，减少运行的CPU内核的数量（CN101436098A，申请日为2008年12月24日），或者获取每个域中所有触发调频的线程的CPU占有率及所属的域，在触发调频的线程所属的域中，根据触发调频的线程的CPU占有率计算需要调整的CPU目标频率，根据CPU目标频率计算定时器参数并设置触发调频的线程的CPU频率值，从而每个触发调频的线程的CPU占有率对每个域中的线程的CPU频率值进行同步，进而在多核系统下同步CPU频率值，进而实现CPU的节能（CN102004543A，申请日为2010年11月29日）。作为本领域中国内知名公司的代表，华为的上述专利申请状况能够反映出国内企业总体的技术创新状况，在其不断努力下已经在不断追赶国际发展水平（见图1-5-7）。

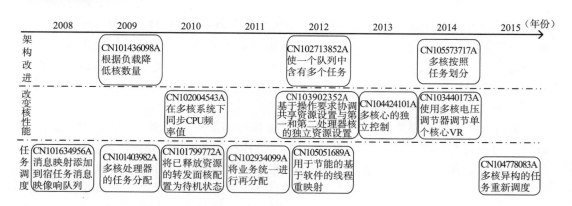

**图1-5-7 华为公司关于多核处理器低功耗技术的发展路线**

（3）第三类：国内中小型企业以及高校、研究所。

本领域中的高校、研究院以及个人的申请比例很低，一个可能的原因是多核处理器的消费较大，对其进行低功耗改进在业内门槛较高，其核心技术均掌握在一些龙头企业，而一些具有一定实力的高校等还是投入力度对其进行了研究，其中以中国科学院计算机技术研究所为代表，例如其对公共原始时钟进行门控处理的研究，完成处理器核的变频功能。其实现多核处理器动态变频功能，每个处理器核可以进行独立的变频系数控制，并且处理器核之间可以保持高效的同步通信，在多核处理器中的不同处理器核上或者SOC中的不同IP模块上，达到降低处理器整体运行功耗，节省电能的目的（CN101135929A，申请日为2007年9月28日），同时，从其申请日可以看出中国科学院计算机技术研究所提出该技术并不比英特尔等国际大公司晚，由此可见，国内中小型企业以及高校、研究所等在多核处理器方面做出的研究也是值得密切关注的。

上述分析中，对本领域中的重要申请人按类型划分，并分析了各类申请人的特点，这对于今后的本领域中案件的审查工作有较大的指导意义。

（二）中国专利申请状况

下面主要对中国专利申请的趋势以及专利重要申请人进行分析，从中了解国内该技术的发展趋势。

1.中国专利申请趋势

图1-5-8示出多核处理器低功耗电源技术的国内专利申请趋势，大致可以分为两个时期，第一时期为2010年以前，第二时期为2010年至今。

（1）第一时期（2010年以前）。

从图1-5-8可以看出，第一时期主要呈现有以下特点：一方面，中国国内关于该项技术的申请数量较国外申请量少，国外来华的申请量大于本国申请量；另一方面，中国专利申请量总体增幅比较平缓，且申请量和申请人数量都非常少。

究其原因，在此期间该项技术在全球范围内都处于一个增长期，而发达国家的一流研发企业走在该领域的前沿，国内大部分公司刚开始着手于该项技术，因此国内申

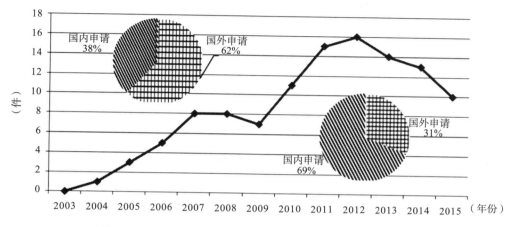

**图1-5-8　多核处理器低功耗电源技术的国内专利申请趋势**

请量低于国外来华申请量，而且这一阶段内申请总量也较少。

（2）第二时期（2010年至今）。

第二时期内，中国专利申请趋势总体呈现上升趋势，并且在2010～2011年突飞猛进，之后申请量较为稳定。与此同期，中国的IT信息技术蓬勃发展，该项技术的研究人员也在增多，与第一时期相比较，国内申请人所占申请量比重有了很大提高。

2. 国内专利申请的申请人分析

本小节从国内专利申请的申请人角度对该领域的专利申请做进一步分析，主要考虑申请人的地域分布、申请数量以及申请人的类型。按照申请总量进行排名，对国内各个地域的分析如图1-5-9所示。

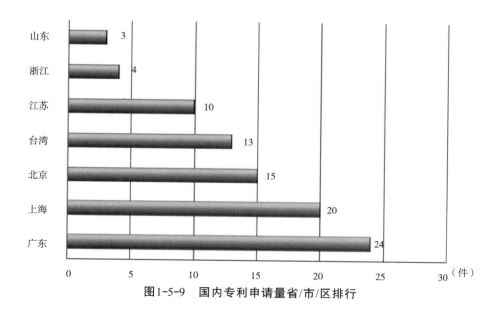

**图1-5-9　国内专利申请量省/市/区排行**

图1-5-9示出国内专利申请量排名前7的省市区，可以看出，申请量较大的省市通常集中于珠三角、长三角等东部沿海地区以及北京、上海等，这些均是国内较为发达的地区，因而在该项技术的研发方面也能够体现出来。此外，广东的申请量较高得益于当地如华为、中兴等申请量较高的企业。

图1-5-10显示了国内的申请量排名前6位的申请人：华为技术有限公司、中兴通讯股份有限公司、威盛电子股份有限公司、英业达股份有限公司、联想（北京）有限公司、乐金电子（昆山）电脑有限公司。

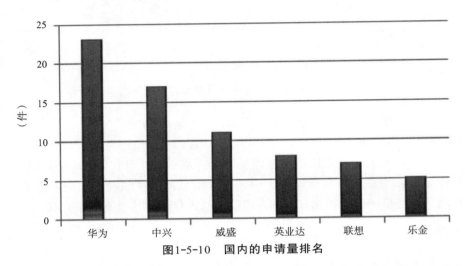

图1-5-10　国内的申请量排名

如图1-5-11所示，国内专利申请人中大型企业的申请量最多，占总申请量的77%，其次为小型企业，而个人以及高校/研究院的申请量之和仅5%。这也从侧面反映出本领域的主要研发人员的分布情况。

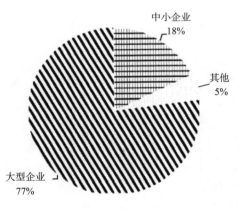

图1-5-11　国内专利申请人类型排行

## （三）主要技术分支和数量

通过对国内外专利申请进行分析，得出多核处理器低功耗技术专利申请的主要技术分支的分析结果如图1-5-12所示。

在多核处理器的节能技术上，通过核的位置及其完成的工作的改变可以改变整个系统的功耗；然而随着技术的发展，单纯地改变多核结构并不能够完全满足人们对功耗的要求，由此通过改变每一个核的性能，如根据任务强度来调节核的频率、电压等来提高系统处理效能进而减少功耗；但是一个系统需要正常地工作是有频率、电压限制的，是不能够进行无线调节的，那么根据核性能进行不同任务的调度慢慢得到重视。从而，对多核处理器低功耗技术专利申请的研究，可主要分为三个技术分支：架构的改进、核性能的改变以及任务调度的改进。分析得到三个主要的技术分支后，本小节对国内外关于多核处理器的低功耗技术的专利申请作了分类。

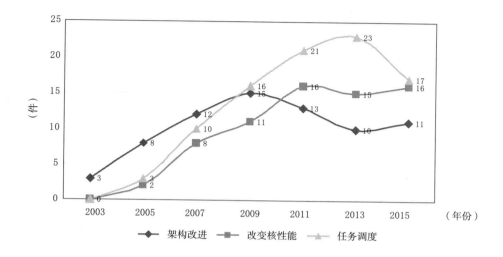

**图1-5-12　主要技术分支与数量的对应关系**

从图1-5-12可知，利用架构的改进技术研究起步较早，并且整体呈上升趋势，关于该技术分支的申请量2002年之前仅为3件，但是其在之后的发展非常迅猛，这主要得益于英特尔等处理器制作工艺的改进，其在2004年有8件，2006年12件，2008年15件。在技术的不断前进过程中，多核处理器的架构趋于成熟，在此基础上有很多国内企业围绕之前已经较为成熟的技术进一步研究，如国内的英业达、联想等公司，虽然其技术已经发展成熟，其申请数量并未有明显下降，技术仍然在缓慢地进步。

核性能的改进以及任务调度改进的发展整体也呈现增长趋势，虽然其起步比架构的改进较晚，但是这两项技术的发展非常迅猛。尤其是核性能改变技术，其申请量逐年攀升，以华为公司的申请为例，其围绕根据核负载调节核电压以及频率方面提交了大量的申请。目前而言，核性能改变以及任务调度两个技术分支的发展也已逐渐趋于稳定。

从以上分析结果可以看出，前期关于架构改进的低功耗技术起步较早，因此，其成熟也较早，而核性能的改进以及任务调度技术分支成为后起之秀，其技术也在不断地发展。可见，为了能够降低多核处理器上所消耗的电能，尽可能降低运维成本，用户已经对多核处理器的能耗提出越来越严苛的要求。研究者们通过各种技术的研究，其最终都是为了能够最大化用户的利益，最小化其能源消耗，保障其多核处理器服务质量的同时实现系统能耗方面的平衡。

### 三、多核处理器低功耗技术专利的主要分类与分析

如前文所述，针对多核处理器的低功耗技术专利申请的研究，可主要分为三个技术分支：多核处理器架构的改进、核性能的改进以及任务调度改进。本小节将从上述三个技术分支对国内外的专利申请进行具体分析。

（一）多核处理器架构的改进

对于一个系统的最原始优化通常首先集中在对其结构以及工艺的改进方面，而多核处理器的设计是复杂的，是一个针对性能、面积和功耗的综合过程，它的技术和方法要与其实际设计目标互相约束有机结合。因此，低功耗设计是个系统的问题，要在设计中的各个阶段进行综合考虑，并且在每个设计阶段应用不同的设计策略，进而达到降低功耗的目的。

在多核处理器架构的改进方面主要集中在多核处理器以何种排布以及和电源的关联模式更能够节省功耗，提高性能。最初提出了一种管理网络数据包处理的核心相关性的架构，包括多个处理单元的系统中的该多个处理单元的低功率空闲状态被监控。网络数据包处理被动态地重新指派给处于非低功率空闲状态的处理单元，以增加处于低功率空闲状态的处理单元的低功率空闲状态时段，从而降低能量消耗（CN105446455A，申请日为2009年6月26日）。然而其在算法上不够完善。对此，用于控制多核中央处理单元中的核时钟的架构，在第零核上执行第零动态时钟和电压缩放DCVS算法，以及在第一核上执行第一DCVS算法。第零DCVS算法可为可操作的，以独立地控制与第零核相关联的第零时钟频率，且第一DCVS算法可为可操作的，以独立地控制与第一核相关联的第一时钟频率（CN102687096A，申请日为2010年12月8日）。然而上述算法需要复杂的结构支持，由此提出一种用于包含异构的多处理器片上系统，因为异构的多处理器SoC中的个体处理组件可以展示不同的性能或强度，并且因为这些处理组件中的一个以上的处理组件可能能够处理给定的代码块，因此，可以通过以满足操作模式的性能目标的方式，实时或接近实时地向最能够处理代码块的处理组件分配工作负载，利用基于模式的重新分配系统和方法来优化服务质量（CN104737094A，申请日为2012年10月23日）。同时共享中断的多核架构也能有效降低功耗，其包括具有多个核心的微控制器，多个核心的每一个都有各自的中断控制器、工作频率和电压，并包括通用外围设备，通用外围设备通过中断线路耦合到多个核心的每一个，中断控制器处理来自通用外围设备中的共同中断，通过让第一任务运行在多个核心的第一个上以及第二任务运行在多个核心的第二个上，使由共同中断所触发的第一任务与由共同中断所触发的第二任务并行处理，其中多个核心的第一个的工作频率和电压以及多个核心的第二个的工作频率和电压成比例下降，以降低功耗（CN104657327A，申请日为2013年11月18日）。

从以上分析可以看出，随着该技术的不断完善以及进步，其申请量趋于稳定，从多核处理器架构以及工艺方面降低功耗的空间已经不多，而更先进的工艺和新的半导体材料的发展，将在未来很长一段时间内保证目前多核处理器功耗的基本稳定。

（二）核性能的改进

多核处理器架构策略虽然会用多种节能方法，这些都是基于硬件功能而实现的节能，但是随着技术不断提高，在架构上的改进以及工艺上的进步已经遇到瓶颈，因此，工程师们在不断寻找从多核整体性能或者单核性能上改进功耗，从而使整个系统功耗降低。

从性能上，主要是根据负载以及系统的温度等外界因素，来控制处理器每一组或者每一个核的工作状态，其工作状态可以为停止、可以为工作，而在工作时其又以不同的工作性能体现出其所消耗的功耗。目前核性能的改进策略有如下两种方案：（1）根据负载、温度或者设定的策略调整使用的内核数量，从而能够更合理地判断，保证系统任务能够得到及时处理同时，降低系统整体功耗。（2）根据负载、温度或者设定策略来使用多个电压/频率调节单元对单个核或者核组进行单独的电压/频率调节，使得系统性能最大化。

对于方案（1），其示例性专利有如下：US20040899674A提供了硬件协调逻辑还基于该操作要求协调共享资源设置与第一和第二处理器核的独立资源设置。进一步的CN105492993A公开了用于多核集成电路的多个处理器内核的智能多核控制的方法，其可以识别并且激活处理器内核的最优集合，以达到针对给定工作负载的最低水平的功耗或针对给定功率预算的最高性能。处理器内核的最优集合可以是活动处理器内核的数量或特定活动处理器内核的指定。当处理器内核的温度读数高于门限时，可以选择一组处理器内核来提供针对给定功率预算的最佳性能。相近地，CN102566739A提供的多核处理器系统及其动态电源管理方法，先取得多核处理器于执行阶段的工作负载，而根据此工作负载以及各个副核的工作状态，分别对副核执行开关操作。与其不同的是，CN102955049A所描述的多核CPU的电源管理方法，根据多核CPU内核组的任务队列中的任务动态调整内核的状态，实现多核CPU电源功耗的有效管理，从而在降低电源功耗的同时，实现任务的及时处理。再有，CN103077087A通过对读取应用程序运行时系统的使用率进行统计分析，为当前应用程序自动配置适合的处理器工作模式，控制多核处理器针对不同的应用程序配置不同的核数。实现处理器核数的按需分配，使得移动设备在处理速度和能耗之间取得平衡，极大地优化了多核处理器的耗电问题。同样，CN103793041A根据整个统计周期中待处理的线程的数量的加权平均数，操作步骤以此加权平均数为基准，判断下一个统计周期所需打开的内核数量，从而能够更合理地判断该系统当前所需内核的数量，保证系统任务能够得到及时处理同时，降低系统整体功耗。

对于方案（2），其示例性专利有如下：US201213976682A能够使用功率控制模块促进每一处理核心在与其他处理核心不同的性能状态下工作。通过允许其核心具有按照核心的性能状态配置，处理器可以减少其功耗并提高其性能。与其不同的，CN101135929A通过变频装置实时读取相应处理器核的变频系数寄存器的值以及来自其他处理器核的数据发送有效信号，通过对公共原始时钟进行门控处理，从而完成处理器核的变频功能，达到降低处理器整体运行功耗、节省电能的目的。进一步地，CN102004543A能够获取每个域中所有触发调频的线程的CPU占有率及所属的域，在触发调频的线程所属的域中，根触发调频的线程的CPU占有率计算需要调整的CPU目标频率，从而实现对每个域中的线程的CPU频率值进行同步，进而在多核系统下同步CPU频率值，实现CPU的节能。进一步，CN102609075A的多核处理器的任意一个核处理器或者核处理器群都可以通过芯片上的电网独立从开关电源提供的多路电压输出中根据负载（空闲的程度）选择一路适用电压。其通过向多核处理器中不同的核处理器或者核处理器群提供不同的电压，降低多核处理器的自身功耗，节约能源。同样，CN103226462A能够根据确定的工作负荷来调整获得的活跃内核的频率以及CN1877492A能够根据各个核心的使用量来独立调节各个核心的工作电压的电力控制部，其能够减少不必要的泄漏电流的电力浪费，并使控制处理器的性能达到最佳。

（三）任务调度的改进

通过调节核的工作数量以及单核或者核组的电压/频率来调节功耗在经过很长一段研究以后技术趋于成熟，同时工程师们感到使用其相关调节慢慢地会遇到瓶颈，因为一个系统不可能不考虑其工作性能而将所有处理器核全部关闭或者将电压/频率降低到最低，那么多核处理的上层，即任务调度就越来越受到重视。因此，有大量的专利申请涉及此方面的技术，如初期申请有US20040952627A公开了如使用节流模块确定当前执行程序中存在的并行数量，并改变各种核上该程序的线程的执行。如果并行数量大，则处理器可以配置成在配置成消耗更低功率的核上运行更大数量的线程。如果并行数量小，则处理器可以配置成在配置成用于更高标量性能的核上运行更小数量的线程。然而其在算法上还不够成熟，CN103455131A公开了通过ASAP或ALAP算法初始化产生满足数据依赖关系的CPU分配方案，其完善了调度算法，再用动态规划方法为每个任务在分配到的CPU上指定执行时的电压，并从中选取能耗最小的分配方案；因此，其能够提供更有效、更节省能耗的调度方案，可以指定的概率满足实时系统的时间限制；不仅适用于软实时系统中的任务调度，也适用于硬实时系统的任务调度。CN102033596A使用功率管理模块检测一个或多个未聚合的软件线程，并且聚合一个或多个未聚合的软件线程以在多核心处理器的一组处理器核心上运行。上述专利在线程的分配上需要动用大量内核消耗，进而CN104820618A公开了通过确定系统能耗估算参数最小的情况下运行第一待调度任务的目标处理器核以及相应的目标运行频率；控制目标处理器核工作在目标运行频率下，并将第一待调度任务调度在目标处理器核上运行。进一步的CN102246117A主要用于在多个核心上进行自适应线程调度以减少系统能量的技术。其使用线程调度器接收与多个核心相关联的泄漏电流信息。使用泄漏电流信息以在多个核心中的一者上调度线程以减少系统能量使用，从而使任务最优化，达到低功耗目的。

本小节针对多核处理器低功耗技术对其各个分支做进一步分析，从无到有、从萌芽到飞速发展的阶段之后，多核处理器低功耗技术的三个重要分支都逐渐走向成熟，而且在该过程中一些世界一流的企业如英特尔等走在技术的前列，它们的一些相关专利申请奠定了该技术领域的一些基础，技术的创新水平较高，从它们的被引用次数中也可以间接地反映出来。与此对应，国内的相关专利申请虽然随着近几年的快速发展而呈现出势头较猛的追赶趋势，导致国内的申请数量有了较大幅度的提升，但是在质量方面还很需要提高。

# 第六节　图形处理器专利技术分析

现代计算机中，图形的处理越来越重要。特别是在虚拟现实（Virtual Reality，VR）、增强现实（Augmented Reality，AR）技术快速发展的今天，无论在实时视频图像的处理、沉浸式图像体验，还是在3D用户界面方面，都更加迫切地需要提高图形的处理能力。未来，虚拟现实、增强现实设备将成为物联网时代的基础终端，市场巨大，因此用于专门处理图形的图形处理器（GPU）成为市场竞争的热点技术，大型图形芯片与处理器厂商均在积极研发图形处理器产品。

随着图形处理器产业的发展，国内外各大公司积极在图形处理器技术方面进行专利布局，相关的专利申请量快速增加。因此，图形处理器的专利申请状况成为国内业界人士亟待了解的问题。

本节旨在通过对图形处理技术的专利整体分析，剖析图形处理技术的发展历史、技术现状以及未来趋势，结合我国相关研发和产业情况研究国内专利申请，发现我国在该领域存在的问题、差距以及未来发展的方向，同时为我国加强具有自主知识产权的图形处理技术研究提供策略和建议。

## 一、图形处理器技术概况

（一）图形处理器概念

图形处理器（Graphics Processing Unit，GPU），又称显示核心、视觉处理器、显示芯片，是一种专门在个人电脑、工作站、游戏机和一些移动设备（如平板电脑、智能手机等）上图像运算工作的微处理器。用途是将计算机系统所需要的显示信息进行转换驱动，并向显示器提供行扫描信号，控制显示器的正确显示，是连接显示器和个人电脑主板的重要元件，也是"人机对话"的重要设备之一。显卡作为电脑主机的一个重要组成部分，承担输出显示图形的任务，对于从事专业图形设计的人来说显卡非常重要。❶

图形处理器与中央处理器（CPU）比较，有以下不同。❷

（1）逻辑架构不同。图形处理器在处理能力和存储器带宽上相对于中央处理器有明显优势，在成本和功耗上也不需要付出太大代价。由于图形渲染的高度并行性，使得图形处理器可以通过增加并行处理单元和存储器控制单元的方式提高处理能力和存储器带宽。图形处理器设计者将更多的晶体管用作执行单元，而不是像中央处理器那样用作复杂的控制单元和缓存并以此来提高少量执行单元的执行效率。图1-6-1对图形处理器与中央处理器中的逻辑架构进行了对比。

---

❶　见百度百科"图形外管理器"词条。

❷　http://m.biog/csdn.net/jubincn/article/detacle/6623371.

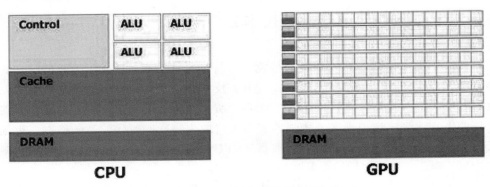

图1-6-1　CPU与GPU逻辑架构对比

（2）强大的浮点计算能力。中央处理器的整数计算、分支、逻辑判断和浮点运算分别由不同的运算单元执行，此外还有一个浮点加速器。因此，中央处理器面对不同类型的计算任务会有不同的性能表现。而图形处理器是由同一个运算单元执行整数和浮点计算，因此，图形处理器的整型计算能力与其浮点能力相似。

（3）更高的内存带宽（Memory Bandwidth）。图形处理器运算相对于中央处理器还有一项巨大的优势，那就是其内存子系统，也就是图形处理器上的显存。当前桌面级顶级产品3通道DDR3-1333的峰值是32GB/s，实测中由于诸多因素带宽在20GB/s上下浮动。AMDHD 4870512MB使用了带宽超高的GDDR5显存，内存总线数据传输率为3.6TB/s或者说107GB/s的总线带宽。存储器的超高带宽让巨大的浮点运算能力得以稳定吞吐，也为数据密集型任务的高效运行提供了保障。

此外，从GTX200和HD4870系列图形处理器开始，AMD和NVIDIA两大厂商都开始提供对双精度运算的支持，这正是不少应用领域的科学计算都需要的。NVIDIA公司最新的Fermi架构更是将全局ECC（Error Checking and Correcting）、可读写缓存、分支预测等技术引入图形处理器的设计中，明确了将图形处理器作为通用计算核心的方向。

（4）延迟与带宽。

图形处理器：高显存带宽和很强的处理能力提供了很大的数据吞吐量，缓存不检查数据一致性，直接访问显存延时可达数百乃至上千时钟周期。

中央处理器：通过大的缓存保证线程访问内存的低延迟，但内存带宽小，执行单元太少，数据吞吐量小，需要硬件机制保证缓存命中率和数据一致性。

一般而言，适合图形处理器运算的应用有如下特征：①运算密集；②高度并行；③控制简单；④分多个阶段执行。

图形处理器计算的优势是大量内核的并行计算，瓶颈往往是I/O带宽，因此适用于计算密集型的计算任务。

现今绝大多数具有独立显卡的计算机中，图形处理器都是复杂度仅次于CPU的集成电路芯片，❶ 即使在非独立显卡的计算机中，GPU也作为芯片组的重要组成部分而

---

❶　http://computershopper.com/feature/the-right-gpu-for-you.

存在。此外，在视频游戏机、智能手机等嵌入式系统中，GPU也发挥着重要作用，以及随着计算机辅助设计、视频编辑/制作等技术的发展，使得对图形处理能力的需求持续增加。

### （二）图形处理器技术发展概况

随着计算机技术的迅速发展，尤其是图形用户界面的出现，使得对图形技术的要求越来越高。图形技术具有计算量巨大的特点。以1024*768像素的显示图形为例，其包含约79万个像素，当对其平移或旋转操作时，则要对每一像素进行位置浮点计算，并且计算还要在用户可接受的时间内完成。这对处理器的计算能力提出了极大的挑战。因此，为获得用户满意的图形显示效果，自20世纪70年代起，计算机系统中就出现了专用的图形加速设备。

由于缺乏统一的接口标准，早期的图形加速设备更多体现出专用性，计算机设计者按照自己的需求而将点、线、简单图形的绘制任务分配给图形加速器。第一代ANTIC图形芯片提供二维的字符/图形到视频输出的映射功能。20世纪80年代，IBM的CAD工作站计算机中开始采用具有3D功能的图形加速器。90年代，实现光标、图标、窗口等绘制操作的Windows加速器以及支持2D/3D游戏的图形加速开始普及。❶

随着OpenGL、DirectX等专用图形API的出现，计算机系统的图形处理模型逐渐统一，基于三角形顶点定位与光栅化的绘图方法逐渐成为计算机3D图形绘制的标准流程。在此基础上形成包括矩阵变换、光照运算、图形剪彩、贴图、着色等阶段的通用流程，并通过硬件对各个阶段所对应的特定运算类型提供支持。❷与之相对应地，图形加速器所提供的功能从直接的图形绘制，演进到由程序控制图形绘制过程中的计算过程。计算过程的可编程性为图形处理过程提供了更多的灵活性，也为图形加速芯片带来了新名字——图形处理器。

图形处理器不同于CPU，既体现于其在计算机中所处的地位不同CPU，也表现在其对大规模、并行化的浮点运算的处理能力。图形处理器也不同于视频编解码器。视频编解码器侧重于支持对"图像"编码的数字信号处理过程，而图形处理器则要支持"图形"的建模和绘制。由于集成电路技术的发展，当今的图形处理器往往也支持对视频编解码过程的加速。

图形计算与音视频编解码计算虽然不同，但都涉及对大量数据的连续复杂操作，这种计算模式在科学计算中也普遍存在。针对此类应用，人们提出了流处理器体系结构。而图形处理器固有的大规模浮点运算能力使其能够很好地支持流计算。基于此，出现了作为一种流处理器的通用图形处理器（GPGPU），其以图形处理器为基础，并增强了对通常应用的处理能力。通用图形处理器代表了现阶段图形处理器的重要发展方向。

现有的图形处理器结构为以下两种：❸

---

❶ http://en.wikipedia.org/wiki/Graphics_processor_unit.
❷ 张晓云等："图形加速技术的发展"，载《电脑知识与技术（学术交流）》2007年第13期。
❸ http://wiki.dzsc.com/info/4259.html.

（1）基于流处理器阵列的主流GPU结构。以NVIDIA的GeForce8800GTX和ATI的HD 2900为代表 GeForce 8800GTX包含128个流处理器，HD 2900包含320个流处理器。这些流处理器可以支持浮点运算、分支处理、流水线、SIMD（Single Instruction Multiple Data，单指令流多数据流）等技术。

（2）基于通用计算核心的GPU结构。英特尔Larrabee核心是一组基于x86指令集的CPU核CPU核拓展了x86指令集，并包含大量向量处理操作和若干专门的标量指令，同时还支持子例程以及缺页中断。

前者相对于后者具有更高的聚合计算性能，而后者则在可编程性上具有更大的优势。

（三）图形处理器产业现状

图形处理器具有不同形态，其可以被布置于计算机系统的图形加速卡内，也可以融合于计算机芯片组，或者作为IP核被包含在嵌入式系统的SoC内。

作为一种集成电路芯片，图形处理器产业链涉及EDA（软件）工具提供商、图形处理器设计公司，集成电路制造、封装、测试公司，系统及驱动软件供应商，应用软件开发商等多个环节。随着嵌入式消费电子产品对高性能图形处理能力的需求迅速增高，图形处理器厂商的竞争日益激烈。

图形处理器市场主要由英特尔、辉达、超威等芯片厂商占据。

（1）英特尔。英特尔的图形处理器基本为集成显卡芯片，用于英特尔的主板和英特尔的CPU，因而随着英特尔的主板和CPU发售的集成图形处理器在整个图形处理器市场中占据60%的份额。英特尔的Larrabee是一款用于图形处理及高性能计算的GPGPU。

（2）辉达（NVIDIA）。辉达是现在最大的独立显卡芯片生产销售商。其主要生产固化在主板上的集成显卡，其生产的显卡包括比较常见的Geforce系列，比如GF9800GTX、GTX260、GF8600GT等，还有专业的Quadro系列等。辉达的Fermi是支持CUDA并行编程模型的图形处理器。

（3）超威（AMD）。超威是世界上第二大的独立显卡芯片生产销售商，其生产的显卡主要是市场常见的HD系列，比如HD3850、HD4650、HD4870等。它于2006年以54亿美元的价格收购ATI。兼并ATI后，其主板市场迅速扩大，与辉达不相伯仲。辉达和超威则几乎占据全部独立显卡的图形处理器市场。❶

（4）想象技术公司（Imagination Technologies）。英国芯片设计公司想象技术公司是一家小型但对苹果公司至关重要的供应商。其研发用于嵌入式系统的GPU IP核（POWERVR），并长期为诺基亚、苹果、英特尔等著名厂商所采用。然而2017年4月，想象技术公司披露苹果公司在未来15个月至2年内将停止在其设备中使用想象技术公司的图形处理器技术。此前，苹果公司是想象技术公司的最大客户。在这一消息披露后，想象技术公司股价在伦敦证交所呈现断崖式下跌，最高暴跌70%。

---

❶ 见百度百科：图形处理器。

据称苹果将自行设计开发一个全新的图形处理器架构。三星在此之前也已宣布将研发自己的图形处理器技术。假如，苹果、三星都成功研发出自己的GPU，则将进一步完善自身的移动设备产业链，势必将进一步巩固其在移动设备领域的统治地位，这将对我国华为、小米等移动设备公司造成强烈的市场冲击。此外IBM为Sony PlayStation3、微软Xbox360以及任天堂Wii等视频游戏机提供具有强大图形处理能力的流处理器。

近年来，我国的研究机构也在开展自主图形处理器技术的研究。但是从中国的图形处理器产业来看，在市场上尚不具备较强的竞争力。我国台湾地区的威盛电子收购+S3 Graphics之后，也获得了一定的图形处理器市场份额，但是现在已经逐步淡出主板市场。❶ 国防科技大学曾开发了一款名为FT64（飞腾）的64位流处理器。❷ 我国的千万亿次计算机天河一号采用中央处理器+图形处理器的模式。清华同方推出以GPU技术为主体的GPU Render Farm网络渲染解决方案。2014年11月，湖南高科技民营企业长沙景嘉微电子股份有限公司宣布在高性能图形处理芯片研发领域取得重大突破，成功研制出国内唯一具有完全自主知识产权的高性能图形处理器芯片，一举打破国外产品长期垄断我国GPU市场的局面。❸

## 二、图形处理器专利状况分析

下面从全球、国外来华和国内三个层次对申请量趋势、原创区域、主要申请人等进行横向比较，多角度介绍GPU技术在专利申请方面的特点，以及在GPU技术上具有优势的国家、地区及专利权人，分析专利权人的关键技术并提出预警，为我国制定该领域的宏观策略提供参考性的意见和建议。

（一）全球专利状况

1. 申请量趋势分析

截至2017年5月，GPU技术领域全球总申请量为8 793项。❹ 图1-6-2示出该技术领域全球申请量的趋势变化。

从图1-6-2可以看出，最早出现GPU技术专利申请的年份是1982年，此后专利申请量呈曲线缓慢上升的趋势；自1995年起，GPU技术专利申请量增长趋势显著，达到年申请量100项以上，并进入一个波浪形增长期。自2006年起，年申请量超过200项，进入持续性的快速上升期，并于2014年达到申请峰值1 014项，可见GPU技术已经进入一个专利布局的关键时期，该领域申请人积极进行布局。2006年起的申请量快速上升期

---

❶ http://en.wikipedia.org/wiki/Imagination_Technologies.

❷ 晏小波：《FT64流处理技术：体系结构、编程语言、编译技术及编程方法》，国防科技大学工学博士学位论文2007年。

❸ 载http://www.rmlt.com.cn/2014/1124/348420.shtml，2014年11月24日。

❹ 一项表示在WPI数据库中检索到的一条同族记录。

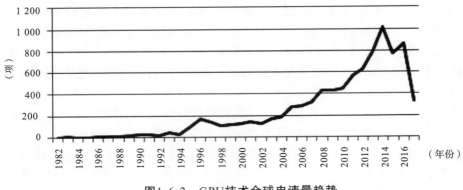

**图1-6-2　GPU技术全球申请量趋势**

与图形处理器在手机等消费电子产品、视频游戏、医疗等领域的广泛普及时间一致。但是在2015年申请量有一个明显的下滑，仅有774项，远低于申请峰值，通过进一步分析，下降数量主要来自外国申请人申请量的减少；2016年申请量重新上升到862项。由于专利申请公开的滞后性，导致该阶段的数据不准确，因此2016~2017年呈现出的快速下降趋势，并不能判断该领域申请量进入下降通道。

2. 原创区域分析

图1-6-3示出GPU技术全球专利申请的原创国家及地区分布，表1-6-1示出GPU技术全球专利申请的原创国家及地区分布的具体占比。该分析是基于专利申请优先权所在的国家及地区进行的。图1-6-3（a）为2017年GPU技术全球专利申请的原创国家及地区分布，❶（b）为2010年GPU技术全球专利申请的原创国家及地区分布。

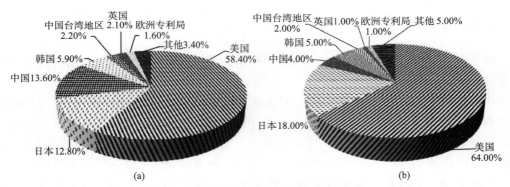

**图1-6-3　GPU技术全球专利申请的原创国家及地区分布**

❶　乐山："图形处理器专利状况分析"，载《中国知识产权报》2010年6月30日。

表1-6-1 GPU技术全球专利申请的原创国家及地区分布比例

| 国家与地区 | 2017年 | 2010年 |
|---|---|---|
| 美国 | 58.40% | 64.00% |
| 日本 | 12.80% | 18.00% |
| 中国 | 13.60% | 4.00% |
| 韩国 | 5.90% | 5.00% |
| 中国台湾地区 | 2.20% | 2.00% |
| 英国 | 2.10% | 1.00% |
| 欧洲专利局 | 1.60% | 1.00% |
| 其他 | 3.40% | 5.00% |

由图1-6-3及表1-6-1首先可以看出，在图形处理器技术领域，美国长期处于垄断地位，目前其原创的专利申请数量达到5 138件，约占总申请量的58%，但是比2010年的64%下降6个百分点。其次，2010年日本以18%的比例占据原创申请排名第2位，但是2017年被中国超出，以12.8%位居世界第三，原创申请量为1 128件。我国2010年的申请量仅占全球申请量的4%，而2017年快速提升到13.6%，位居世界第二位，原创申请量达1 192件。韩国、中国台湾地区、英国、欧洲专利局的原创申请量占比近8年来基本保持平衡，分别占据世界第4～7位。

3. 主要申请人分析

图1-6-4示出GPU技术领域在全球的主要申请人的排名情况及其申请量。其中前12名申请人为全球申请量排名前12的申请人。想象技术公司虽然排名没有进入前12位，但它是一家不容忽视的图像处理器技术公司，长期为英特尔、苹果、诺基亚等公司提供图形处理器技术，因此也将其专利申请情况列入。

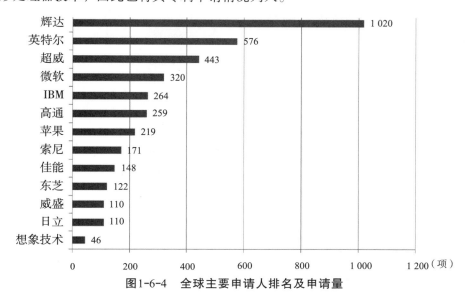

图1-6-4 全球主要申请人排名及申请量

由图1-6-4可以看出，排在全球申请量首位的是辉达公司（NVIDIA，又称英伟达），其申请量为1 020项，占全球总申请量的12.45%。辉达公司和申请量排名第3的超威（AMD）公司几乎占据全部独立显卡的GPU市场。目前市场上，辉达具有支持CUDA并行编程模型的GPU。

英特尔公司以576件申请排名第二。通过进一步分析可以看出，英特尔公司自1998年起开始加快在GPU领域的专利布局，于2002年达到申请量10件。2007年、2008年申请量仅为个位数，然而2009年以后申请量快速增加。2010年，英特尔推出一款用于图形处理及高性能计算的GPGPU——Larrabee。

微软公司以申请量320件排名第四，该公司从1999年起开始在GPU领域进行专利申请，2003～2006年每年的申请量都在10件以上，2008年申请16件，2009年后申请量快速增加。数据表明，微软公司在GPU领域进行了持续的专利布局，显示其作为传统的大型软件公司开始进行技术的战略扩展，这种新的技术动向值得引起业内人士的注意。

国际商业机器公司（IBM）以264件排名第五。通过申请量趋势分析可以看出，国际商业机器公司自2002年起开始大举在GPU领域进行专利布局，2002年申请11件，此后每年至少6件，2008年又达到申请量的高峰11件。2010年，IBM已开发出具有强大图形处理能力的流处理器。

高通公司（Qualcomm）以259件申请列第六位。该公司从2003年起开始在GPU领域进行专利布局，于2006～2008年达到申请的高峰期，年均申请在12件以上，2009年后加快申请速度。高通公司作为传统的通信公司，善于运用专利战略，在多起专利纠纷中获利，该公司在GPU领域的专利布局显示出该公司的技术战略转移。

索尼、佳能、东芝、日立4家日本企业分别列申请量排名的第8～11位，可见，日本企业在GPU领域具有集团优势。

中国台湾地区的威盛公司以110件申请与日立并列排名第11位。该公司在收购S3 Graphics之后，也获得一定的GPU市场份额。

通过对排名前12位的申请人进行横向比较，可以看出各大跨国公司在2000年前后开始在GPU领域进行专利布局，并在2008年前后出现申请的高峰期，2009年后开始加快布局速度，体现出GPU技术作为当前一个技术热点是全行业的共识，各大公司均在积极进行专利圈地，为未来的市场竞争铺路。

（二）我国专利状况

本小节对国外来华和国内申请在申请量趋势、区域布局、申请人等方面进行对比，同时结合我国相关研发和产业情况，分析我国在GPU领域的特点、存在的差距以及未来发展的重点。

1. 申请量趋势分析

我国涉及GPU技术的专利申请共3 853件，其中国外来华的申请为2 499件，国内申请为1 354件。图1-6-5示出我国GPU技术领域专利申请的总量以及国外来华和国内申请量的趋势变化图。

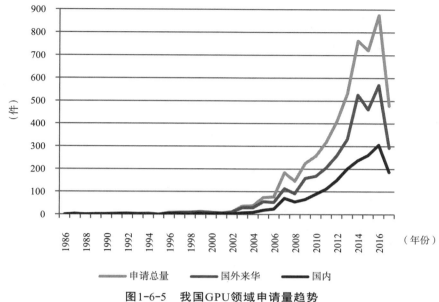

图1-6-5　我国GPU领域申请量趋势

从图1-6-5可以看出，我国GPU领域专利申请量在2002年以前处于专利申请萌芽期，申请量基本保持在个位数。2003年后申请量迅速攀升，于2007年达到一个小的峰值71件。2008年申请量稍有下滑。2009年起，申请量大幅攀升，于2014年达到第二个峰值763件。2015年与全球的申请趋势一致，出现一个小的下跌，申请量为722件。2016年重新上升，并达到历史最高值875件。与全球趋势不同的是，我国的申请量最高值比全球申请量最高值推迟了2年。由于专利申请公开的滞后性，在2016年至今处出现下降折线，导致该阶段的数据不准确，不能因此判断该领域申请量进入下降通道。

从国外来华和国内申请的比较来看，国外来华和国内申请量趋势与总体趋势基本一致，国外来华申请数量一直高于国内申请的数量，但是在国外来华申请于2015年出现下跌时，国内申请仍然是快速上升趋势。国外来华申请和国内申请的第一峰值均出现在2007年，而在2008年均有小幅下滑。此后申请量持续上升至2014年，国外来华申请量出现一次飞跃，达到第二个峰值，与全球申请量趋势一致，而国内申请该年度并未出现峰值，仅保持平稳增长。可见2014年是全球图形处理器技术专利布局的关键时期，这与近两年虚拟现实和增强现实技术的异常火爆应该有密不可分的关系。

在国际上，2014年Facebook以20亿美元收购Oculus后，VR投资热再次袭来。2014年3月微软斥资1.5亿美元从Osterhout设计集团收购大批关于虚拟现实的技术专利，包括增强现实、头戴式智能设备以及相关技术的知识产权。2014年3月，索尼推出虚拟现实眼镜Project Morpheus，业界称其可能成为索尼的下一个walkman。除以上公司外，三星、HTC等也有各自的虚拟现实产品布局。而在这个领域起步最早的应该是苹果公司：2010年，苹果在动作捕捉、面部识别、与增强现实领域就已经拥有许多专利和资产，2010年9月24日，苹果以2 900万美元收购瑞典面部识别技术公司Polar Rose，其面部识别技术FaceCloud，其推出的Facelib是专为iPhone和Android定制的。此前，苹果在Aperture和iPhoto中就曾使用面部识别技术。同是为了面部识别目的，苹果还收购了英国成像公司Imsense并获得HDR技术。该技术最突出的地方是能够通过软件算法重新映射照片色调，还原细节。2013年11月24日，苹果以3.45亿美元收购一家开发实时3D运动捕捉技术的以色列公司PrimeSense，该公司曾为微软Xbox Kinect设计了第一台动作感应器。PrimeSense创立于2005年，2006年研发出3D传感器，与微软合作掀起体感游戏热潮。2015年11月，苹果公司收购《星球大战》背后的动作捕捉技术公司Faceshift。2015年下半年开始，Oculus、Sony、HTC等几大VR硬件巨头陆续宣布2016年消费级产品的计划。

在国内，马化腾在2015年乌镇世界互联网大会上表示：取代微信的信息终端可能会是VR（虚拟现实）。阿里于2016年宣布成立VR实验室，并启动"Buy+"计划引领未来购物体验，搭建虚拟现实商业生态。国内厂商腾讯、百度、乐视、小米、暴风影音一众纷纷曝光自己蓄谋已久的虚拟现实产业布局。

由于图形处理器技术是虚拟现实、增强现实技术中最重要的一项技术，因此各大IT公司集中在2014年迅速进行图形处理器技术专利布局，抢占专利战略高地是必然的，为将来抢占虚拟现实产品市场提前打响专利战。如果说2016年被称为虚拟现实元年，那么2014年可以被称为图形处理器专利技术战略布局年。

通过图1-6-5可以看出，国内的业内人士在紧紧跟随国际技术发展的脚步，虽然总体专利申请数量少于国外来华申请，但是在专利布局的速度上仅比国外来华申请晚了1年。在专利数量上可以看出，国内企业和研究机构也较早地开展了GPU技术的研发，并在该领域积累了一定的专利申请，在市场竞争中具有一定的竞争筹码。

2. 原创区域分析

图1-6-6、表1-6-2示出国外来华申请的原创区域分布比例及数量。

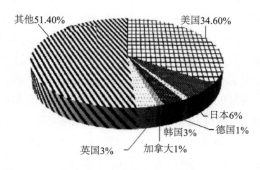

**图1-6-6　国外来华申请的原创国家及地区分布**

由图1-6-6和表1-6-2可以看出，类似于全球申请分布，美国申请以34.6%占据绝对垄断的地位，其次日本以6%占第二位，此外，英国、韩国、德国、加拿大、挪威、荷兰等均在我国有相关专利申请。

表1-6-2　国外来华申请的原创国家及地区分布数量及占比

| 国家及地区 | 申请占比 | 申请数量（件） |
|---|---|---|
| 美国 | 34.60% | 1 179 |
| 日本 | 6% | 207 |
| 德国 | 1% | 30 |
| 韩国 | 3% | 105 |
| 加拿大 | 1% | 38 |
| 英国 | 3% | 91 |

　　图1-6-7示出国内申请的原创省市分布比例。

　　由图1-6-7可以看出，专利申请呈现出较高的地域集中度。北京申请以35.7%的比例占据国内申请第一位，台湾申请以16.2%的比例占据国内申请第二位，其次是上海，占12.8%，江苏8.3%，广东以4%位列第5，此外，天津、浙江、山东等沿海省市占有一定比例，其余申请分布在吉林、陕西、广西、四川、辽宁等省市。

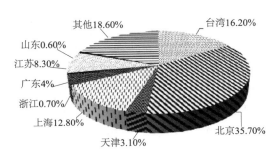

图1-6-7　国内申请的原创省市分布

　　3. 主要申请人分析

　　表1-6-3分别列出我国GPU技术领域的前11位国外来华和国内申请人的排名情况及其申请量。

表1-6-3　前11位国外来华和国内申请人列表

| 国外来华申请人 | 申请量（件） | 国内申请人 | 申请量（件） |
|---|---|---|---|
| 英特尔 | 277 | 浪潮 | 95 |
| 辉达 | 206 | 中国科学院 | 95 |
| 高通 | 149 | 威盛 | 91 |
| 微软 | 119 | 北京航空航天大学 | 58 |
| 三星 | 80 | 浙江大学 | 51 |
| 超威 | 79 | 华为 | 46 |
| ARM | 67 | 北京大学 | 26 |
| 索尼 | 63 | 鸿富锦 | 24 |
| 苹果 | 52 | 华硕 | 11 |
| 想象技术 | 31 | 景嘉 | 9 |
| 国际商业机器 | 31 | 图诚 | 9 |

从表1-6-3可以看出，国外来华申请人中，美国英特尔公司在我国的申请量最多，为277件。其申请涉及优化存储器共享、管理活动线程等技术。

辉达公司申请量为206件，位居第二，辉达公司从2003年起开始在我国进行图形处理器技术的专利布局。辉达公司有一定数量的申请涉及多个图形处理器的管理和通信技术，体现出该领域的技术发展趋势。其中多项专利申请已获授权，其技术方案涉及图形处理器多项关键技术，因此对于国内研发机构来说存在专利技术壁垒。

高通公司申请量为149件，位居第三。高通于2005年起在中国展开GPU技术的专利布局。高通公司的申请均保护图形处理器或包含图形处理器的设备，保护范围较宽，这些申请目前已获得授权。高通公司善于运用专利战略，该公司在我国图形处理器领域的专利布局应引起相关人士的关注。

微软公司早在2002～2006年就开始对该领域进行专利布局，截至目前，申请量达到119件，其申请涉及图形处理器的图形处理、加密保护等技术。

韩国三星公司以80件申请排名第五位，三星公司正在加强对智能手机产业链的控制。在已经具备自行研发中央处理器的情况下，又开始自行研发图形处理器技术。由于三星在虚拟现实、增强现实方面早有涉足，而在技术层面，无论是虚拟现实还是增强现实，在图形处理、视觉呈现、人机交互等方面都需要图形处理器支持。可见，三星也在积极进行虚拟现实和增强现实技术的深度布局。

超威（AMD）公司有79件申请，处于第六位。ATI是世界著名的显示芯片生产商，2006年被AMD公司收购。其申请涉及多图形处理单元的物理仿真、多采样模式等技术。其提出的在系统中执行基于多采样图形去阶梯的技术方案，对不同的图形处理单元采用不同的多采样模式绘制画面，然后合成整个画面。只要两个不同的图形处理单元采用不同的多采样模式来绘制画面就会落入其保护范围，因此对该专利申请需要加强关注。

传统的英国嵌入式CPU公司ARM公司具有67件图形处理器相关的申请，涉及图形处理器与中央处理器的通信以及调用命令处理图元的技术。该公司2009年8月提出一种涉及图形处理器与中央处理器之间采用共用存储器，从而可以共用数据结构的方案，该技术方案反映了GPU技术的一种发展趋势，即如何协调中央处理器与图形处理器以提高工作效率。

索尼公司的申请量为63件，处于第八位。索尼公司于1995起开始在该领域进行专利申请，申请量趋势稳定，年均3件左右，2007年后申请量逐渐增加。

苹果公司以52件申请位列第九位。在图形处理器方面，苹果一直是依赖英国想象技术公司提供的技术支持。2017年4月，想象技术公司表示两年后，苹果将不再使用其提供的图形处理器技术，苹果目前正在为其自身的产品研发独立的图形设计。可以看出，苹果想对图形处理器实现完全自控，以便未来在虚拟现实、增强现实技术的发展上占据主动地位。而在此之前，苹果已经在图形处理器领域积累了一定的专利申请，进行了专利战略布局。

想象技术公司以31件申请位列第十位。2017年4月，想象技术公司在我国深圳举办了一场媒体分享会，发布了一款基于Furian架构的PowerVR内核GT8525。Furian是该公司在2017年3月初于美国加州举办的年度技术峰会上公布的全新GPU架构，支持机器学习、图像识别、4K/120fps超高清视频流解析。该公司营销副总裁透露：2016年中国区业务增长3倍，有很多新客户采用PowerVR GPU，未来公司将加大中国区投入。可见在失去苹果这一最大客户之后，想象技术公司将目光转移到中国大陆。

国际商业机器公司的申请量为31件，并列第十位。该公司所申请专利主要涉及图形处理器的接口技术，授权率高，具有较强的专利技术。

国内申请人中，排名前三位的是浪潮、中国科学院和台湾威盛。这与2010年威盛、华硕和图诚公司名列三强的状况发生明显对比。这表明，近年来，我国的大型国企和研究院所在图形处理器方面加大研究力度，并且积极通过专利申请对自己的技术进行保护。反观台湾地区的华硕和图诚近年来几乎没有增加在图形处理器方面的专利申请，已经逐渐失去市场。我国的申请涉及图形处理器相关的各种技术。可见，我国的GPU技术已形成较为完整的专利布局，能够在与国外大型跨国公司的对抗中占据一席之地。

国内企业中，浪潮、华为、鸿富锦、湖南长沙景嘉微电子、北京中星微、深圳安凯、深圳七彩虹等多家公司有相关专利申请。其中，浪潮的申请达95件，多涉及多处理器的技术；华为近年来申请量大幅攀升，达到46件；鸿富锦申请量24件，涉及图形处理单元接口技术；湖南长沙景嘉申请量为9件；北京中星微涉及图形引擎芯片及其应用方法；深圳安凯涉及图形加速器的低功耗技术；深圳七彩虹涉及图形处理单元的接口技术。此外，我国大陆的申请人数量多，但是各申请人的相关申请量较少。

我国大陆的GPU技术研究另一支主要研究力量是大学和科研院所，其中北京航空航天大学、浙江大学、汕头超声仪器研究所、北京大学、中国科学院、上海交通大学、电子科技大学、清华大学等均有相关申请，大多涉及图形处理器的图像处理技术，因此在基于图形处理器的图像处理方面具有一定的专利技术。

通过对国外来华和国内专利申请的对比分析可知，国外大型跨国公司在GPU技术领域已经建立较为广泛的专利布局，而且仍在持续对该领域进行布局。国内的台湾威盛公司占据该领域的一席之地，具有一定的技术优势。大陆的浪潮、华为近年来积极布局，积累了一定的图形处理器技术专利。而大陆科研院所的研究侧重图像处理技术，其他企业的专利技术基本上处于应用层面。

### 三、主要申请人专利分析

下面选取图形处理器的世界三强英特尔、辉达、超威，以及英国想象技术公司、苹果公司、三星公司、高通公司，以及我国的浪潮、华为、威盛、景嘉进行中国专利申请趋势分析和重点专利分析。

### （一）英特尔

英特尔的图形处理器基本为集成显卡芯片，用于英特尔的主板和英特尔的CPU。如果按市场占有率计算，英特尔随其主板及CPU发售的集成GPU占据整个GPU市场的60%以上。英特尔生产的图形处理器主要有：独立显卡芯片Intel 740（i740）；集成于芯片组中的Extreme Graphics系列、GMA系列；集成于中央处理器中的HD Graphics系列、Iris™ Graphics系列、Iris™ Pro Graphics系列等。

### 1. 专利申请趋势

图1-6-8示出2000年以来，英特尔公司在我国的图形处理器专利申请趋势。

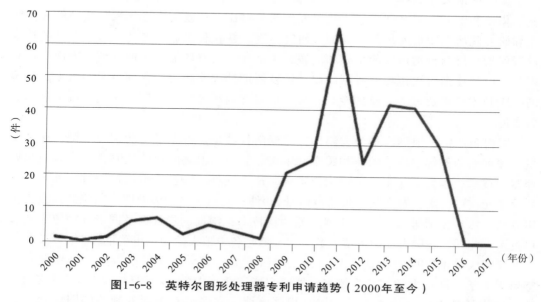

**图1-6-8　英特尔图形处理器专利申请趋势（2000年至今）**

英特尔公司在我国的图形处理器专利申请量位列第一。英特尔公司早在2000年就在我国进行图形处理器专利申请，2004年达到第一次申请高峰，共7件。2009年起开始加大图形处理器专利布局力度，2011年申请量达65件。此后申请量保持在20件以上。其申请内容涉及SIMD、着色、虚拟化环境GPU资源调度、图形渲染、超低功率架构等GPU各个核心关键技术，布局严密。

### 2. 重点专利分析

（1）申请号：201480079240.3。

申请日：2014年6月26日。

发明名称：虚拟化环境中的智能GPU调度。

法律状态：待审。

独立权利要求包含三组：

一种用于调度针对虚拟化的图形处理单元（GPU）的工作负荷提交的计算设备，所述计算设备包括：用于建立包括多个虚拟机的虚拟化环境的虚拟化服务，其中，所述虚拟机中的每个虚拟机包括用于与所述GPU进行通信的图形驱动器以及用于存储GPU命令的多个命令缓冲器；以及GPU调度器模块，其用于：评估所有虚拟机的所有命令缓冲器中的GPU命令；响应于对所述GPU命令的评估的输出，从多个不同的调度策略中动态地选择调度策略；以及根据动态地选择的调度策略来调度所述GPU命令中的至少一个GPU命令，以用于由所述GPU进行处理。

一种用于调度针对虚拟化的图形处理单元（GPU）的工作负荷提交的方法，所述方法包括：建立包括多个虚拟机的虚拟化环境，其中所述虚拟机中的每个虚拟机包括用于与所述GPU进行通信的图形驱动器以及用于存储GPU命令的多个命令缓冲器；评估所有虚拟机的所有命令缓冲器中的GPU命令；响应于对所述GPU命令的评估的输出，从多个不同的调度策略中动态地选择调度策略；以及根据动态地选择的调度策略来调度所述GPU命令中的至少一个GPU命令，以用于由所述GPU进行处理。

一个或多个机器可读存储介质，其包括存储在其上的多个指令，其中响应于被执行，所述指令使得计算设备执行根据权利要求13～24中的任何一项的所述方法。

这篇专利申请涉及虚拟化环境中的GPU调度，根据对GPU命令的评估，动态选择调度策略，调度一个GPU命令由GPU处理。技术方案针对多个虚拟机对应一个GPU的调度方法概括得范围很宽。针对同一个技术构思采取了三种权利要求的撰写，从方法、计算设备、机器可读存储介质三个方面进行保护。

（2）申请号：201611216183.6。

申请日：2012年6月29日。

发明名称：CPU/GPU同步机制。

法律状态：待审。

独立权利要求包含三组：

一种处理设备，包括：主中央处理单元（CPU），用于执行库的第一线程；与所述主CPU耦合的图形处理单元（GPU），所述主CPU和所述GPU用于共享到共享虚拟地址空间的访问，所述第一线程用于同步到所述共享虚拟地址空间的访问；其中所述第一线程用于同步第二线程和第三线程之间的访问，所述第二线程用于在所述主CPU上执行，所述第三线程用于在所述GPU上执行；以及其中所述第一线程用于经由获取操作和释放操作来同步访问。

一种异构处理系统，包括：多个异构处理器，包括主CPU以及与所述主CPU耦合的GPU；由所述主CPU和所述GPU共享的存储器，其中所述存储器包括共享虚拟地址空间；以及用于在所述主CPU上执行的第一线程，用于同步所述主CPU上的第二线程与所述GPU上的第三线程的存储器访问，其中所述第一线程用于经由获取操作和释放操作来同步访问。

一种数据处理设备，包括：多个异构处理器，包括主CPU以及与所述主CPU耦合的GPU，所述多个异构处理器集成在一个集成电路内；显示设备，用于显示来自所述GPU的输出；由所述主GPU和所述GPU共享的存储器，其中所述存储器包括共享虚拟地址空间；以及用于在所述主CPU上执行的第一线程，用于同步所述主CPU上的第二线程和所述GPU上的第三线程的存储器访问，其中所述第一线程用于经由获取操作和释放操作来同步访问。

该专利申请涉及CPU/GPU同步机制。技术构思是使用一个处理器上的线程来使另一个处理器能对互斥上锁或释放。例如，中央处理单元线程可以由图形处理单元使用以保护共享存储器的互斥。权利要求保护范围宽，且针对同一个技术构思采取了三种权利要求的撰写，从处理设备、异构处理系统、数据处理设备三个产品角度进行保护。如果授权，将成为CPU/GPU同步机制的基础专利，只要涉及对另一个处理器线程的控制技术就难以绕过该专利的保护范围。

（3）申请号：201610298554.3。

申请日：2009年6月30日。

发明名称：图形处理中管理活动线程依赖关系。

法律状态：待审。

权利要求：

1. 一种方法，包括：在寄存器中，通过仅跟踪所述寄存器接收的尚未完成执行的线程，管理线程和线程依赖关系，以便由多个执行单元来执行线程。

2. 如权利要求1所述的方法，包括使线程执行能够重新排序。

3. 如权利要求1所述的方法，包括只要如下情况成立，则使线程执行的次序能够更改成任何次序：依赖于另一个线程的完成的一个线程必须在所述另一个线程到达所述寄存器之后到达以记分牌形式的所述寄存器。

4. 如权利要求1所述的方法，包括在线程的所有依赖关系完成执行之前启动所述线程来执行。

5. 如权利要求4所述的方法，包括使线程能够管理它自己的依赖关系。

6. 如权利要求5所述的方法，包括将一个执行单元中线程执行的完成向其他执行单元广播。

7. 如权利要求1所述的方法，包括确定空间依赖关系，包括确定一个宏块的线程对相邻宏块的线程的执行的依赖关系，以及确定一个线程对不同帧中的线程的依赖关系。

8. 如权利要求7所述的方法，包括使用坐标来指示相同帧上的空间依赖关系和不同逻辑进程。

9. 如权利要求1所述的方法，包括通过指示相同帧内的宏块和不同帧中的宏块的坐标之间的德尔塔来指示两个线程之间的依赖关系。

该专利申请涉及"图形处理中管理活动线程依赖关系"。视频处理器的记分牌可以仅跟踪尚未完成执行的已调度的线程。第一个线程可以自行监听必须在第一个线程的执行之前被执行的第二个线程的执行。其可以对线程执行自由地重新排序，唯一要求的规则是，其执行依赖于第一个线程的执行的第二线程只能在第一个线程之后被执行。其独立权利要求仅包含一句话，从属权利要求层层递进，对技术方案进行进一步限定，这种撰写形式可以最大限度地对技术构思进行保护。

纵观英特尔的专利申请可以看出，几乎每个申请都包含多组权利要求，从不同方位对技术构思进行保护，每组权利要求都从大到小，层层递进，逐步缩小保护范围，避免了因范围过大，无法获得授权，或者范围过小，没有对技术真正形成保护。

## （二）辉达

辉达（NVIDIA，又称英伟达），创立于1993年1月，是一家以设计智核芯片组为主的无晶圆（Fabless）IC半导体公司。辉达公司在可编程图形处理器方面拥有先进的专业技术，在并行处理方面实现了诸多突破。1999年8月，辉达发布 GeForce 256，这是行业第一个显示图形处理器（GPU）。1999年11月，辉达发布全球最快的工作站GPU：Quadro。2000年4月，辉达发布全球第一个可每一条渲染线着色的图形处理单元：GeForce2 GTS。其GeForce系列图形芯片（GPU）能够为娱乐和游戏应用提供三维、二维和高清晰度电视性能。

1.专利申请趋势

图1-6-9示出2000年以来，辉达公司在我国的图形处理器专利申请趋势。

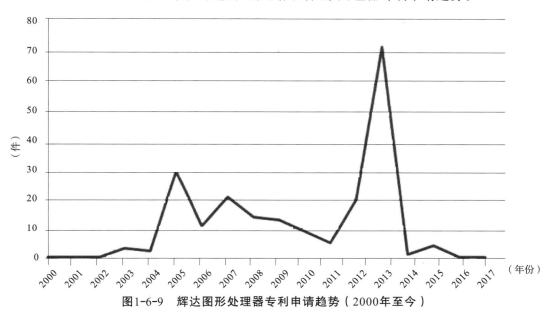

图1-6-9　辉达图形处理器专利申请趋势（2000年至今）

辉达公司在全球的图形处理器专利申请量位列第一。在我国仅次于英特尔，排名第二。辉达公司在2003年起开始在我国进行图形处理器专利申请，2005年达到第一次申请高峰，共30件。2012年起开始加大图形处理器专利布局力度，2013年申请量超过70件。2014年申请量大幅下跌，应该已完成在我国的图形处理器技术阶段性布局。其申请内容涉及虚拟化图形处理方法、着色器、路径渲染、多线程调度等图形处理器各个核心关键技术，布局严密。

2.重点专利分析

（1）申请号：201380062353.8。
申请日：2013年11月27日。
发明名称：用于远程显示器的基于云的虚拟化图形处理方法和系统。
法律状态：待审。
独立权利要求：
一种用于提供图形处理的装置，包括：双核CPU插槽结构，所述双核CPU插槽结构包括第一CPU插槽和第二CPU插槽；多个GPU板，所述多个GPU板提供耦连到所述第一CPU插槽和所述第二CPU插槽的多个GPU处理器，其中每个GPU板包括所述多个GPU处理器中的两个或更多个；以及通信总线接口，所述通信总线接口将所述第一CPU插槽耦连到一个或多个GPU板的第一子设备，并将所述第二CPU插槽耦连到一个或多个GPU板的第二子设备。

一种附网GPU设备，包括：多个处理板，多个处理板提供多个虚拟CPU和GPU处理器，其中所述处理板中的每一个包括：双核CPU插槽结构，所述双核CPU插槽结构包括第一CPU插槽和第二CPU插槽；多个GPU板，所述多个GPU板提供耦连到所述第一CPU插槽和第二CPU插槽的多个GPU处理器，其中每个GPU板包括多个GPU处理器中的两个或更多个；第一多个通信桥，所述第一多个通信桥各自将相应的GPU板耦连到所述第一CPU插槽和所述第二CPU插槽；以及通信接口，所述通信接口将所述第一CPU插槽耦连到一个或多个GPU板的第一子设备、并将所述第二CPU插槽耦连到一个或多个GPU板的第二子设备。

该专利申请涉及远程显示器的基于云的虚拟化图形处理方法和系统。对附网GPU设备的处理板进行了限定，包括双核CPU插槽结构和多个GPU板。权利要求保护范围很宽，且对产品的接口进行限定，属于外部可见的特征，在侵权判定中非常容易取证，能够对技术方案起到很好的保护作用。

（2）申请号：201310409272.2。

申请日：2013年9月10日。

发明名称：图形处理单元可编程着色器的纹元数据结构和其操作方法。

法律状态：待审。

权利要求：

1.一种图形处理子系统，包括：存储器，配置为包含纹元数据结构，根据该结构，与特定复合纹元相对应的多个基元纹元包含在所述存储器的单个页中；以及图形处理单元，配置为经由数据总线与所述存储器进行通信，并执行着色器以获取包含在所述单个页中的所述多个基元纹元来创建所述特定复合纹元。

2.根据权利要求1所述的子系统，其中所述单个页包含所述着色器为创建所述特定复合纹元要求的所有基元纹元。

3.根据权利要求1所述的子系统，其中所述图形处理单元配置为采用偏移以构建用于所述多个基元纹元中的至少一些的虚拟地址。

4.根据权利要求1所述的子系统，其中所述多个基元纹元包含在所述单个页内的一致的块中。

5.根据权利要求1所述的子系统，其中所述单个页包含与多个复合纹元相对应的多个基元纹元。

6.根据权利要求5所述的子系统，其中与所述多个复合纹元相对应的所述多个基元纹元是交错的。

7.根据权利要求1所述的子系统，其中所述图形处理单元配置为执行多个着色器。

8.一种着色的方法，包括：初始化着色器以实施针对特定复合纹元的着色操作；发起多个基元纹元的获取，所述发起产生与包含所述多个基元纹元的单个页相对应的地址转译；从所述单个页获取所述多个基元纹元；以及采用所述多个基元纹元以实施所述着色操作。

9.根据权利要求8所述的方法，其中所述页包含所述着色器实施所述着色操作要求的所有基元纹元。

10.根据权利要求8所述的方法，进一步包括采用偏移以构建用于所述多个基元纹元中的至少一些的虚拟地址。

该申请通过方法和产品两类权利要求对图形处理单元可编程着色器的纹元数据结构和其操作方法进行保护。同样采用独立权利要求特征少，范围宽，从属权利要求层层递进限定的方式撰写，对技术方案进行多层次的体现，很好地保护了技术构思。

（3）申请号：201310284772.8。

申请日：2013年7月8日。

发明名称：用于DRAM在GPU之上的可替换3D堆叠方案。

法律状态：授权。

独立权利要求：

一种集成电路系统，包括：第一支撑衬底和第二支撑衬底；逻辑芯片，所述逻辑芯片安置在所述第一支撑衬底和所述第二支撑衬底之间，所述逻辑芯片与所述第一支撑衬底和所述第二支撑衬底之间分开距离；以及多个存储器叠层，所述多个存储器叠层彼此相邻地安置在所述逻辑芯片的表面，其中向外扩展超出所述逻辑芯片的第一侧边的、所述多个存储器叠层中的第一存储器叠层的至少一部分由所述第一支撑衬底支撑，以及向外扩展超出所述逻辑芯片的第二侧边的、所述多个存储器叠层中的第二存储器叠层的至少一部分由所述第二支撑衬底支撑。

一种集成电路系统，包括：逻辑设备；以及多个存储器叠层，所述多个存储器叠层安置在所述逻辑设备的表面，所述逻辑设备的尺寸大于所述多个存储器叠层在所述逻辑设备上所占据的整体表面积，其中所述存储器叠层排列为使得一个存储器叠层的至少一部分在所述逻辑设备的第一外围区域上得到支撑以及另一个存储器叠层的至少一部分在所述逻辑设备的与所述第一外围区域相反的第二外围区域上得到支撑。

该专利申请涉及用于DRAM在GPU之上的可替换3D堆叠方案，已于2016年6月22日授权。授权权利要求所保护的集成电路系统，包括第一支撑衬底和第二支撑衬底、安置在第一支撑衬底和第二支撑衬底之间的逻辑芯片以及彼此相邻地安置在逻辑芯片的表面的多个存储器叠层。权利要求通过两个产品权利要求对产品的结构进行限定，对产品结构特征的表述采取尽可能上位的表述，例如GPU表达为逻辑芯片、DRAM表达为存储器，因而权利要求保护范围宽，能够最大限度地对发明构思进行保护。

## （三）超威

美国超威（AMD）半导体公司专门为计算机、通信和消费电子行业设计和制造各种创新的微处理器（CPU、GPU、APU、主板芯片组、电视卡芯片等），以及提供闪存和低功率处理器解决方案。2006年收购ATI。超威在图形处理器领域表现得非常优异，与其竞争对手辉达平分独立显卡GPU市场份额。2011年1月，超威推出Fusion系列

Bobcat APU芯片，是一颗芯片包含中央处理器及图形处理器的组合，有共4颗型号的芯片，图形处理器能真正支持1080p高清播放（硬件解码）。❶

### 1.专利申请趋势

图1-6-10示出2000年以来，超威公司在我国的图形处理器专利申请趋势。

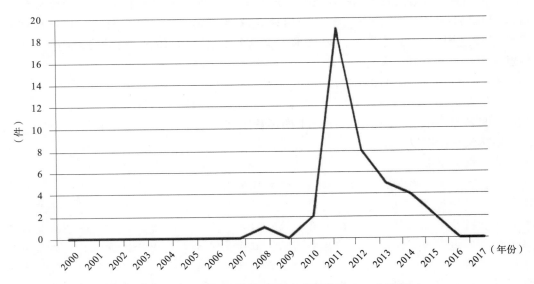

**图1-6-10　超威图形处理器专利申请趋势（2000年至今）**

超威公司从2008年起开始在我国进行图形处理器专利申请2010年起开始加大图形处理器专利布局力度，2011年申请量达19件，申请内容涉及低功耗、SIMD、着色器资源分配等GPU核心关键技术。

### 2.重点专利分析

（1）申请号：201080017816.5。

申请日：2010年3月26日。

发明名称：用于缓存中通路分配及通路锁定的方法。

法律状态：授权。

同族被引证次数：20。

独立权利要求：

一种计算系统，其包括：第一源，其被配置为生成存储器请求；与所述第一源不同的第二源，其被配置为生成存储器请求；共享缓存，其包括由一个或多个条目组成的第一部分和由一个或多个条目组成的与所述第一部分不同的第二部分；和共享缓存控制器，其耦合到所述共享缓存；其中共享缓存控制器配置为：确定所述第一部分被允许具有由所述第一源分配而不是由所述第二源分配的数据；和确定所述第二部分被

---

❶ 见百度百科：美国AMD半导体公司。

允许具有由所述第二源分配而不是由所述第一源分配的数据；基于确认所述第一源或者所述第二源为包括相应存储器请求和下面中的至少一个的命令的源来执行所述确定：所述相应存储器请求的命令类型和提示位，所述提示位是由所述源发出的所述命令的一部分却不同于所述源的标识；其中，存储在所述第一部分或者所述第二部分中的数据能够被所述第一源或者所述第二源命中用于读或写访问。

一种用于计算系统的共享高速缓冲存储器中的数据分配的方法，其包括：由第一源生成存储器请求；由与所述第一源不同的第二源生成存储器请求；确定共享缓存的包括一个或多个条目的第一部分被允许具有由所述第一源分配而不是由所述第二源分配的数据；和确定所述共享缓存的包括一个或多个条目的第二部分被允许具有由所述第二源分配而不是由所述第一源分配的数据；基于确认所述第一源或者所述第二源为包括相应存储器请求和下面中的至少一个的命令的源来执行所述确定：所述相应存储器请求的命令类型和提示位，所述提示位是由所述源发出的所述命令的一部分却不同于所述源的标识；其中，存储在所述第一部分或者所述第二部分中的数据能够被所述第一源或者所述第二源命中用于读或写访问。

一种共享缓存控制器，其包括：第一接口，其耦合到包括由一个或多个条目组成的第一部分和由一个或多个条目组成的与所述第一部分不同的第二部分的共享缓存阵列；第二接口，其配置为接收来自至少第一源和与所述第一源不同的第二源的存储器请求；控制单元；和其中，所述控制单元配置为：确定所述第一部分被允许具有由所述第一源分配而不是由所述第二源分配的数据；和确定所述第二部分被允许具有由所述第二源分配而不是由所述第一源分配的数据；基于确认所述第一源或者所述第二源为包括相应存储器请求和下面中的至少一个的命令的源来执行所述确定：所述相应存储器请求的命令类型和提示位，所述提示位是由所述源发出的所述命令的一部分却不同于所述源的标识；其中，存储在所述第一部分或者所述第二部分中的数据能够被所述第一源或者所述第二源命中用于读或写访问。

该申请涉及用于计算系统共享高速缓冲存储器中的数据分配的系统和方法。已于2015年4月1日授权。共享的集关联缓存的每一个缓存通路都可被诸如多个处理器内核、图形处理单元、输入/输出（I/O）设备或多个不同软件线程之类的多个源访问。共享缓存控制器基于接收到的存储器请求的对应源启用或禁用分别对每一个缓存通路的访问。多个配置和状态寄存器（CSR）存储用以改变对每一个共享缓存通路的可访问性的编码值。通过改变在CSR中的存储值控制对共享缓存通路的可访问性可用于在掉电序列期间在共享缓存继续运行的同时创建共享缓存内的伪RAM结构和逐步减少共享缓存的大小。该申请从计算系统、分配方法、共享缓存器三个角度对技术构思进行保护，构成图形处理器领域共享缓存技术的基础专利，需要引起我国企业重视。

（2）申请号：201180054075.2。

申请日：2011年9月2日。

发明名称：用于控制处理节点中的功率消耗的机构。

法律状态：授权。

同族被引证次数：9。

独立权利要求：

一种用于控制处理节点中的功率消耗的系统，其包括：多个处理器核心；以及一个功率管理单元，所述功率管理单元连接到所述多个处理器核心，并且被配置来通过以下方式独立地控制所述处理器核心的性能：根据所述处理器核心中的每一个处理器核心的工作状态和每个处理器核心与每个其他处理器核心的相对物理接近度，为所述多个处理器核心中的每一个处理器核心选择对应的热功率极限；其中响应于所述功率管理单元检测到给定处理器核心正在高于所述对应的热功率极限的热功率工作，所述功率管理单元被配置来降低所述给定处理器核心的所述性能；以及其中响应于将处理器核心的工作状态更改成其中不同数量的处理器核心将活动的新工作状态的请求，所述功率管理单元被配置以为所述多个处理器核心中的每一个处理器核心选择不同于当前热功率极限的新热功率极限，并且将所述当前热功率极限更改成所述新热功率极限。

一种用于控制处理节点中的功率消耗的方法，其包括：功率管理单元通过以下方式独立地控制多个处理器核心的性能：根据所述处理器核心中的每一个处理器核心的工作状态和每个处理器核心与每个其他处理器核心的相对物理接近度，为所述多个处理器核心中的每一个处理器核心选择对应的热功率极限；其中响应于所述功率管理单元检测到给定处理器核心正在高于所述对应的热功率极限的热功率下工作，所述功率管理单元降低所述给定处理器核心的所述性能；以及其中响应于将处理器核心的工作状态更改成其中不同数量的处理器核心将活动的新工作状态的请求，所述功率管理单元被配置以为所述多个处理器核心中的每一个处理器核心选择不同于当前热功率极限的新热功率极限，并且将所述当前热功率极限更改成所述新热功率极限。

该申请涉及用于控制处理节点中的功率消耗的机构。已于2016年2月3日授权。技术方案包括一种含多个处理器核心和一个功率管理单元的系统，功率管理单元可以通过以下方式独立地控制所述处理器核心的性能：根据所述处理器核心中的每一个处理器核心的工作状态和每个处理器核心与每个其他处理器核心的相对物理接近度，为所述多个处理器核心中的每一个处理器核心选择对应的热功率极限。响应于所述功率管理单元检测到给定处理器核心正在高于所述对应的热功率极限的热功率下工作，所述功率管理单元可以降低所述给定处理器核心的性能，并且因此减少由所述核心消耗的功率。

（3）申请号：201180051646.7。

申请日：2011年10月25日。

发明名称：用于处理节点的热控制的方法和装置。

法律状态：授权。

同族被引证次数：9。

独立权利要求：

一种用于处理节点的按节点热控制的系统，其包括：多个处理节点；以及功耗管理单元，其配置成：响应于接收到检测的第一温度大于第一温度阈值的指示而独立于所述多个处理节点中的其余处理节点对所述多个处理节点的其中之一设置第一频率限度，其中所述检测的第一温度与所述多个处理节点中的所述其中之一关联；响应于接收到检测的第二温度大于第二温度阈值的指示而对所述多个处理节点中的每一个设置第二频率限度；以及响应于确定给定处理节点正在处理至少两种类型的工作负载中的第一种类型的工作负载而促使该给定的处理节点超频；其中所述多个处理节点中的每一个的所述第一温度阈值基于相应的局部热设计功耗限度，并且其中所述第二温度阈值基于全局热设计功耗限度，其中所述功耗管理单元被配置成在工作过程中改变所述多个处理节点中的每一个的所述局部热设计功耗限度，且其中所述全局热设计功耗限度在工作过程中是固定的；其中所述第一种类型的工作负载是计算约束的工作负载，并且其中所述功耗管理单元被配置成响应于确定所述给定处理节点正在处理第二种类型的工作负载而将所述给定处理节点设置到较低的工作点，其中所述第二种类型的工作负载是存储器约束的工作负载，其中所述计算约束的工作负载是对存储器访问不频繁的计算密集的工作负载，所述存储器约束的工作负载是执行频繁的存储器访问的工作负载，所述工作点包括时钟频率和供电电压中的一个或多个。

一种用于处理节点的按节点热控制的方法，其包括：响应于接收到检测的第一温度大于第一温度阈值的指示而独立于多个处理节点中的其余处理节点的频率对所述多个处理节点的其中之一设置第一频率限度，所述检测的第一温度与所述多个处理节点的所述其中之一关联；响应于接收到检测的第二温度大于第二温度阈值的指示而对所述多个处理节点中的每一个设置第二频率限度；以及响应于确定给定处理节点正在处理至少两种类型的工作负载中的第一种类型的工作负载而促使该给定的处理节点超频；其中所述多个处理节点中的每一个的所述第一温度阈值基于相应的局部热设计功耗限度，并且其中所述第二温度阈值基于全局热设计功耗限度，其中所述方法还包括，在工作过程中改变所述多个处理节点中的每一个的所述局部热设计功耗限度，且其中所述全局热设计功耗限度在工作过程中是固定的；其中所述第一种类型的工作负载是计算约束的工作负载，所述方法还包括，响应于确定所述给定处理节点正在处理第二种类型的工作负载而将所述给定处理节点设置到较低的工作点，其中所述第二种类型的工作负载是存储器约束的工作负载，其中所述计算约束的工作负载是对存储器访问不频繁的计算密集的工作负载，所述存储器约束的工作负载是执行频繁的存储器访问的工作负载，所述工作点包括时钟频率和供电电压中的一个或多个。

一种用于处理节点的按节点热控制的系统，包括：装置，用于响应于接收到检测的第一温度大于第一温度阈值的指示而独立于多个处理节点中的其余处理节点对所述多个处理节点的其中之一设置第一频率限度，其中所述检测的第一温度与所述多个处理节点的所述其中之一关联；装置，用于响应于接收到检测的第二温度大于第二温度阈值的指示而对所述多个处理节点中的每一个设置第二频率限度；以及装置，用于响应于确定给定处理节点正在处理至少两种类型的工作负载中的第一种类型的工作负载而促使该给定的处理节点超频；其中所述多个处理节点中的每一个的所述第一温度阈值基于相应的局部热设计功耗限度，并且其中所述第二温度阈值基于全局热设计功耗限度，其中所述系统还包括，装置，用于在工作过程中改变所述多个处理节点中的每一个的所述局部热设计功耗限度，且其中所述全局热设计功耗限度在工作过程中是固定的；其中所述第一种类型的工作负载是计算约束的工作负载，所述系统还包括，装置，用于响应于确定所述给定处理节点正在处理第二种类型的工作负载而将所述给定处理节点设置到较低的工作点，其中所述第二种类型的工作负载是存储器约束的工作负载，其中所述计算约束的工作负载是对存储器访问不频繁的计算密集的工作负载，所述存储器约束的工作负载是执行频繁的存储器访问的工作负载，所述工作点包括时钟频率和供电电压中的一个或多个。

该申请涉及一种用于处理节点的按节点热控制的装置和方法。与前一篇申请均属于低功耗技术的发明。该装置包括多个处理节点，并且包括功耗管理单元，该功耗管理单元根据不同的温度阈值的指示对不同的处理节点设置频率限度。这种技术方案根据温度反馈设置频率以控制功耗，属于基础性发明，保护范围宽，需引起重点关注。

### （四）想象技术

英国想象技术公司（Imagination Technologies）主要生产移动设备中央处理器、图形处理器。PowerVR为其主力销售的一项技术。该公司是英国最大的中央处理器以及半导体生产公司，苹果、诺基亚等多数品牌手机都采用此公司的图形处理器芯片产品。2012年11月5日宣布收购MIPS科技公司。2017年4月，该公司最大客户苹果公司表示不再继续使用其图形处理器产品，想象技术公司开始将目光转向中国大陆市场，于4月在深圳举行产品发布会。

#### 1.专利申请趋势

图1-6-11示出2000年以来，想象技术公司在我国的图形处理器专利申请趋势。

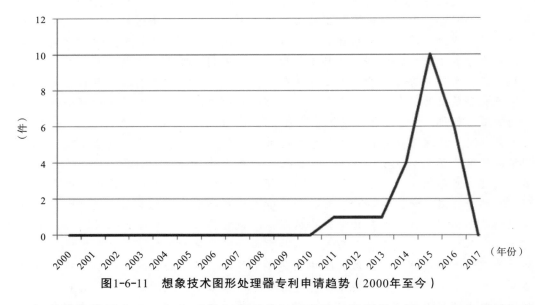

图1-6-11　想象技术图形处理器专利申请趋势（2000年至今）

想象技术公司自2011年起开始在我国进行图形处理器专利申请2014年起开始加大图形处理器专利布局力度，2015年申请量达10件，申请内容涉及基元分块、场景渲染、面部检测等GPU核心关键技术。

2.重点专利分析

（1）申请号：201610392316.9。

申请日：2016年6月6日。

发明名称：使用三角形的递归再分的细分方法。

法律状态：待审。

独立权利要求：

一种硬件细分单元，所述硬件细分单元包括硬件逻辑，所述硬件逻辑配置成：对于包括由边连接并在域空间中定义的左顶点和右顶点的初始补片：将所述左顶点的顶点细分因数和所述右顶点的顶点细分因数与阈值进行比较（902）；响应于确定所述左顶点和所述右顶点的顶点细分因数中没有一个超过所述阈值，输出描述所述初始补片的数据（914）；以及响应于确定所述左顶点和所述右顶点的顶点细分因数中有任一个超过所述阈值，形成将所述边再分成两个部分的新顶点（904），计算所述新顶点的顶点细分因数（906），分割所述初始补片以形成包括所述左顶点和所述新顶点的第一新补片（908）以及包括所述右顶点和所述新顶点的第二新补片（910），并减小在每个最新形成的补片中的每个顶点的顶点细分因数（912）。

一种在计算机图形系统中执行细分的方法，所述方法包括：对于包括由边连接的并在域空间中定义的左顶点和右顶点的初始补片：将所述左顶点的顶点细分因数和所述右顶点的顶点细分因数与阈值进行比较（902）；响应于确定所述左顶点和所述右顶点的顶点细分因数中没有一个超过所述阈值，输出描述所述初始补片的数据（914）；以及响应于确定所述左顶点和所述右顶点的顶点细分因数中有任一个超过所述阈值，形成将所述边再分成两个部分的新顶点（904），计算所述新顶点的顶点细分因数（906），分割所述初始补片以形成包括所述左顶点和所述新顶点的第一新补片（908）以及包括所述右顶点和所述新顶点的第二新补片（910），并减小在每个最新形成的补片中的每个顶点的顶点细分因数（912）。

该申请涉及一种使用三角形的递归再分的细分方法，描述使用为可以是四边形、三角形或等值线的补片的每个顶点定义的细分因数的细分方法。该方法在计算机图形系统中实现并涉及比较顶点细分因数与阈值。如果定义初始补片的边的左顶点或右顶点的顶点细分因数超过阈值，则边通过将边分成两个部分的新顶点的添加而被再分且两个新补片形成。对在每个最新形成的补片中的每个顶点计算新顶点细分因数，这两个补片都包括最新添加的顶点。对于每个最新形成的补片然后重复该方法，直到没有一个顶点细分因数超过阈值为止。该技术方案提出一种顶点细分的新方法，我国相关研发人员应引起关注。

（2）申请号：201611130590.5。

申请日：2016年12月9日。

发明名称：视网膜凹视渲染。

法律状态：待审。

独立权利要求：

一种被配置为渲染一幅或多幅图像的处理系统，所述处理系统包括：渲染逻辑，其被配置为处理图形数据以生成初始图像；区域识别逻辑，其被配置为识别所述初始图像的一个或多个区域；光线跟踪逻辑，其被配置为执行光线跟踪以确定针对所述初始图像的所识别的一个或多个区域的光线跟踪数据；以及更新逻辑，其被配置为使用针对所述初始图像的所识别的一个或多个区域的所确定的光线跟踪数据来更新所述初始图像，以由此确定要被输出用于显示的经更新的图像。

一种在处理系统处渲染一幅或多幅图像的方法，所述方法包括：处理图形数据以生成初始图像；识别所述初始图像的一个或多个区域；执行光线跟踪以确定针对所述初始图像的所识别的一个或多个区域的光线跟踪数据；以及使用针对所述初始图像的所识别的一个或多个区域所确定的光线跟踪数据来更新所述初始图像，以由此确定要被输出用于显示的经更新的图像。

一种集成电路制造系统，被配置为制造被体现在集成电路上的处理系统，其中所述处理系统包括：渲染逻辑，其被配置为处理图形数据以生成初始图像；区域识别逻辑，其被配置为识别所述初始图像的一个或多个区域；光线跟踪逻辑，其被配置为执行光线跟踪以确定针对所述初始图像的所识别的一个或多个区域的光线跟踪数据；以及更新逻辑，其被配置为使用针对所述初始图像的所识别的一个或多个区域的所确定的光线跟踪数据来更新所述初始图像，以由此确定要被输出用于显示的经更新的图像。

该申请与下面的申请构成一个系列申请。

（3）申请号：201611132520.3。

申请日：2016年12月9日。

发明名称：视网膜凹视渲染。

法律状态：待审。

独立权利要求：

一种被配置为渲染一幅或多幅图像的处理系统，所述处理系统包括：光线跟踪逻辑，其被配置为使用光线跟踪技术来处理针对图像的一个或多个感兴趣区域的图形数据；以及栅格化逻辑，其被配置为使用栅格化技术来处理针对所述图像的一个或多个栅格化区域的图形数据，其中所述处理系统被配置为使用针对使用所述光线跟踪技术处理的所述图像的所述一个或多个感兴趣区域的经处理的图形数据和针对使用所述栅格化技术处理的所述图像的所述一个或多个栅格化区域的经处理的图形数据来形成经渲染的图像。

一种渲染一幅或多幅图像的方法，所述方法包括：使用光线跟踪技术来处理针对图像的一个或多个感兴趣区域的图形数据；使用栅格化技术来处理针对所述图像的一个或多个栅格化区域的图形数据；以及使用针对使用所述光线跟踪技术处理的所述图像的所述一个或多个感兴趣区域的经处理的图形数据和针对使用所述栅格化技术处理的所述图像的所述一个或多个栅格化区域的经处理的图形数据来形成经渲染的图像。

一种被配置为渲染一幅或多幅图像的处理系统，所述处理系统包括：第一渲染逻辑，其被配置为使用第一渲染技术来处理针对图像的一个或多个第一区域的图形数据；以及第二渲染逻辑，其被配置为使用第二渲染技术来处理针对所述图像的一个或多个第二区域的图形数据，所述第一渲染技术与所述第二渲染技术不同；其中所述处理系统被配置为使用针对使用所述第一渲染技术处理的所述图像的所述一个或多个第一区域的经处理的图形数据和针对使用所述第二渲染技术处理的所述图像的所述一个或多个第二区域的经处理的图形数据来形成经渲染的图像。

一种集成电路制造系统，被配置为制造被体现在集成电路上的处理系统，其中所述处理系统包括：光线跟踪逻辑，其被配置为使用光线跟踪技术来处理针对图像的一个或多个感兴趣区域的图形数据；以及栅格化逻辑，其被配置为使用栅格化技术来处理针对所述图像的一个或多个栅格化区域的图形数据，其中所述处理系统被配置为使用针对使用所述光线跟踪技术处理的所述图像的所述一个或多个感兴趣区域的经处理的图形数据和针对使用所述栅格化技术处理的所述图像的所述一个或多个栅格化区域的经处理的图形数据来形成经渲染的图像。

以上两件最新的系列申请反映出想象技术公司正致力于研究视觉图像的处理。该技术描述了用于渲染图像的视网膜凹式渲染，其中光线跟踪技术被用于处理针对图像的感兴趣区域的图形数据，并且栅格化技术被用于处理针对图像的其他区域的图形数据。能够使用针对图像的感兴趣区域的经处理的图形数据和针对图像的其他区域的经处理的图形数据来形成经渲染的图像。感兴趣区域可以对应于图像的中心凹区域。光线跟踪自然提供高细节和逼真的渲染，人眼视觉尤其在中心凹区域中对其敏感；然而，栅格化技术适于以简单的方式提供时间平滑和反混叠，因此适于在用户将在他们的视觉的外围中看到的图像的区域中使用。这项技术将带给用户浸入式的观感体验，对虚拟现实技术有重要意义，需引起重点关注。

（4）申请号：201610807789.0。

申请日：2016年9月7日。

发明名称：用于处理子图元的图形处理方法和系统。

法律状态：待审。

独立权利要求：

一种在图形处理系统中渲染子图元的方法，其中所述子图元经由一个或多个处理级的序列从一个或多个输入图形数据项目可推导，以及其中高速缓存被配置用于存储图形数据项目的分级，所述分级包括所述输入图形数据项目中的一个或多个输入图形数据项目和代表所述序列的处理级的结果的一个或多个图形数据项目，所述方法包括：确定所述子图元是否被存储在所述高速缓存中；如果确定所述子图元被存储在所述高速缓存中，则从所述高速缓存获取所述子图元并且渲染获取的所述子图元；如果确定所述子图元未被存储在所述高速缓存中，则确定所述分级的更高级别的一个或多个图形数据项目是否被存储在所述高速缓存中，其中所述子图元从所述分级的所述更高级别的所述一个或多个图形数据项目可推导；以及如果确定所述分级的所述更高级别的所述一个或多个图形数据项目被存储在所述高速缓存中：从所述高速缓存获取所述分级的所述更高级别的所述一个或多个图形数据项目；使用获取的所述分级的所述更高级别的所述一个或多个图形数据项目来推导所述子图元；以及渲染推导的所述子图元。

一种被配置为渲染子图元的图形处理系统，其中所述子图元经由一个或多个处理级的序列从一个或多个输入图形数据项目可推导，所述系统包括：一个或多个处理单元，用于渲染子图元以由此生成渲染输出；高速缓存，被配置用于存储图形数据项目的分级，所述分级包括所述输入图形数据项目中的一个或多个输入图形数据项目和代表所述序列的处理级的结果的一个或多个图形数据项目；以及高速缓存控制器，被配置为：确定所述子图元是否被存储在所述高速缓存中；如果确定所述子图元被存储在所述高速缓存中，则从所述高速缓存获取所述子图元并且提供获取的所述子图元用于由所述一个或多个处理单元渲染；如果确定所述子图元未被存储在所述高速缓存中，则确定所述分级的更高级别的一个或多个图形数据项目是否被存储在所述高速缓存中，其中所述子图元从所述分级的所述更高级别的所述一个或多个图形数据项目可推导；以及如果确定所述分级的所述更高级别的所述一个或多个图形数据项目被存储在所述高速缓存中：从所述高速缓存获取所述分级的所述更高级别的所述一个或多个图形数据项目；以及使所述子图元使用获取的所述分级的所述更高级别的所述一个或多个图形数据项目被推导，其中推导的所述子图元将被提供到所述一个或多个处理单元用于渲染。

该申请与下面的申请构成一个系列申请。

（5）申请号：201610807792.2。

申请日：2016年9月7日。

发明名称：用于处理子图元的图形处理方法和系统。

法律状态：待审。

独立权利要求：

一种被配置为使用被细分成多个图块的渲染空间的图形处理系统，所述图形处理系统包括：几何处理逻辑，包括：几何变换和子图元逻辑，被配置为接收输入图形数据项目的图形数据，以及确定从所述输入图形数据项目推导的一个或多个子图元在所述渲染空间内的变换的位置；以及图块化单元，被配置为针对所述图块中的每个图块生成控制流数据，所述控制流数据包括：（i）将被用于渲染所述图块的输入图形数据项目的标识符，以及（ii）用以指示所述子图元中的哪些子图元将被用于渲染所述图块的子图元指示；以及光栅化逻辑，被配置为针对所述图块中的每个图块生成渲染输出，所述光栅化逻辑包括：取回单元，被配置为取回由针对特定图块的所述控制流数据中的所述标识符所标识的输入图形数据项目；光栅化变换和子图元推导逻辑，被配置为从取回的所述输入图形数据项目推导在所述渲染空间内的变换的子图元，其中推导的所述子图元将被用于渲染所述特定图块，并且其中所述子图元根据针对所述特定图块的所述控制流数据中的所述子图元指示而推导；以及一个或多个处理单元，用于渲染推导的所述子图元，以由此针对所述特定图块生成渲染输出。

一种在被配置为使用被细分成多个图块的渲染空间的图形处理系统中生成渲染输出的方法，所述方法包括几何处理阶段和光栅化阶段，其中所述几何处理阶段包括：接收输入图形数据项目的图形数据；确定从所述输入图形数据项目推导的一个或多个子图元在所述渲染空间内的变换的位置；以及对于所述图块中的每个图块生成控制流数据，所述控制流数据包括：（i）将被用于渲染所述图块的输入图形数据项目的标识符，以及（ii）用以指示所述子图元中的哪些子图元将被用于渲染所述图块的子图元指示；以及其中所述光栅化阶段包括，对于所述图块中的每个图块：取回由针对特定图块的所述控制流数据中的所述标识符所标识的输入图形数据项目；使用取回的所述输入图形数据项目以推导在所述渲染空间内的变换的子图元，其中推导的所述子图元将被用于渲染所述特定图块，并且其中所述子图元根据针对所述特定图块的所述控制流数据中的所述子图元指示而推导；以及渲染推导的所述子图元，以由此针对所述特定图块生成渲染输出。

上述系列申请涉及图形处理器中子图元渲染的方法和系统。在基于图块的图形处理系统中使用未变换的显示列表时，可能需要在几何处理阶段和光栅化阶段二者中执行在推导子图元时涉及处理。为了减少对该处理的重复，针对图块的控制流数据包括指示哪些子图元将用于渲染图块的子图元指示。这允许基于在几何处理阶段中确定的该信息在光栅化阶段中高效地确定子图元。另外，分级高速缓存系统可以用于存储用于推导子图元的图形数据项目的分级。如果在高速缓存中存储用于推导子图元的图形数据项目，则在光栅化阶段中从高速缓存获取这些图形数据项目可以减少为了推导子图元而执行的处理量。该技术是想象技术公司最新公开的专利技术，能够有效提高渲染效率，需引起关注。

## （五）苹果

在图形处理器方面，苹果一直是依赖英国想象技术公司提供的技术支持。而在2017年4月，想象技术公司宣布两年后，苹果将不再使用其提供的图形处理器技术，苹果目前正在为其自身的产品研发独立的图形设计。苹果公司在图形处理器方面在我国已有52件申请，位列第九。

### 1.专利申请趋势

图1-6-12示出2000年以来，苹果公司在我国的图形处理器专利申请趋势。

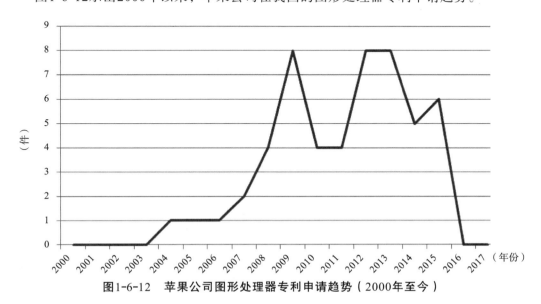

**图1-6-12　苹果公司图形处理器专利申请趋势（2000年至今）**

苹果公司于2004年开始进行图形处理器专利申请，每年均有申请，2008年起稳定在4～8件，申请内容涉及低功耗、多处理器等GPU核心关键技术。

### 2.重点专利分析

（1）申请号：200780049457.X。

申请日：2007年12月18日。

发明名称：用于数据处理系统中的功率管理的方法和系统。

法律状态：授权。

同族被引证次数：56。

独立权利要求：

一种数据处理方法，包括：安排数据处理系统的子系统的将来动作，所述将来动作通过基于与所述子系统相关联的时间相关事件的列表确定时间相关值来安排，所述时间相关事件的列表包括将来动作以及所述将来动作将被执行的时间值，所述时间相关值表示所述子系统何时对所述将来动作进行操作；在所述将来动作的安排期间在运行时调节所述时间相关值，所述时间相关值利用延时值调节，所述延时值表示在最初向所述子系统供电之后从降低功率状态直到所述子系统已经稳定在加电状态中的一段时间，所述子系统在所述加电状态中对所述将来动作进行操作；以及按照经过调节的时间相关值，向要加电的子系统供电。

一种数据处理系统，包括：用于安排数据处理系统的子系统的将来动作的装置，所述将来动作通过基于与所述子系统相关联的时间相关事件的列表确定时间相关值来安排，所述时间相关事件的列表包括将来动作以及所述将来动作将被执行的时间值，所述时间相关值表示所述子系统何时对所述将来动作进行操作；用于在所述将来动作的安排期间在运行时调节所述时间相关值的装置，所述时间相关值利用延时值调节，所述延时值表示在最初向所述子系统供电之后从降低功率状态直到所述子系统已经稳定在加电状态中的一段时间，所述子系统在所述加电状态中对所述将来动作进行操作；以及用于按照经过调节的时间相关值，向要加电的子系统供电的装置。

一种数据处理系统，包括：处理单元；至少一条总线，所述至少一条总线被耦合到所述处理单元；至少一个子系统，所述至少一个子系统被耦合到所述至少一条总线；存储器，所述存储器被耦合到所述至少一条总线；功率控制器，所述功率控制器被耦合到所述处理单元，其中，所述存储器被配置为存储表示用于所述子系统和所述处理单元的至少一个的将来动作的数据以及基于与所述子系统和所述处理单元的所述至少一者相关联的时间相关事件的列表的时间相关值，所述时间相关事件的列表包括将来动作以及所述将来动作将被执行的时间值，所述时间相关值表示所述子系统和所述处理单元中的所述至少一个何时对所述将来动作进行操作；其中，所述处理单元被配置为在所述将来动作的安排期间在运行时调节所述时间相关值，所述时间相关值利用延时值调节，所述延时值表示在最初向所述子系统和所述处理单元中至少一者供电之后从降低功率状态直到所述子系统或所述处理单元中所述至少一者稳定在加电状态中的一段时间，所述子系统和所述处理单元中的至少一者在所述加电状态中对所述将来动作进行操作，并且其中，所述功率控制器被配置为按照经过调节的时间相关值向所述子系统或所述处理单元中的至少一个供电。

该申请涉及管理数据处理系统中的能耗的方法和系统。数据处理系统包括通用处理单元、图形处理单元（GPU）、至少一个外围接口控制器、被耦合到通用处理单元的至少一条总线以及至少被耦合到通用处理单元和GPU的功率控制器。功率控制器被配置为响应于通用处理单元的指令队列的第一状态关断对通用处理单元的供电，并被配置为响应于GPU指令队列的第二状态关断对GPU的供电。该申请于2015年12月2日获得授权。同族被引证次数达到56次，同族引用文件达到65件，属于通用处理器和图形处理器供电管理的基础性核心专利，需引起重点关注。

（2）申请号：200880107944.1。

申请日：2008年8月12日。

发明名称：在图形源之间切换以便于实现功率管理和/或安全性。

法律状态：授权。

同族被引证次数：56。

独立权利要求：

一种用于在各帧缓冲器之间切换的方法，所述帧缓冲器用于刷新显示器，所述方法包括：根据位于第一存储器内的第一帧缓冲器刷新所述显示器；接收切换用于所述显示器的帧缓冲器的请求；和响应于所述请求，重新配置到所述显示器的数据传输，从而根据位于第二存储器内的第二帧缓冲器刷新所述显示器。

一种用于在各帧缓冲器之间选择性地切换的装置，所述帧缓冲器用于刷新显示器，所述装置包括：位于第一存储器内的第一帧缓冲器；位于第二存储器内的第二帧缓冲器；一个或多个刷新电路，被配置为根据所述第一帧缓冲器或所述第二帧缓冲器选择性地刷新所述显示器；和切换机构，被配置为在接收到切换请求之后，在所述第一帧缓冲器和所述第二帧缓冲器之间切换所述显示器的刷新。

一种用于在各帧缓冲器之间选择性地切换的计算机系统，所述帧缓冲器用于刷新显示器，所述计算机系统包括：处理器；耦接到所述处理器的主存储器；位于所述主存储器内的第一帧缓冲器；位于所述第二存储器内的第二帧缓冲器；一个或多个刷新电路，被配置为根据所述第一帧缓冲器或所述第二帧缓冲器选择性地刷新所述显示器；和切换机构，被配置为在接收到切换请求之后，在所述第一帧缓冲器和所述第二帧缓冲器之间切换所述显示器的刷新。

一种在第一图形处理器和第二图形处理器之间切换以驱动第一显示器和/或第二显示器的计算机系统，所述计算机系统包括：处理器；存储器；所述第一图形处理器；所述第二图形处理器；所述第一显示器；所述第二显示器；第一开关，用于将所述第一图形处理器或所述第二图形处理器选择性地耦接到所述第一显示器；和第二开关，用于将所述第一图形处理器或所述第二图形处理器选择性地耦接到所述第二显示器。

该申请于2012年11月2日获得授权。同族被引证次数达56次，同族引证文件达10件，属于两个图形处理器协同工作以实现功率管理的基础性核心专利。该专利通过方法、装置、计算机系统三种类型的主题对技术方案进行保护，保护范围宽，需引起重点关注。

（3）申请号：201580028651.4。

申请日：2015年5月27日。

发明名称：图形管线状态对象和模型。

法律状态：在审。

独立权利要求：

一种非暂态计算机可读介质，包括存储在其上以支持不可变管线状态对象的指令，所述不可变管线状态对象包含用于图形处理单元（GPU）的代码，所述指令在被执行时使得一个或多个处理器：创建包含关于用于显示图形对象的一个或多个图形操作的编译信息的不可变管线状态对象，所述不可变管线状态对象将在应用加载时间被编译，以封装用于GPU的可执行指令并且使在改变时需要重新编译的可变属性外在化。

一种生成用于应用程序中的图形操作的GPU代码的方法，所述方法包括：将一个或多个对象限定为在由GPU执行的整个渲染过程中是持久的，所述一个或多个对象包括目标帧缓冲区配置；限定多个不可变管线状态对象，每个对象与图形操作相关联并且包含用于所述GPU的编译的可执行指令；以及限定与所述不可变状态对象相关联的一个或多个状态选项，所述一个或多个状态选项包括数据属性，所述数据属性能够变化以改变对应的图形操作，而不会导致用于所述GPU的所述可执行指令的变化。

一种计算设备，所述计算设备包括存储器和处理器，所述处理器包括CPU和GPU，其中所述计算设备被配置为执行存储于所述存储器中的程序代码，以：创建包含关于用于显示图形对象的一个或多个图形操作的编译信息的不可变管线状态对象，所述不可变管线状态对象将在除渲染所述图形对象的时间之外的时间被编译，以封装用于GPU的可执行指令并且使在改变时需要重新编译的可变属性外在化；以及创建用于不可变状态对象的一个或多个相关联的状态选项的集合，所述一个或多个相关联的状态选项的集合包括数据属性，所述数据属性能够变化而不会导致用于所述GPU的所述可执行指令以及所述相关联的不可变状态对象的对应变化。

该申请公开了一种创新型的图形处理器框架和相关的API，根据对目标硬件的更准确表示，呈现出所述GPU的固定功能与可编程特征之间的区别。使得程序和/或通过所述程序生成或操纵的图形对象被理解为不仅是代码，而且是与所述代码相关联的机器状态。当限定此类对象时，需要可编程GPU特征的定义部件仅被编译一次即可根据需要被反复再利用。该申请可以说是苹果自行研发图形处理器的标志性专利。

## （六）三星

三星公司于2015年推出的处理器Exynos8890首次配备自主研发的CPU架构"猫鼬"，性能良好。与此同时，三星还在研发自己的图形处理器。从专利申请量来看，三星公司以80件排在第五位。下面对三星公司的专利申请进行分析。

### 1.专利申请趋势

图1-6-13示出2000年以来，三星公司在我国的图形处理器专利申请趋势。

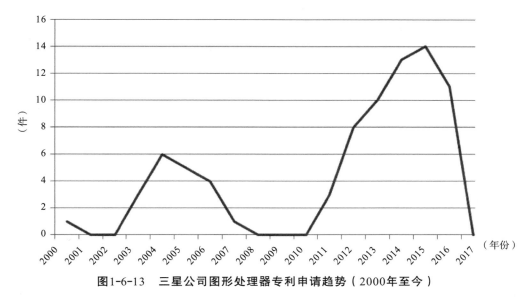

图1-6-13　三星公司图形处理器专利申请趋势（2000年至今）

三星公司早在2000年就开始在我国进行图形处理器专利申请，2006年达到第一个申请高峰，6件，2011年起开始加大图形处理器专利布局力度，2012～2016年申请量均超过8件，2015年申请量达14件，申请内容涉及3D图形处理、SIMD等GPU相关技术。

2.重点专利分析

（1）申请号：200610101155.X。

申请日：2006年7月5日。

发明名称：三维图形处理装置及其立体图像显示装置。

法律状态：授权。

同族被引证次数：16。

独立权利要求：

一种立体图像显示装置，包括：控制器，用于接收三维（3D）图形数据和同步信号，并用于输出控制信号和3D图形数据；3D图形处理器，根据控制信号生成用来产生用于多个视点的3D立体图像数据的多个立体矩阵，并使用所述多个立体矩阵而将3D图形数据变换为3D立体图像数据；驱动器，用于基于从3D图形处理器输出的图像数据以及控制信号，生成驱动信号；以及显示单元，用于根据所述驱动信号，显示与图像数据相对应的图像。

一种三维（3D）图形处理装置，包括：左/右索引计数器，用于输出指示正在被处理的图像是左眼图像还是右眼图像的左/右索引；矩阵生成器，用于根据左/右索引、用于将3D图形数据显示为2D图像的3D变换矩阵以及用户选择参数，生成左眼立体矩阵或右眼立体矩阵；第一多路复用器，用于接收立体矩阵和3D变换矩阵，基于从外部输入的3D激活信号，选择所接收的立体矩阵和3D变换矩阵之中的一个矩阵，并输出所选矩阵；矩阵计算器，用于在对从第一多路复用器输出的矩阵和3D图形数据执行操作之后，输出三角形的坐标的图像数据；以及请求信号输出单元，用于根据左/右索引和3D激活信号，输出用于请求下一绘图命令的绘图命令请求信号。

一种用于驱动立体图像显示装置的方法，包括：生成用来生成左眼图像数据的左眼立体矩阵；生成用来生成右眼图像数据的右眼立体矩阵；以及通过对3D图形数据和相应的左眼和右眼立体矩阵执行操作，生成左眼图像数据和右眼图像数据。

该申请涉及一种立体图像显示装置，其用于通过使用包含在2D图像内的3D图形，实时显示三维（3D）立体图像。同族被引证次数为16次，同族引证文件数达78件。该申请是三星众多三维图形处理专利的基础性专利。我国相关研发人员可重点关注。

（2）申请号：201610811524.8。

申请日：2016年9月8日。

发明名称：3D渲染和阴影信息存储方法和设备。

法律状态：待审。

独立权利要求：

一种阴影信息存储方法，包括：通过渲染三维（3D）模型来确定阴影区域；基于3D模型的顶点的位置与阴影区域的边界之间的距离来确定顶点的阴影特征值；以及存储所确定的阴影特征值。

一种渲染三维（3D）模型的3D渲染方法，所述3D渲染方法包括：从阴影信息提取3D模型的各个顶点的阴影特征值；通过对所提取的阴影特征值进行插值来确定各个像素的阴影特征值；和基于针对各个像素确定的阴影特征值来确定阴影区域。

一种三维（3D）渲染设备，包括：处理器，被配置为从阴影信息提取3D模型的各个顶点的阴影特征值，通过对所提取的阴影特征值进行插值来确定各个像素的阴影特征值，并且基于针对各个像素确定的阴影特征值来确定阴影区域。

该申请公开了一种3D渲染和阴影信息存储方法和设备。所述阴影信息存储设备通过基于从参考虚拟光源辐射的光渲染三维（3D）模型来确定阴影区域，基于3D模型的顶点的位置与阴影区域之间的距离来确定3D模型的顶点的阴影特征值，并且存储所确定的阴影特征值。从三星公司的专利技术领域来看，该公司持续致力于三维技术的研发，并且不断通过专利进行新技术的保护。三维技术在未来虚拟现实、增强现实技术中的应用不可或缺，可见三星已在该领域积累了一定的技术储备。

（七）高通

高通公司（Qualcomm）是一家位于美国加利福尼亚州的无线电通信技术研发公司，主要从事无线电通信技术研发和芯片研发。高通公司非常注重专利运营，每年的专利许可费是该公司的主要收入来源之一。高通公司在我国的图形处理器技术专利申请量达到149件，位列第三。

1.专利申请趋势

图1-6-14示出2000年以来，高通公司在我国的图形处理器专利申请趋势。

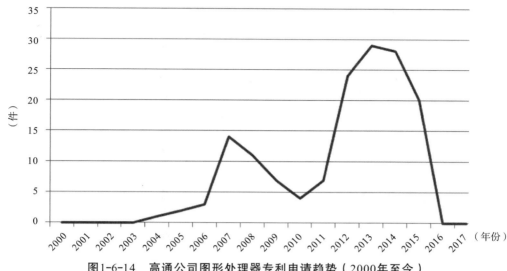

图1-6-14　高通公司图形处理器专利申请趋势（2000年至今）

高通公司自2004年开始在我国进行图形处理器专利申请，2007年达到第一个申请高峰，14件，2012年起开始加大图形处理器专利布局力度，2012～2015年申请量均超过15件，2013年申请量达29件，申请内容涉及指令等GPU核心关键技术。这表明高通继在通信领域实施基础专利策略后，又将触角延伸到GPU的专利布局上，而这很有可能成为我国移动通信产业在应用GPU产品时遇到的主要竞争对手，因此对其专利动向的观察和专利内容的分析和解读应成为我国GPU产业未来一段时间所应重点关注的内容。

2.重点专利分析

（1）申请号：201580044553.X。

申请日：2015年8月7日。

发明名称：用于图形处理中的着色器程序执行技术。

法律状态：待审。

独立权利要求：

一种方法，其包括：通过图形处理器的着色器单元执行着色器程序，所述着色器程序执行顶点着色器处理并且针对由所述着色器程序接收的每个输入顶点产生多个输出顶点。

一种装置，其包括：图形处理单元GPU，其包括着色器单元，所述着色器单元经配置以执行着色器程序，所述着色器程序执行顶点着色器处理并且针对由所述着色器程序接收的每个输入顶点产生多个输出顶点。

一种设备，其包括：图形处理器，其包括着色器单元；以及用于通过所述图形处理器的所述着色器单元执行着色器程序的装置，所述着色器程序执行顶点着色器处理并且针对由所述着色器程序接收的每个输入顶点产生多个输出顶点。

一种存储指令的非暂时性计算机可读存储媒体，所述指令在由一或多个处理器执行时使得所述一或多个处理器进行以下操作：通过图形处理器的着色器单元执行着色器程序，所述着色器程序执行顶点着色器处理并且针对由所述着色器程序接收的每个输入顶点产生多个输出顶点。

该申请涉及用于在图形处理单元GPU中执行着色器程序的技术。着色器程序执行顶点着色器处理并且针对由所述着色器程序接收的每个输入顶点产生多个输出顶点。用于执行着色器程序的技术可以选择非复制模式和复制模式中的一个来执行合并顶点几何着色器程序。该申请披露了高通公司最新的着色器技术，如果授权，保护范围大，需引起业界关注。

（2）申请号：200880007193.6。

申请日：2008年2月15日。

发明名称：有效的二维及三维图形处理。

法律状态：授权。

同族被引证次数：42。

独立权利要求：

一种用于有效的二维及三维图形处理的装置，其包含：图形处理单元GPU，其经配置以根据三维（3D）图形管线来执行三维图形处理以渲染三维图像，且根据二维（2D）图形管线来执行二维图形处理以渲染二维图像，其中所述二维图形管线的多个级中的每一者经映射以使用所述三维图形管线的多个级中的至少一者来执行，其中，所述二维图形管线中的剪切经映射以使用所述三维图形管线的深度测试引擎执行的功能来执行；以及存储器，其经配置以存储用于所述GPU的数据。

一种用于有效的二维及三维图形处理的方法，其包含：根据三维（3D）图形管线来执行三维图形处理以渲染三维图像；以及根据二维（2D）图形管线来执行二维图形处理以渲染二维图像，其中所述二维图形管线的多个级中的每一者经映射以使用所述三维图形管线的多个级中的至少一者来执行，其中，所述二维图形管线中的剪切经映射以使用所述三维图形管线中的深度测试引擎执行的功能来执行。

一种无线装置，其包含：图形处理单元GPU，其经配置以根据三维（3D）图形管线来执行三维图形处理以渲染三维图像，且根据二维（2D）图形管线来执行二维图形处理以渲染二维图像，其中使用所述三维图形管线的多个级中的至少一者来执行的至少一个处理单元来执行所述二维图形管线的多个级中的每一者，且其中，所述二维图形管线中的剪切经映射以使用所述三维图形管线中的深度测试引擎处理单元执行的功能来执行；以及存储器，其经配置以存储用于所述GPU的数据。

该申请于2013年7月10日获得授权。同族被引证达42次，引证文件数30件。本发明描述用于支持二维图形及三维图形两者的技术。图形处理单元（GPU）可根据三维图形管线来执行三维图形处理以渲染三维图像，且还可根据二维图形管线来执行二维图形处理以渲染二维图像。该申请是支持二维和三维图像的图形处理器技术的重点专利，涉及该技术的产品可能会落入其保护范围，需引起关注。

### （八）浪潮

浪潮是国内最早推出面向图形处理器桌面超级计算机产品的厂商。浪潮推出的倚天GPU超算NP3588T提供2万亿次的计算峰值，低噪声、低功耗，采用CPU-GPU混合计算架构，支持Intel Core/ xeon系列智能处理芯片、英伟达C2050 GPU处理器。浪潮分别与英特尔和英伟达成立联合并行计算实验室，合作开发优化基于MIC和GPU的并行应用。2015年度产品策略发布会上，浪潮发布了基于NVIDIA Tesla GPU加速器的整机柜服务器——SmartRack协处理加速整机柜服务器，主要面向人工智能、深度学习等应用。凭借Tesla GPU突破性的性能和更大的内存容量，企业用户可以快速地处理大数据分析应用所产生的海量数据。浪潮是我国申请图形处理器专利最多的企业。下面对浪潮在图形处理器技术方面的专利申请进行分析。

1.专利申请趋势

图1-6-15示出2000年以来，浪潮公司在我国的图形处理器专利申请趋势。

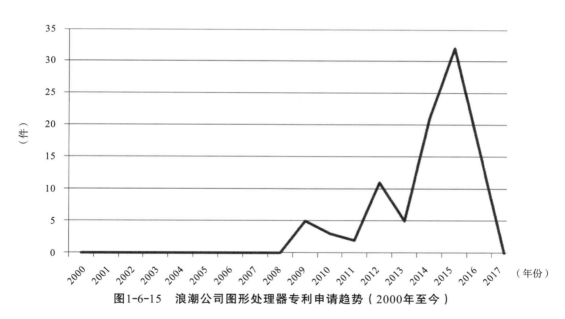

**图1-6-15　浪潮公司图形处理器专利申请趋势（2000年至今）**

浪潮于2009年起开始申请图形处理器技术相关专利，2014年申请量快速上升，2015年申请量超过30件。截至2016年，申请量累计95件，在国内申请人中排名第一。

2.重点专利分析

（1）申请号：201410175626.6。
申请日：2014年4月29日。
发明名称：一种CPU+GPU协同并行计算动态负载均衡方法。
法律状态：待审。

独立权利要求：

一种CPU+GPU协同并行计算动态负载均衡方法，其特征在于，所述CPU+GPU协同并行计算动态负载均衡方法利用多核CPU计算设备和GPU架构设备协同并行计算，使CPU和各GPU设备的任务负载匹配各自的计算能力，其主要内容包括：主线程初始化操作、主线程创建计算设备控制线程以及CPU+GPU异构架构中动态负载均衡方案；在单节点内，主线程处理输入参数并完成相应初始化操作，然后创建1+N个计算设备控制线程，即1个CPU控制线程和N个GPU控制线程，分别控制节点内CPU设备和N个GPU设备，CPU控制线程再根据节点内计算核数创建若干并行计算线程，CPU与GPU设备间采用动态负载均衡方案。

该申请涉及一种CPU+GPU协同并行计算动态负载均衡方法，该负载均衡方法兼容纯CPU架构平台和CPU+GPU混合架构平台，并且支持配置多种不同型号GPU设备的工作站系统，大大提高了软件的平台适应性、并行效率和整体运行性能。

（2）申请号：200910020566.X。

申请日：2009年4月21日。

发明名称：一种CPU与GPU复合处理器的组建方法。

法律状态：视撤。

同族被引证次数：25。

独立权利要求：

一种GPU与CPU复合处理器的组建方法，其特征在于，该方法是通过编写含有分别对应CPU和GPU两种代码的应用程序，利用CPU与GPU两种处理器耦合协同组成GPU-CPU复合处理器，在复合处理器中，CPU组建的是主机端，负责操作系统、系统软件和通用应用程序的拥有复杂指令调度、循环、分支、逻辑判断的通用处理及简单计算任务，由GPU组建的是设备端，负责大规模无逻辑关系数据的高度并行计算处理，主机端和设备端协同完成同一大规模并行计算应用，步骤如下：（1）CPU多核间通过内存总线通信并进行计算、资源分配等处理，GPU众核间通过统一共享内存或共享GPU显存，由高速串行总线连接GPU与CPU，通过共享的内存和显存交换计算数据；（2）复合处理器的应用程序既包含运行在CPU的代码部分，也包含运行在GPU上的代码部分，在程序中通过API由CPU向GPU发出进行计算的请求，在接到请求后，CPU的内存与GPU的显存交换计算数据，之后GPU开始与CPU进行并行计算，此时CPU同时进行其他数据处理任务，待GPU的计算结束后，再由CPU内存与GPU显存交换计算结果的数据，并由CPU发出请求读取，两者之间通过驱动互相通信。

该申请的同族被引证次数达25次，是浪潮在GPU和CPU复合处理器技术方面的基础性专利，然而并没有获得授权，而是视为撤回。

（九）华为

华为作为中国最大的移动设备生产商，是我国专利战略运用最成熟的企业，专利申请量庞大，其PCT申请在世界上居首位。近年来，华为开始研发自己的中央处理器，2012年，华为推出一款 Cortex-A9 架构的 CPU "华为海思"。在竞争对手苹果、三星宣布开始研发自己的图形处理器时，华为也在图形处理器方面积极进行专利布局。

### 1.专利申请趋势

图1-6-16示出2000年以来，华为公司在我国的图形处理器专利申请趋势。

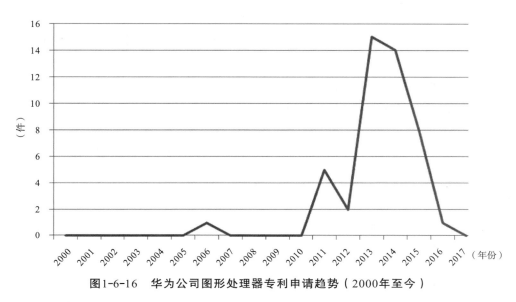

**图1-6-16　华为公司图形处理器专利申请趋势（2000年至今）**

华为公司自2006年起，开始在图形处理器技术方面进行专利申请，2011年后申请量迅速增加，2013年达到峰值15件。申请主要涉及GPU资源的分配、数据流调度、降低功耗、GPU虚拟化实现方法等方面的技术。

### 2.重点专利分析

（1）申请号：201380071016.6。
申请日：2012年3月21日。
发明名称：GPU虚拟化的实现方法及相关装置和系统。
法律状态：在审。
独立权利要求：
GPU虚拟化的实现方法，应用于物理主机，物理主机包括：包括GPU的硬件层、运行在硬件层之上的宿主机Host，以及运行在Host之上的N个后端GPU Domain和M个前端VM，N个后端GPU Domain与M个前端VM之间分别具有对应的前后端服务通道，该方法包括：基于第N后端GPU Domain与第M前端VM之间的前后端服务通道，第M前端VM将GPU命令传递给第N后端GPU Domain；第N后端GPU Domain利用GPU对GPU命令进行处理，得到相应的处理结果数据；第N后端GPU Domain的操作系统类型与第M前端VM的操作系统类型相同。
此申请为PCT申请进入国家阶段，涉及图形处理器的虚拟化实现，而不是图形处理器自身的技术改进。保护范围较宽，如果授权，将会对其图形处理器虚拟化技术起到很好的保护作用。

（2）申请号：201510345468.9。

申请日：2015年6月19日。

发明名称：一种GPU资源的分配方法及系统。

法律状态：在审。

独立权利要求：

一种图形处理器GPU资源的分配方法，其特征在于，所述方法应用于GPU资源的分配系统中，所述系统包括全局逻辑控制器以及至少两个能够与所述全局逻辑控制器通信的流式多处理器SM，所述方法包括：所述全局逻辑控制器从核kernel状态寄存器表中确定待分发kernel程序，所述kernel状态寄存器表中包括每个未完成运行的kernel程序的优先级以及每个未完成运行的kernel程序中未分发的线程块block数量，所述待分发kernel程序为所述kernel状态寄存器表中优先级最高且未分发的block数量不为零的kernel程序；所述全局逻辑控制器从SM状态寄存器表中查找能够运行至少一个完整block的SM，所述SM状态寄存器表用于存储每个SM中的剩余资源量；当所述全局逻辑控制器未查找到能够运行至少一个完整block的SM时，从所述SM状态寄存器表中查找第一SM，所述第一SM为能够运行至少一个线程束warp的SM；当所述全局逻辑控制器查找到所述第一SM时，将所述待分发kernel程序中的block分发给所述第一SM。

（3）申请号：201510346334.9。

申请日：2015年6月19日。

发明名称：一种GPU资源的分配方法及系统。

法律状态：在审。

独立权利要求：

一种图形处理器GPU资源的分配方法，其特征在于，所述方法应用于GPU资源的分配系统中，所述系统包括全局逻辑控制器以及至少两个能够与所述全局逻辑控制器通信的流式多处理器SM，所述方法包括：所述全局逻辑控制器从核kernel状态寄存器表中确定待分发kernel程序，所述kernel状态寄存器表中包括每个未完成运行的kernel程序的优先级以及每个未完成运行的kernel程序中未分发的线程块block数量，所述待分发kernel程序为所述kernel状态寄存器表中优先级最高且未分发的block数量不为零的kernel程序；所述全局逻辑控制器从SM状态寄存器表中查找能够运行至少一个完整block的SM，所述SM状态寄存器表中包括每个SM中的剩余资源量以及每个SM中block的最高优先级；当所述全局逻辑控制器未查找到能够运行至少一个完整block的SM时，从所述SM状态寄存器表中查找第一SM，所述第一SM为能够运行至少一个线程束warp的SM；当所述全局逻辑控制器查找到所述第一SM时，将所述待分发kernel程序中的block分发给所述第一SM；当所述全局逻辑控制器未查找到所述第一SM时，查找第二SM，所述第二SM中block的最高优先级低于所述待分发kernel程序的优先级；当所述全局逻辑控制器查找到所述第二SM时，将所述待分发kernel程序中的block分发给所述第二SM。

上述两件重点专利为一个系列的申请，均涉及GPU资源的分配方法和系统。采取技术方案相近的多个系列申请对技术构思进行保护，能够有效地形成专利池，对竞争对手形成专利壁垒。

### （十）威盛

**1.专利申请趋势**

图1-6-17示出2000年以来，威盛公司在我国的图形处理器专利申请趋势。

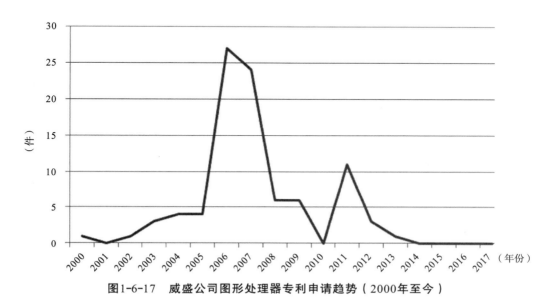

**图1-6-17　威盛公司图形处理器专利申请趋势（2000年至今）**

威盛公司的大批量申请集中在2006~2007年，此后专利申请数量大幅下滑，2014年后几乎没有涉及图形处理器技术的专利申请，可见威盛公司停止了在图形处理器方面的研发，转移了研发重点。

**2.重点专利分析**

（1）专利号：CN101425175B。
授权日：2012年3月21日。
发明名称：着色器处理系统与方法。
同族被引证次数：31。
授权的独立权利要求：

一种在多重线程的图形处理单元中执行从属纹理读取的方法，包括：从用以执行着色器运算的执行单元逻辑单元产生与第一线程相关的一个从属纹理读取请求；传送对应于该第一线程的与着色器运算和纹理取样相关的多个参数以及该执行单元逻辑单元的识别字至纹理管线；从该纹理管线接收对应于该从属纹理读取的纹理数据至该执行单元逻辑单元；以及利用该纹理数据在该执行单元逻辑单元内执行该第一线程。

一种着色器处理系统，包含：执行单元逻辑单元，存在于图形处理单元的多重线程的平行运算核心中，该执行单元逻辑单元用来执行对应于第一线程的着色器计算，该执行单元逻辑包含：数据路径单元，用来产生与该第一线程相关的从属读取请求，以及公共寄存器文件，用来接收对应于该从属读取请求的纹理数据；以及纹理管线，用来自该执行单元逻辑单元接收对应于该第一线程的与着色器运算和纹理取样相关的多个参数以响应该从属读取请求，该纹理管线包含先进先出缓冲器用来接收执行单元识别字与线程识别字以提供该纹理数据。

一种图形处理单元，包括：多重线程的平行运算核心，包括多个执行单元，该等执行单元的每一个包括：执行单元逻辑单元，包括：数据路径单元，用来执行对应于第一线程的一个或多个着色器运算，该数据路径单元还被用来产生对应于该第一线程的从属纹理读取请求；仲裁逻辑单元，用来从该执行单元逻辑单元的该数据路径单元接收信号，以搁置该第一线程；一个或多个线程状态寄存器，用以储存与着色器运算和纹理取样相关的一个或多个参数，以及与着色器处理相关的其他信息；以及公共寄存器文件，用以接收纹理数据；以及纹理管线，包含：先进先出缓冲器，用来于该第一线程搁置期间接收执行单元识别字及一线程识别字，并提供线程启动请求以解除该第一线程的搁置；以及纹理抓取和过滤器单元，用以于该第一线程搁置期间从该线程状态寄存器接收该纹理坐标与一纹理描述子，并提供该纹理数据至该公共寄存器文件，其中，该执行单元逻辑单元用以传送对应于该第一线程的与着色器运算和纹理取样相关的该参数至该纹理管线，同时保持该线程状态寄存器中对应于该第一线程的与着色器处理相关的该其他信息。

从这篇授权专利来看，威盛公司对在多重线程的图形处理单元中执行从属纹理读取的方法进行了多方位的保护，包括方法权利要求、相应的虚拟产品权利要求以及包含硬件结构的产品权利要求，而且其独立权利要求尽可能地保护一个较大的范围。

（2）专利号：CN101221653B。

授权日：2010年5月19日。

发明名称：用于图形处理单元的性能监测方法和系统。

同族被引证次数：18。

授权的独立权利要求：

一种性能监测的方法，适用于具有多个处理区块的一计算机图形处理器，该方法包含：自多个监测模式中选择一种监测模式；将对应于该监测模式的多个逻辑计数器的一部分集结成群；设定该部分的该多个逻辑计数器，使其对应至多个实体计数器；自对应至该部分的该多个逻辑计数器的该多个处理区块中的一区块传送一计数信号请求；自该多个逻辑计数器中至少一者接收一计数信号至该多个实体计数器；累积对应于该多个实体计数器的多个计数器数值；以及分析该多个计数器数值。

一种适用于一图形流水线内具有多个流水线处理区块的计算机图形处理器的性能监测系统，其包含：性能监测逻辑电路，用于收集关于图形流水线性能的数据；多个计数逻辑区块，位于该性能监测逻辑电路之内；多个逻辑计数器，分别位于每一该多个流水线处理区块之内，用于传送多个计数信号至该性能监测逻辑电路；多个计数器配置寄存器，用于将该多个逻辑计数器的一部分对应至该多个计数逻辑区块；以及一指令处理器，用于提供多个指令予该性能监测逻辑电路。

从这篇专利申请来看，对于一个技术构思，威盛选择方法和产品两组权利要求进行保护，可见威盛的专利撰写质量高，专利规则运用成熟，能够很好地利用专利制度保护自己的技术。

### （十一）景嘉

湖南高科技民营企业长沙景嘉微电子股份有限公司于2014年11月宣布，在高性能图形处理芯片研发领域取得重大突破，成功研制出国内唯一具有完全自主知识产权的高性能图形处理器芯片，一举打破国外产品长期垄断我国GPU市场的局面。

1.专利申请趋势

图1-6-18示出2000年以来，景嘉公司在我国的图形处理器专利申请趋势。

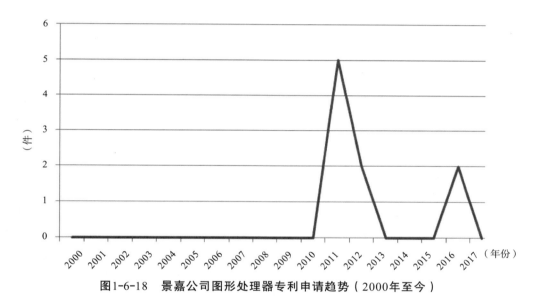

**图1-6-18　景嘉公司图形处理器专利申请趋势（2000年至今）**

截至2017年，景嘉公司共申请9件专利，全部涉及图形处理器技术。在2011年和2012年集中申请7件，主要涉及分块渲染技术；2016年申请2件，涉及图形处理器与主板的接口技术。

2.重点专利分析

（1）专利号：CN102096897B。

授权日：2012年5月2日。

发明名称：基于分块渲染的GPU中块存储策略的实现。

同族被引证次数：6。

授权的独立权利要求：

一种基于分块渲染的GPU中块存储的方法，其输入为图元分块后得到的块号及块内图元的绘制信息，所述图元包括线段和三角形；所述方法中维持两个计数器，使用两块DDR存储空间，当奇数帧在块收集的过程中，偶数帧在进行绘制，偶数帧在块收集时，奇数帧在进行绘制；其中每一帧的处理过程包括以下步骤：步骤（1）根据当前绘图区的大小确定每一块最多包含的图元数目；块的存储空间设置为一固定大小的区域，称为存储区域；同时设置块的大小为一固定值，那么绘图区不同，则所述存储区域能够存储的块的数目就不同，每一块能够存储的图元数目也不同；假设用来存储块的空间为M字节，采用乒乓操作，需要存储两帧的图元分块信息，所以每帧占用的空间为M/2；当前绘图区的大小为W×H像素，块的大小为T×T像素，每个图元占用的存储空间为C字节，那么总共的块数目为：$T_{Total} = \left\lceil \frac{W \times H}{T \times T} \right\rceil$ 每一块的存储空间为：$M_{OneTile} = \left\lceil \frac{M}{2 \times T_{Total}} \right\rceil$ 每一块最多包含的图元数目：$N_{Max} = \left\lceil \frac{M_{OneTile}}{C} \right\rceil$。步骤（2）根据所述块号，从本地RAM中取出当前块中已经存储的图元的数目，若为第一次处理该块，那么图元的数目为0。步骤（3）计算当前图元写入DDR存储体的地址；假设当前绘图区块的数目为N，每一块占用的存储空间为CN，当前待写入的块号为Tn，从步骤（2）中读出的块的数目为n，那么当前待写入图元的存储地址为：Addr = Tn × CN + n × C。步骤（4）将图元的绘制信息写入DDR存储体中，同时将对应块的计数器加1。步骤（5）重复步骤（1）～（4），直到将所有的图元信息都写入DDR存储体中，写入过程结束。

此专利权利要求书仅包含一个权利要求，对分块渲染的GPU中块存储的方法做了详细描述，保护范围比较狭小。

（2）专利号：CN102819820B。

授权日：2014年3月12日。

发明名称：基于分块渲染的GPU中多管线渲染的实现方法。

同族被引证次数：2。

授权的独立权利要求：

基于分块渲染的GPU中多管线渲染的实现方法，其特征为：（1）软件通过PCI总线向GPU硬件发送绘图命令和参数配置命令，GPU收到命令进入命令解析模块，按照图元类型从DDR读取图元顶点并组织成相应图元的数据进入几何变换/光照、裁剪、屏幕坐标转换模块；（2）GPU硬件按照定义的分块大小将图元分块，为了使分块和绘制并行工作，维持两个计数器——采用2个RAM分别记录两帧图像的每块的图元数目，每一个块在DDR中都有一个固定的读写起始地址和固定的存储空间，将分块后的图元数据按照图元所属的块写入相应的DDR地址，一帧内的所有图元都写入DDR之后，按照块的顺序将DDR中的块内的待绘制数据取出，进入光栅化过程；（3）为实现多管线的绘制，可以设计M个光栅化管线，分派算法为：管线0绘制块号为0，M，2M，3M，……，nM的块；管线1绘制块号为1，M+1，2M+1，3M+1，……，nM+1的块；管线2绘制块号为2，M+2，2M+2，3M+2，……，nM+2的块；……；管线M-1绘制块号为M-1，2M-1，3M-1，……，（n+1）M-1的块；（4）在像素渲染部分设置与光栅化同样数目的管线，设置M个Z/Stencil测试模块，每一个模块内部结构相同，根据应用的要求，可以在块内缓冲区预先设置一个初值，那么在该块绘制过程中就避免了频繁地读写DDR中Z/Stencil Buffer中的数据，节约带宽的同时也加快了Z/Stencil测试速度；同样设置M个纹理映射模块，每一个模块对应一个纹理Cache，M个纹理Cache再对应一个二级Cache，此结构可以充分利用Cache中的数据，提高命中率；设置M个融合模块，在绘制当前块开始时将该块在显示帧存中的数据读出放在片上存储器中，在该块绘制的过程中将无须再次读取DDR，直到将该块绘制完毕，一次性将该片上存储器中的数据写回到对应的显示帧存中，同样可以减少大量的访存时间；（5）当一帧的图像绘制完毕后，显示模块根据分辨率产生对应的时序将帧存中的数据读出，显示在屏幕上。

此专利权利要求书仅包含一个权利要求，对分块渲染的GPU中多管线渲染的方法进行详细的描述，保护范围比较狭小。

通过上述授权专利的分析可见，景嘉公司虽然拥有自主的GPU专利技术，但是一项发明仅包含一个权利要求，而且其技术方案限定得过细，由于权利要求撰写不当导致保护范围小，保护效力降低。

研究发现，国内图形处理器企业在专利申请方面的专业技能还存在欠缺。技术方案限定得过细，致使权利要求保护的范围过小，起不到真正的保护作用，竞争对手很容易绕开此专利的保护范围而实施类似的技术。企业在重视技术研发的同时，应将涉及企业发展的核心技术采取适当措施进行保护，运用好专利策略，结合本领域技术的特点，有针对性地布局。不盲目进行专利申请，而应就某一项技术形成专利群，同时重视基础专利的申请，在此基础上可以围绕一项基本专利或一种技术形成辐射性的外围专利，编织严密的专利网。同时在技术转化为专利的过程中，通过加强技术人员与专利工程师或专利代理人的交流，提高专利撰写水平和质量，避免出现因撰写不当而造成的权利丧失或保护不当。

GPU技术复杂，跨越集成电路与程序控制等领域，而且相当比例的GPU设计成果以IP软核形式呈现，其类似于计算机程序代码，这对专利申请文件撰写也提出很高要求。应努力提升专利工程师与专利代理人的业务水平，并针对GPU技术特点，研究高质量的GPU相关专利申请的撰写方式。

研究发现，除上述11位主要申请人以外，其他申请人也有一些值得关注的专利申请，如北京航空航天大学在三维图像处理方面有大量申请。但是，一些有价值的申请被视为撤回，有些申请在获得授权后专利权终止。

（3）申请号：200510086833。

申请日：2005年11月10日。

发明名称：逼真三维地形几何模型的实时绘制方法。

法律状态：授权后终止。

同族被引证次数：21。

授权的独立权利要求：

逼真三维地形几何模型的实时绘制方法，其特征在于包括下列步骤：（1）地形数据预处理，简化地形数据结构；（2）采用基于传统LRU算法与基于视点兴趣相结合的方法进行文件间的实时切换的地形调度算法，完成对地形文件的实时调度；（3）基于几何的Mip Map地形网格实施生成算法，简化地形模型；（4）基于多纹理的GPU地形Bump Map渲染算法，显示地形特征；（5）基于四叉树的遍历的地形局部替换算法，实现地形数据变换．所述步骤（2）中的地形调度算法步骤如下：（A）取当前的视点位置及朝向，得到可视地形块数据；（B）根据当前地形缓存数据和可视地形块数据更新地形缓存列表，生成下一帧数据；（C）进行缓存的更新，更新步骤如下：（a）缓存中每一块数据都有一个使用次数的统计，若下一帧需要的地形快存在于缓存中，则该统计项自动加一；（b）根据当前视点和朝向和上一帧的试点和朝向进行比较，得出下一帧指向的数据，若该数据存在于缓存中，则统计项自动加一；（c）在此基础上，将需要但不存在的数据添加到缓存中，并将同样数量的数据从当前缓存中剔出，原则是选择当前缓存中统计项最小的数据，但不能是本次命中的；（d）若剔出的数据少于增加的数据，即缓存太小，则增加缓存数量；（e）若没有要剔出的数据，则每一帧自动将当前缓存中的统计项最小的数据块剔出，并将当前缓存大小减一，一次保持缓存不会无限制增加；（f）若系统继续工作，则返回重复（c），否则终止。

该申请请求保护一种逼真三维地形几何模型的实时绘制方法，解决了现有技术中地形模型绘制速度慢的问题，提高了绘制效率，达到了动态地形的实时绘制目的。该技术在三维图像、虚拟现实、增强现实技术中有很重要的作用。但是，权利要求类型单一，只采取方法权利要求一种保护手段，保护范围小；在授权后也没有继续维持，导致专利权终止。这是我国高校科研院所专利申请存在的一个普遍性问题。一些有技术含量的专利应及时地发掘、科学地管理，为企业所利用，构成有价值的专利资源。

## 四、专利诉讼情况

图形处理器领域的专利诉讼频繁发生。最近的一次专利诉讼是2017年3月超威（AMD）公司向美国国际贸易委员会（ITC）提起诉讼，称LG、联发科、Sigma Designs和Vizio涉嫌侵犯其图形处理器专利。超威指控这些公司的手机、移动CPU和电视机等产品侵犯其统一图形着色器和平行图形管线概念。实际上，这次诉讼主要是针对ARM和想象技术两家设计图形处理器的公司。诉讼涉及的专利信息如表1-6-4所示。

**表1-6-4　AMD涉讼专利案件信息**<sup>*</sup>

| 专利号 | 发明名称 | 简要描述 | 相关权利要求 | 申请日 | 侵权产品 |
|---|---|---|---|---|---|
| US7633506 | Parallel pipeline graphics system | The parallel pipeline graphics system includes a back-end configured to receive primitives and combinations of primitives（i.e.geometry）and process the geometry to produce values to place in a frame buffer for rendering on screen. | 1～9 | 2003年11月26日 | Media Tek Helio P10 SDI SX7 |
| US7796133 | Unified shader | A unified shader unit used in texture processing in graphics processing device. Unlike the conventional method of using one shader for texture coordinate shading and another for color shadingthe present shader performs both operations. | 1～13、40 | 2003年12月8日 | Media Tek Helio P10 SDI SX7 |

续表

| 专利号 | 发明名称 | 简要描述 | 相关权利要求 | 申请日 | 侵权产品 |
|--------|----------|----------|--------------|--------|----------|
| US8760454 | Graphics processing architecture employing a unified shader | A GPU that uses unified shaders | 2 ~ 11 | 2011年5月17日 | Media Tek Helio P10 |
| US14614967 | | | 1 ~ 8 | 2016年6月27日 | |

*侵权产品不限于上述两款Ic。

*表中信息根据http://m.downza.cn/news.37094.html的英文信息翻译。

根据表1-6-4，可知此次涉及3件授权专利。

第一件专利是美国专利US7633506B1，发明名称为并行流水线图形系统，于2009年12月15日授权，没有国外同族专利申请，授权权利要求书包含3组独立权利要求，分别是请求保护一种图形芯片、一种处理计算机图形的方法以及一种计算机程序产品。与此次诉讼相关的授权独立权利要求1如下：

1.A graphics chip comprising:

a front-end in the graphics chip configured to receive one or more graphics instructions and to output a geometry; a back-end in the graphics chip configured to receive said geometry and to process said geometry into one or more final pixels to be placed in a frame buffer; wherein said back-end in the graphics chip comprises multiple parallel pipelines; wherein said geometry is determined to locate in a portion of an output screen defined by a tile; and wherein each of said parallel pipelines further comprises a unified shader that is programmable to perform both color shading and texture shading.

第二件专利是美国专利US7796133B1，发明名称为统一着色器，于2010年9月14日授权，没有国外同族专利申请，授权权利要求包含7组独立权利要求，分别是请求保护一种统一着色器、相应的一种着色方法和一种计算机程序产品以及一种设备、相应的一种统一着色器、一种着色方法和一种计算机程序产品。与此次诉讼相关的独立权利要求1请求保护一种统一着色器，技术方案如下：

1. A unified shader comprising:

an input interface for receiving a packet from a rasterizer; a shading processing mechanism configured to produce a resultant value from said packet by performing one or more shading operationswherein said shading operadons comprise both texture operations and color operadons and comprising at least one ALU/memory pair operative to perform both texture operations and color operations wherein texture operations comprise at least one of: issuing a texture request to a texture unit and writing received texture values to the memory and wherein the at least one ALU is operative to read from and write to the memory to perform both texture and color operations; and an output interface configured to send said resultant value to a frame buffer.

与此次诉讼相关的独立权利要求40请求保护一种设备，技术方案如下：

40. A device comprising:

a plurality of unified shaders synchronized by a clock mechanism to process shading operations togetherwherein each of the unified shaders comprises:

an input interface for receiving a packet from a rasterizer; a shading processing mechanism configured to produce a resultant value from said packet by performing one or more shading operationswherein said shading operadons comprise both texture operations and color operadons and comprising at least one ALU/memory pair operative to perform both texture operations and color operations wherein texture operations comprise issuing a texture request to a texture unit and writing received texture values to the memory and wherein the at least one ALU is operative to read from and write to the memory to perform both texture and color operations; and an output interface configured to send said value to a fram buffer.

第三件专利是美国专利US8760454B2，发明名称为使用统一着色器的图形处理架构，于2014年6月24日授权，共有同族23件，分别在美国、中国、中国香港特别行政区、加拿大、欧洲、澳大利亚等国家和地区进行了申请。授权权利要求包含6组独立权利要求，分别是请求保护一种统一着色器方法和五种统一着色器。与此次诉讼相关的独立权利要求2请求保护一种统一着色器，技术方案如下：

2. A unified shader,comprising:

a general purpose register block for maintaining data; a processor unit; a sequencer,coupled to the general purpose register block and the processor unit,the sequencer maintaining instructions operative to cause the processor unit to execute vertex calculation and pixel calculation operations on selected data maintained in the general purpose register block; and wherein the processor unit executes instructions that generate a pixel color in response to selected data from the general purpose register block and generates vertex position and appearance data in response to selected data from the general purpose register block.

表1-6-4中提及的US8760454B2的同族申请US14614967已于2017年2月28日获得授权，专利号为US9582846B2。

US8760454B2的中文同族也已于2014年4月16日获得授权，专利号为CN102176241B。授权的权利要求书如下：

1.一种图形处理器，包括：

统一着色器，其包括：用于执行顶点计算操作和像素计算操作的处理器单元，以及耦合到所述处理器单元的序列器，所述序列器保存指令；其中，所述处理器单元根据所述指令，对保存在通用寄存器模块中的所选择的数据进行像素计算操作，直到所述统一着色器的所述通用寄存器模块具有足够的可用空间来存储用于执行顶点计算操作的输入的顶点数据，以使得所述处理器单元对所述顶点数据执行顶点计算操作。

2.根据权利要求1所述的图形处理器，包括顶点模块，用于从存储器获取顶点信息。

3.一种统一着色器，包括：

处理器单元，用于执行顶点计算操作和像素计算操作；以及共享资源，用于耦合到所述处理器单元；

所述处理器单元用于为顶点数据或像素信息使用所述共享资源，以及用于执行像素计算操作直到足够的共享资源变得可用，然后使用所述共享资源执行顶点计算操作。

4.一种统一着色器，包括：

处理器单元，用于执行顶点计算操作和像素计算操作；

耦合到所述处理器单元的序列器，所述序列器保存指令；

其中，所述处理器单元根据所述指令，对保存在通用寄存器模块中的所选择的数据进行像素计算操作，直到所述统一着色器的所述通用寄存器模块具有足够的可用空间来存储用于执行顶点计算操作的输入的顶点数据，以使得所述处理器单元对所述顶点数据执行顶点计算操作。

5.根据权利要求4所述的统一着色器，其中所述序列器还包括用于从存储器获取数据的电路。

6.根据权利要求4所述的统一着色器，还包括选择电路，用于响应于控制信号将信息提供给所述通用寄存模块。

7.根据权利要求4所述的统一着色器，其中所述处理器单元响应于像素参数数据来执行生成像素颜色的指令。

8.根据权利要求4所述的统一着色器，其中所述处理单元通过保存在指令储存器中的指令之间的切换来以各种完成程度执行顶点操纵操作和像素操纵操作。

9.根据权利要求4所述的统一着色器，其中所述处理器单元响应于顶点数据来生成顶点位置和外观数据。

10.根据权利要求6所述的统一着色器，其中所述控制信号由判优器提供。

11.一种统一着色器，包括：

处理器单元，用于执行顶点计算操作和像素计算操作；和指令储存器，其中所述处理器单元根据所述指令，对保存在通用寄存器模块中的所选择的数据进行像索计算操作，直到所述统一着色器的所述通用寄存器模块具有足够的可用空间来存储用于执行顶点计算操作的输入的顶点数据，以使得所述处理器单元对所述顶点数据执行顶点计算操作。

12.一种图形处理方法，包括：

通过将顶点数据发送到统一着色器来执行顶点操纵操作和像素操纵操作，并且由处理器对所述顶点数据执行顶点操作，除非所述统一着色器没有足够的可用空间来存储进入的顶点数据；以及所述处理器基于指令储存器中保存的指令来继续进行将要执行或当前正在执行的像素计算操作，直到所述统一着色器中有足够的空间用于执行顶点操纵操作。

该授权专利权利要求保护范围较大，尤其是权利要求3请求保护一种统一着色器，只要执行顶点计算操作和执行像素计算操作使用了共享资源，则可能会落入其保护范围，需要引起重视。

## 五、结　语

本节通过全球和中国专利申请量的比较以及国外来华和国内专利申请量的比较，结合图形处理器技术发展现状，得出以下主要结论。

### 1.图形处理器领域专利申请众多、市场潜力巨大、技术属于快速发展期

20世纪90年代中后期，随着便携式消费电子产品的快速普及，图形处理器得到广泛应用，专利申请量也保持了快速增长，2006年起的申请量快速上升期与图形处理器在手机等消费电子产品、视频游戏、医疗等领域的广泛普及时间一致，2014年申请超过1 000项。专利申请量快速增长反映出的是应用图形处理器的电子产品需求旺盛，虚拟现实、增强现实、人工智能、3D用户界面等众多领域的快速发展使得对高性能图形处理器的需求也大大增加，在技术日趋成熟的同时，未来市场发展的潜力仍然巨大。图形处理器关键技术主要体现在图形渲染、多核、功耗管理和SIMD等方面，而图形处理器与中央处理器接口作为易于侵权判定的重要技术也成为图形处理器发展过程中需要重点关注的技术点。以上技术点共同构成图形处理器技术发展的主要方向，这些技术点上已有诸多的专利形成密集的专利壁垒，我国企业发展过程中应密切关注与图形处理器相关的专利以及相应的市场和技术的变动情况。

### 2.图形处理器技术专利集中度较高，主要体现在区域和企业主导两方面

（1）美国处于绝对主导地位。研究表明：无论是从专利布局分析还是技术原创性国别分析，美国的专利申请量均居于首位，原创申请占全球的58%。显示出美国在图形处理器领域的绝对优势地位。此外，日本依靠科技立国和知识产权立国的战略，在图形处理器领域的专利申请量也非常显著，曾经位于美国之后，排名第二。然而近年来，日本被中国反超，以12.8%位居世界第三。我国在2010年的申请量仅占全球申请量的4%，而2017年快速提升到13.6%，位居世界第二位，原创申请量达1 192件，反映出我国在图形处理器领域正在快速追赶国际先进技术。

（2）跨国公司掌握核心技术。辉达、英特尔、超威、想象技术等主要跨国公司掌握图形处理器技术的核心技术。数据显示，辉达在全球范围内申请1 020件图形处理器相关专利，在中国申请206件涉及图形处理器技术的专利；英特尔在全球范围内申请576项专利，在中国申请277件涉及图形处理器技术的专利；超威在全球范围内申请443项专利，在中国申请79件涉及图形处理器技术的专利。此外，这些公司的大部分图形处理器基础性专利均已获得授权并处于有效状态中。

图形处理器产业不仅表现在未来广阔的市场上，更重要的是涉及国家经济发展以及国家安全等重要方面。因此，我国在面临国外垄断的情况下应积极探索产业突破模式，选取图形处理器作为重点攻关技术，并进一步探索易于突破的技术重点，从外围专利入手，以点带面逐步深入，实现在图形处理器技术上的创新，进而逐步突破关键技术，实现跨越式的发展。

### 3.图形处理器产业具有需求驱动的特点，市场的广泛性为企业发展提供了重要机遇

虽然图形处理器技术具有较高的垄断性，但在图形处理器领域出现了较多具有实力的企业。这些企业与传统图形处理器垄断企业共生共存构成图形处理器产业的特点。可以说图形处理器领域中除了技术之外，市场也是企业发展所必须考量的重要因素。

（1）辉达和超威是图形处理器市场的主导者。两者占据巨大的独立显卡图形处理器的市场份额。想象技术专门从事移动图形处理器技术研究，为多家移动设备厂商提供图形处理器。

（2）苹果和三星一直探索对图形处理器的渗透。从专利布局上看，苹果和三星较早就开始了图形处理器的研究，特别近两年加大了相关专利申请，显示出其对图形处理器领域的渗透意图。

**4.重点跨国公司研发活跃度各异，但均重视对图形处理器技术的投入**

图1-6-19示出跨国公司近年来研发活跃程度。

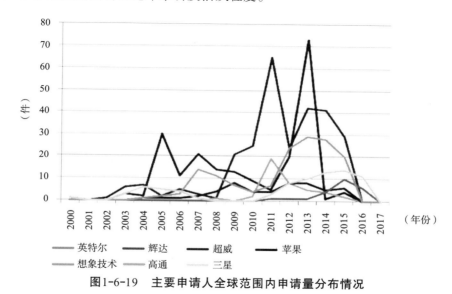

图1-6-19　主要申请人全球范围内申请量分布情况

通过分析可以得到以下结论：

（1）英特尔在我国专利布局早于其他公司。英特尔公司的图形处理器相关专利申请在2003～2004年出现第一次申请高峰，随后在2009年开始持续布局，2011年达到申请高峰，全年申请达65件，显示出英特尔公司的技术重心向图形处理器转移。纵观英特尔2009年之后的市场表现以及对未来市场的判断，预示着该公司正在逐渐转变战略，在保持桌面中央处理器霸主地位的同时，正加紧向图形处理器技术领域进行渗透，这一点应引起我国图形处理器研发企业的重点关注。

（2）高通专利增势迅猛，应引起关注。高通公司在处理器相关领域的专利申请量呈现出快速增长的态势，从2011年的个位数快速增长到2013年的近30项，显示出高通公司对处理器领域的重视。高通公司在通信领域是CDMA基础专利的重要持有者，包括我国在内的大多数国家和知名企业均遭受过其巨额专利费的索取，该公司近年来却着手在全球范围内布局图形处理器技术的专利，很有可能与高通希望打通手机等未来移动通信产品的上下游产业链相关。这一点应当引起我国企业的关注。

（3）辉达公司逐步重视我国市场。辉达在全球的图形处理器专利申请量位列第一。在我国仅次于英特尔，排名第二。从图1-6-19可以看出，辉达公司在我国的专利布局晚于英特尔公司，但是布局意图非常明显：2005年达到第一次申请高峰，共30件；2013年第二次申请高峰，申请量超过70件。2014年申请量大幅下跌，显示出完成在我国的图形处理器技术阶段性布局。其申请内容涉及虚拟化图形处理方法、着色器、路径渲染、多线程调度等图形处理器各个核心关键技术。其在我国形成密集的专利布局，对我国的技术发展形成一定的技术壁垒。

（4）想象技术公司作为移动图形处理器的世界第一公司，专利技术积累雄厚，在TBDR移动渲染技术、PVRTC纹理压缩格式、多核集成、低功耗等方面都有重要的专利技术。从2011年起开始在我国进行图形处理器专利申请，2014年起开始加大图形处理器专利布局力度，2015年出现申请峰值10件，申请内容涉及基元分块、场景渲染、面部检测等GPU核心关键技术。想象技术公司主要生产移动设备中央处理器、图形处理器。苹果、诺基亚等多数品牌手机都采用此公司的图形处理器芯片产品。2017年4月，该公司最大客户苹果公司表示将不再继续使用其图形处理器产品，导致该公司股价大跌。同时，想象技术公司开始将目光转向中国大陆市场，于4月在深圳举行产品发布会。可见该公司的市场战略正在向我国大陆转移，需引起业界重视。

（5）苹果、三星公司加紧图形处理器专利布局。虽然受到包括华为、小米、OPPO、vivo等中国手机品牌的冲击，苹果和三星仍然是全球竞争力最强的两大智能手机公司，为了在未来的市场竞争中继续保持技术优势，苹果和三星不约而同地开始自研图形处理器技术。自研图形处理器技术对于苹果和三星有三大好处：保持产业链的完全自控，继续提升利润水平，深度布局虚拟现实/增强现实技术。苹果、三星在图形处理器上的专利布局给我国智能手机行业制造了专利技术壁垒。我国的智能手机公司需要加强自身图形处理器技术的研发和专利布局，以便在未来能保持与苹果、三星的市场抗衡，掌握竞争的主动权。

5.国外来华专利布局密集，国内专利申请与之相比存在很大差距，但起步时间并不晚

通过对比可以发现以下结论。

（1）国外来华申请量大，且技术含量较高。2010年以来的专利申请量占总申请量的近八成，显示出国外企业近年来更加重视在我国进行专利布局。此外，发明专利申请占比很高，达90%以上，显示出国外来华专利申请的技术含量普遍较高。

（2）美国企业具有集群优势，已经在我国形成较为严密的专利布局。图形处理器的核心技术掌握在美国手中。以美国为主的发达国家及相关企业在我国图形处理器领域已申请众多专利，专利保护覆盖面较大，总体质量较高，正在我国形成全面、立体的专利保护网。

（3）国内申请已有一定数量，但技术含量较低。国内申请达到我国申请量的1/3，已积累一定的专利数量。但其中发明专利所占比例仅有六成，说明我国在图形处理器技术上的整体实力与国外还存在差距。我国企业和科研机构虽然已经在图形处理器领

域积累一定的技术基础，力图在重点领域有所突破，但从整体看来，我国在图形处理器领域面临的知识产权风险仍然较大。

（4）国内申请地域分布不均衡，集中在北京以及沿海地区等地。台湾在GPU技术领域占据一席之地，具有一定的技术优势。大陆申请人众多，但未形成合力。国内企业浪潮、华为近年来在图形处理器技术上加快技术研发，专利申请数量快速增加。除此之外，申请人主要集中在大学和科研院所。国内景嘉等公司已有的技术成果还需加强专利保护力度。

（5）我国企业与国外企业在图形处理器领域专利布局时间相差不远。根据全球专利申请趋势分析，我国公司的专利申请紧跟国际步伐，仅晚1年，与国外大型公司基本处于同一起跑线。2014年以来，由于虚拟现实/增强现实技术的带动，图形处理器专利出现一次申请高峰，中国申请人紧跟世界步伐，仅比全球申请高峰晚1年。当前虚拟现实/增强现实作为新技术的最前沿，刚刚发展，因此，我国智能移动设备公司应该进一步加大专利布局力度，以便在未来市场竞争中增强与大型公司的议价权。

针对上述研究，提出以下应对措施：

**1.抓紧专利布局和专利战略的建立，力争在短时间内实现图形处理器技术专利总量的突破，增强我国图形处理器产业与国外抗衡的知识产权筹码**

随着虚拟现实、增强现实、3D图像交互、人工智能等技术上新的应用需求出现，图形处理器技术的发展很有可能与特定应用领域相结合并呈现出多样性，因此有效的专利布局和完善的专利策略就成为图形处理器企业维持自身利益和扼制竞争对手发展的有力武器。我国企业应抓紧专利布局，力争在短时间内实现专利总量的突破。不仅要将核心技术转化为专利，还应在核心技术周围布局保护性外围专利，形成较为严密的专利网或专利组合，增强我国图形处理器产业与国外交涉中的谈判筹码，减少专利纠纷发生的频次，为我国未来图形处理器技术发展奠定良好的基础。

**2.把握移动设备企业市场优势，加紧构建全方位、立体化的知识产权保护体系，增强市场竞争力**

华为、小米等国产智能移动设备的市场表现为我国在图形处理器技术上实现突破和创新奠定了良好的外部环境，苹果、三星等国外巨头在我国图形处理器技术上的专利布局大都正在形成，这也为我国自主创新提供了有利时机。华为等公司在通信技术等领域的专利申请量虽然很大，但是在图形处理器相关专利的申请量上与苹果、三星等公司相比没有明显优势。因此，应加紧在图形处理器相关技术上的专利布局，形成全方位、立体化的专利技术保护体系，为市场竞争保驾护航。

**3.抓住图形处理器的技术特点，进行重点攻关**

经研究发现，当前图形处理器的研发方向主要集中在多核、功耗管理、多线程技术等方向，未来发展空间相对较大，是我国图形处理器实现外围突破的重要技术点。如何默契配合中央处理器和图形处理器以最大限度地提高工作效率也是图形处理器技术的重点趋势，我国研究机构可在该领域加大研究力度，争取提高技术竞争力。

图形处理器技术与中央处理器技术类似，存在外部侵权难判定的特点。要把握好披露程度和技术秘密的关系。应该首先将图形处理器与外部的接口、图形处理器指令等外部可见的技术作为专利申请的重点，进行申请。对一些不宜进行专利申请的内容，可以采取技术秘密的形式加以保护，也可以采取布局一些外围专利的手段形成法律意义上的保护。

4.发挥社会力量共同参与图形处理器的技术研发和转化；组建包括科研院所、高校和企业在内的图形处理器产业联盟和专利许可联盟

统计表明，国内重点企业和科研院所在图形处理器技术上的专利总量还很少，各自都难以形成较为严密的专利保护体系。国内在从事图形处理器研究的主要包括中科院、北京航空航天大学、浙江大学、清华大学、湖南景嘉等科研院所、高校和企业。这些研究机构各自的侧重各有不同。湖南景嘉宣布具有自主知识产权的图形处理器产品，但是在图形处理器关键核心领域的专利申请很少，专利总量上也没有形成规模。因此，整合国内现有资源，将产学研结合起来，形成以国内为主的图形处理器产业的专利许可联盟，实现技术资源共享和专利资源共用，不仅可以避免重复研发节省成本，而且可以形成合力进行重点突破。在时机成熟时，借助中国广大的市场和市场准入标准的建立，可以吸纳国外巨头共同加入到专利许可联盟中来，通过交叉许可，为我国图形处理器技术和产品走入市场创造条件。

5.国内企业和科研机构在适当时机可采取兼并、收购等手段获取关键技术，促进产业转移，以实现图形处理器的跨越式发展

我国浪潮公司分别与英特尔和英伟达成立联合并行计算实验室，合作开发优化基于MIC和GPU的并行应用。该项技术的引进，使我国图形处理器技术实现了跨越式发展。2015年度产品策略发布会上，浪潮发布基于NVIDIA Tesla GPU加速器的整机柜服务器——SmartRack协处理加速整机柜服务器，主要面向人工智能、深度学习等应用，取得较好的市场表现。经验表明，通过多种方式吸收国外过剩的技术，通过引进—消化—吸收—创新的模式，逐步形成为我所用的自主技术，是我国在图形处理器领域值得借鉴的一条快速发展道路。

想象技术公司由于苹果的离开在股价上受到很大的冲击，国内企业可重点关注其动向，在时机成熟的情况下，可以考虑通过市场化的手段采取入股，换股，甚至是收购等手段，吸收其先进技术，利用我国资金的优势来弥补技术上的不足。

6.图形处理器企业应制定适合企业发展的专利战略，加强专利信息的挖掘和利用，避免重复研究和侵权风险，并适当进行海外专利布局

（1）建议企业从应用入手事先布局以形成专利群。图形处理器技术具有侵权易于判定和侵权不易于判定的区分。集成在图形处理器内部而又不透露实现方式的技术侵权取证较为困难。侵权易于判定的技术基本在于外部可见的技术，这些外部可见技术

又往往与特定应用紧密相关。我国企业可以在巩固已有图形处理器技术的基础上，在图形处理器技术的应用方面进行外围专利布局。这样，一方面可通过获得专利权保护自身利益，另一方面可通过应用型技术的积累逐渐向图形处理器的基础技术转移，从而形成全面、立体的专利网，缩小我国与国际先进水平的差距。

（2）图形处理器企业和研究机构应尽快提高知识产权管理水平。研究发现，湖南景嘉宣布具有自主知识产权的图形处理器产品，是国内图形处理器企业中发展较好的代表，但是在图形处理器关键核心领域的专利申请很少，专利总量也没有形成规模。北京航空航天大学在三维图像处理方面有大量申请，但是，一些价值的申请被视为撤回，有些申请在获得授权后专利权终止。这反映出国内图形处理器企业和研究机构在专利管理方面的专业技能普遍存在欠缺，导致核心技术得不到保护，有价值专利被轻易放弃，显示出我国企业在专利的运用上还没有形成一定的体系。因此，图形处理器企业和研究机构应尽快提高知识产权管理水平。

（3）图形处理器企业应学会并运用好适合自身发展的专利策略。图形处理器企业在重视技术研发的同时，应将涉及企业发展的核心技术采取适当措施进行保护，学会并运用好专利策略，结合本领域技术的特点，有针对性地布局。不盲目进行专利申请，而应就某一项技术形成专利群，同时重视基础专利的申请，在此基础上可以围绕一项基本专利或一种技术形成辐射性的外围专利，编织严密的专利网。

（4）图形处理器企业应加强专利文件撰写水平。与国外大型公司相比，我国图形处理器企业在专利撰写上存在不小差距。往往一项发明仅包含一个权利要求，而且其技术方案限定得过细。技术方案限定得过细，造成的后果是权利要求保护的范围过小，起不到真正的保护作用，竞争对手很容易绕开此专利的保护范围而实施类似的技术。企业在技术转化为专利的过程中，应通过加强技术人员与专利工程师或专利代理人的交流，来提高专利文件撰写水平和质量，避免出现因撰写不当而造成的权利丧失或者保护不当。图形处理器技术复杂，相当比例的图形处理器设计成果以IP软核形式呈现，其类似于计算机程序代码，这对专利申请文件撰写也提出很高要求，企业应针对图形处理器技术特点，研究高质量的图形处理器相关专利申请文件的撰写方式。

（5）企业应重视在具有市场潜力的国家和地区进行专利布局。研究发现，我国图形处理器技术在国外专利布局很少。考虑到未来图形处理器的应用将非常广阔，除中国以外的其他国家也将存在巨大的市场。为此，我国图形处理器企业应提前布局未来可能进入的市场，尽早进行专利申请。企业可以借助国家对外专利申请资助政策，积极利用PCT等方式进行海外专利布局，实现技术积累和自身利益的保护。

# 第二章  半导体器件领域热点技术

## 第一节  柔性显示器基板专利技术分析

### 一、柔性OLED显示技术

#### （一）传统 TFT LCD 技术原理

TFT液晶显示（Thin Film Transistor-LiquidCrystal Display，TFT-LCD）主要有双稳态液晶显示、铁电液晶显示、固态液晶膜液晶显示、单稳态液晶显示、反铁电液晶显示等多种显示模式。当前主流采用双稳态液晶显示，其又包括反射双稳态胆甾液晶显示和顶点双稳态液晶显示。❶

反射双稳态胆甾液晶显示中胆甾型液晶分子在平面态时（Planar），分子螺旋轴基本都垂直于基板表面，在螺距的尺寸等于或接近入射光波长时，由于布拉格反射，呈亮态；分子在焦锥态时（Focal coni），液晶分子的螺旋轴基本平行于基板面，有些呈现不规则排列，部分入射光被散射，其他绝大部分光被基板表面吸收层吸收，为黑态；通过电场控制两种稳态模式的切换实现显示，显示原理如图2-1-1所示。而顶点双稳态液晶显示（Zenithal Bistable Display）是ZBD Display公司开发的双稳态向列液晶（Nematic）显示技术，使用类似于光栅的特殊槽栅及特殊设计，通过外加可变电场，控制向列液晶的两个稳态（高倾角和低倾角）之间的相互转换而实现显示模式。❷

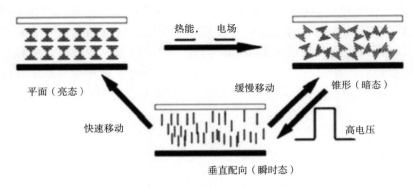

**图2-1-1  双稳态胆甾液晶显示原理**

---

❶ 李天华："柔性显示实现的关键技术"，载《信息终端与显示》2009年第8期，第25～29页。
❷ 赵博选："柔性显示技术研究发展现状及其发展方向"，载《电视技术》2014年第4期，第43～51页。

铁电液晶显示则是将铁电液晶夹在间隙小于一个螺距的两片导体中，边界与分子间的作用力使液晶分子无法形成螺旋层装排列，边界作用使每层的液晶分子方向趋于一致，分子的长轴和层结构的法线方向夹角有两种稳态方式，通过控制两种稳态模式的选择，形成显示单元。

## （二）传统 TFT-LCD 显示器结构

TFT-LCD典型的结构包括背光板模BLU，用于提供光的来源；上下偏光板POL、TFT阵列基板和液晶LC用于形成偏振光，控制光线的通过与否；彩色滤光膜CF用于提供TFTLCD红、绿、蓝的来源，利用光的三原色呈现出各种色彩丰富的图像，如图2-1-2所示。当前，柔性显示的液晶技术主要有反射式双稳态胆甾相液晶显示（ch-LCD）、铁电液晶显示和定点双稳态液晶显示技术，虽然在2006～2008年我国台湾地区工研院、ZBD display公司和日本NHK公司分别就上述三种技术推出各自的柔性显示设备，但由于传统LCD发光原理的制约，上述柔性显示器在生产和应用中存在各种先天缺陷，至今尚无法实现商业化生产。

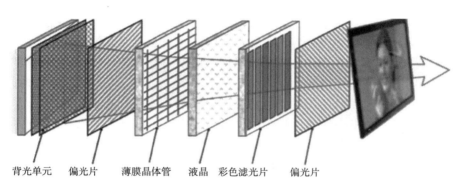

背光单元　偏光片　薄膜晶体管　液晶　彩色滤光片　偏光片

图2-1-2　传统TFT-LCD显示器结构

## （三）OLED 显示技术原理

OLED的典型结构如图 2-1-3所示，在TFT阵列基板上形成 ITO（氧化铟锡）导电薄膜用作阳极（Anode），在阳极上依次形成空穴注入层HIL、空穴传输层HTL、金属阴极Cathode，阴极下依次形成电子注入层EIL、电子传输层RTL，中间淀积一层有机发光材料作为发光层EML。其中的空穴、电子传输层是为了提高发光效率而增加的。OLED 利用外加电场使空穴和电子分别从正、负极板注入空穴和电子传输层，再由传输层迁移至发光层，在发光层相遇形成激子，激发发光分子，发光分子经过辐射弛豫而发出可见光。其发光的颜色取决于有机发光层材料，所以可以通过改变发光层来获得不同颜色的光输出。

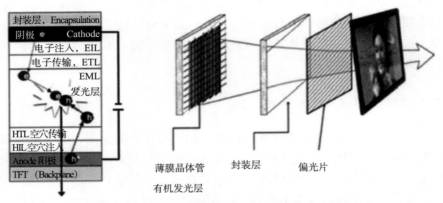

**图2-1-3　OLED发光原理及OLED显示技术原理**

## （四）OLED显示器结构

柔性OLED（FOLED）显示屏就是利用OLED技术在柔性塑料或者金属薄膜上制作显示器件，如图2-1-3所示，其基本结构为"柔性衬底／ITO阳极／有机功能层（TFT&OLED），金属阴极"，发光机理与普通玻璃衬底的OLED相似。柔性（FOLED）器件一般是在玻璃或聚合物基板上，由夹在透明阳极、金属阴极和夹在它们之间的两层或更多层有机层构成。当器件上加正向电压时，在外电场的作用下，空穴和电子分别由正极和负极注入有机小分子、高分子层内，带有相反电荷的载流子在小分子、高分子层内迁移，在发光层复合，形成激子，激子把能量传给发光分子，激发电子到激发态，激发态能量通过辐射失活，产生光子，形成发光。有机电致发光器件的基本结构是夹层式结构，即各有机功能层被两侧电极像三明治一样夹在中间，且至少有一侧的电极是透明的，以便获得面发光。

## （五）OLED显示器的优势与缺陷

### 1.OLED与LCD相比结构简单，对比度高，相应速度快，更易制成超薄面板

OLED显示装置中的有机发光结构直接取代了传统LCD显示装置中的背光层，液晶层以及彩色滤光膜，这使得OLED结构中部件更少，更容易制作成薄型面板。

LCD显示装置中必须设置有背光原件，其在呈现黑色图像时出现不同程度的漏光现象，而OLED不需要背光原件，其自身发光的特性使得其在呈现黑色图像时黑的更为纯净。OLED是LCD的对比度的近100倍，OLED的发光速度相比LCD快约1 000倍，这令OLED显示器具有更快的相应速度，在表现动态图片时不会出现延迟拖影。

### 2.柔性OLED显示器件的缺陷

柔性显示面临的最大挑战是装置的寿命和稳定性。在制备过程中产生的热应力加上电气应力会导致系统性能的快速衰退，从而破坏显示的整体可靠性。衬底和密封技

术是柔性显示的关键推动者。不同于玻璃衬底，柔性衬底密度相对较低，质量轻，无法提供有效的阻隔性能以防止水汽和氧气的渗透，从而造成显示装置的氧化和金属电极剥落，有机层发生化学改变降低显示的性能，缩短其寿命。另外塑料衬底的表面比较粗糙，显示装置在弯曲时这些缺陷也会导致裂缝，对OLED的性能产生影响。因此，为了延长柔性显示的寿命需要对柔性衬底进行改善。❶

### （六）柔性 OLED 的前景

最近，Displaybank发布《软性显示技术动向及市场展望》报告，对近期柔性显示相关技术的开发现状及相关企业的动向进行分析、预测与展望，如图2-1-4据Displaybank 估算，柔性显示市场规模将从2015年的11亿美元成长到2020年的420亿美元，约占平板显示市场的16%。按出货量基准预计，将从2015年的2 500万台扩大至2020年的8亿台，约占整个平板显示市场的13%。柔性显示产品不仅将全面替代现有显示产品，还将创造出许多新型应用市场而引领整个显示市场的快速成长。替代现有产品的市场规模约从2015年的5亿美元增长至2020年的19亿美元，新型市场规模将从2015年的6亿美元增长至2020年的22亿美元，发展潜力非常巨大。❷目前，日本半导体实验室（SEL）、美国 Apple、韩国三星、LG等巨头正争分夺秒地推进将柔性显示器件进行包括可穿戴化等新技术的研发与应用，柔性显示所引领的新一代显示技术革命正扑面而来。

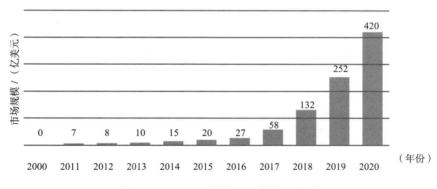

图2-1-4　OLED柔性显示器市场展望

### 二、专利申请趋势分析

为了研究OLED柔性显示器领域中的应用专利技术发展情况以及专利申请数量，利用检索系统中的CNABS、CNTXT、SIPOABS、DWPI、VEN、USTXT等数据库，并通过IPC、CPC分类号结合较准确的关键词通过转库检索等策略，获得初步结果后通过概要浏览和推送详细浏览将检索得到的文献中明显的噪声去除，然后结合统计命令以

---

❶❷　冯魏良、黄培："柔性显示衬底的研究及进展"，载《液晶与显示》2012年第5期，第600～606页。

及Excel从多方面对该技术领域的中国专利申请和全球专利申请进行统计分析,统计的申请日时间节点为2014年12月31日。

（一）全球专利申请情况分析

本小节将通过OLED柔性显示器领域中应用的全球专利申请量（含中国）来分析目前在全球范围内OLED柔性显示器中应用的发展趋势,并通过图表客观呈现出其技术发展趋势以及各国研究的主要方向等相关技术信息。

图2-1-5为OLED柔性显示器的全球历年专利申请量分布情况,可以看出,OLED柔性显示器在全球的申请重点分布在2010年以后,2000～2010年,专利申请量很小且无明显增长势头,此时正是传统LCD的高速发展期,以夏普为首的LCD阵营大行其道,而OLED柔性显示器仍处在研发和完善阶段；2011～2014年,三星、LG等后起之秀迅速发展,不仅在LCD领域赶超夏普、索尼等前辈,并开始着重发展自身的OLED技术。其中三星更是在2009年推出自己首款搭载AMOLED显示屏的智能手机,随后在2014年推出第一款曲面AMOLED手机,三星与LG均宣称将在2016年内推出首款真正意义上的OLED柔性显示设备。也正是在2011～2014年,韩国三星和LG在OLED柔性显示器领域的专利申请量突飞猛进,不仅申请数量增长显著,通过后续专利技术领域的分析可以看出,其专利申请已集中在具体的生产工艺改进中,在未来1～2年内,OLED柔性显示器的大行其道已是大势所趋。

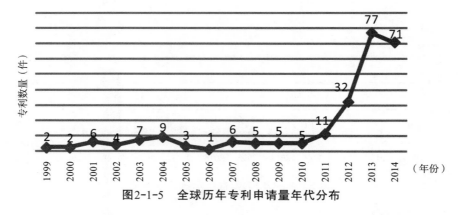

图2-1-5　全球历年专利申请量年代分布

图2-1-6为OLED柔性显示器的全球专利申请IPC分类号分布情况。由于OLED柔性显示器件属于近年出现的前沿技术,因此在IPC分类中主要涉及应用型分类号H01L27/32和功能型分类号H01L51/52、H01L51/56。其中H01L27/32为一种平板显示器,其具有有机发光二极管单元。H01L51/52、H01L51/56均涉及一种有机材料,可用于OLED等发光器件。可见在IPC分类号中,其所涉及的分类号相对集中且隶属于OLED显示器技术之下,尚无针对OLED柔性显示器件的独立分类号。虽然没有精准的OLED柔性显示器分类号,但其所涉及的关键词非常单一,例如柔性/挠性（flexible）。因此,在检索过程中应首先考虑使用分类号+关键词（例如柔性/挠性或英文flexible）

来限定技术领域。基于查全的原则，对上述分类号进行相或并与上关键词flexible，对所得结果进行申请人分析。

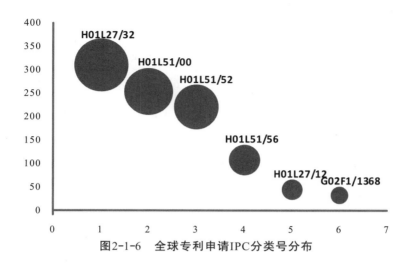

图2-1-6　全球专利申请IPC分类号分布

（二）全球专利申请人分析

通过对申请人统计分析，在OLED柔性显示器件领域中的主要申请人包括：三星显示有限公司、乐金显示有限公司、京东方科技集团股份有限公司、苹果公司（APPLIED INC）、日本半导体实验室（SEL）。以下就对上述前三位申请人做简要介绍。

（1）三星显示有限公司是三星集团旗下的子公司，是一家专门生产TFT-LCD液晶面板的公司。2004年4月26日，日本索尼与韩国三星电子共同达成协议，投入第七代面板。2006年，索尼与三星联合投入第八代面板并于2007年秋季量产。2008年全球首次开发无眩晕30-inch 3DAMOLED电视，2009年AMOLED月产量超过100万个。2010年全球首次开发HD Super AMOLED并启动5.5代AMOLED生产线。2014年全球首次批量生产侧边曲面屏以及弯曲柔性屏幕（智能手表用）；2015年批量生产智能手表用圆形OLED屏幕并首次批量生产双曲面屏；2016全球首次批量生产QuadEDge屏。

（2）乐金显示有限公司即LG Display，是韩国乐金电子公司与荷兰皇家飞利浦电子公司在1999年合资组成生产主动矩阵液晶显示器（LCD）的公司。LG Display与三星电子为成为最大的液晶显示器供应商而激烈竞争；2006年4月它们分别拥有22%市场份额。该公司在韩国龟尾市与坡州市拥有7家生产工厂，在中国南京拥有1家模组装配厂，并计划在中国广州与波兰弗罗茨瓦夫兴建2家工厂。乐金是韩国第二大生产商，2006年3月LG-Philips研发出对角尺寸为100寸（约2.2米），当时最大的LCD面板。截至2014年，LG Display在大型TFT-LCD市场实现23.7%的市场占有率，位居世界第一。

（3）京东方科技集团股份有限公司（BOE）创立于1993年4月，核心事业包括显示器件、智慧系统和健康服务。产品广泛应用于手机、平板电脑、笔记本电脑、显示器、电视、车载、数字信息显示、健康医疗、金融应用、可穿戴设备等领域。2016年，BOE（京东方）新增专利申请量7 570件，其中发明专利超80%，累计可使用专利数量超过5万件，位居全球业内前列。截至2016年第四季度，BOE（京东方）全球市场占有率持续提升：智能手机液晶显示屏、平板电脑显示屏、笔记本电脑显示屏市占率全球第一，显示器显示屏提升至全球第二，电视液晶显示屏保持全球第三。目前，BOE（京东方）拥有11条半导体显示生产线（其中4条在建），包括北京第5代和第8.5代TFT-LCD生产线、成都第4.5代TFT-LCD生产线、合肥第6代TFT-LCD生产线和第8.5代TFT-LCD生产线、鄂尔多斯第5.5代LTPS/AMOLED生产线，以及重庆第8.5代TFT-LCD生产线等7条运营生产线，还有在建中的全球最高世代线——合肥第10.5代TFT-LCD生产线、成都第6代柔性AMOLED生产线、福州第8.5代TFT-LCD生产线以及绵阳第6代柔性AMOLED生产线。

图2-1-7示出OLED柔性显示器中全球专利申请的申请人国家或地区分布情况，该专利申请目标国是指在专利申请提出的这些国家、地区和组织，通常来说，一个国家的申请量多少一定程度上体现了该国在该领域科技实力的强弱，从图中可以看出，韩国的三星和LG领跑OLED柔性显示技术，其占到全部申请量的47.8%，中国LCD主力厂商京东方正紧随其后位列第二，占全部申请量的24.1%；而美国和日本位列第三和第四，分别占全部申请量的14.6%以及12.3%。值得关注的是，日本半导体实验室SEL在申请数量上虽然较少，但其技术走在世界最前沿。而美国的苹果公司自身不生产LCD产品，其相关技术专利均是针对其产品设计，代表着未来的一种趋势。从数据上来看，韩国在OLED柔性显示技术上的优势十分明显，专利申请量约是中国的2倍、日本的3倍。而在中国对LCD产业的大力扶持下，其在新一代OLED柔性显示领域的发展喜人，专利申请量显著高于美、日两国。

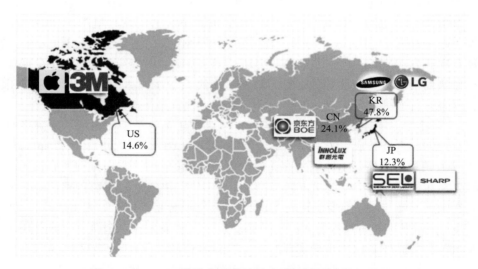

**图2-1-7　OLED世界专利申请的申请人国家或地区代码**

（三）全球专利申请技术主题分析

以下对全球专利申请的技术主题进行分析。其在上述查全的专利文献中进一步针对不同的技术主题进行分类。图2-1-8示出了OLED柔性显示在各技术领域的申请比例情况，全球OLED柔性显示的专利申请主要是针对本节所涉及的OLED柔性显示器件的固有缺陷。

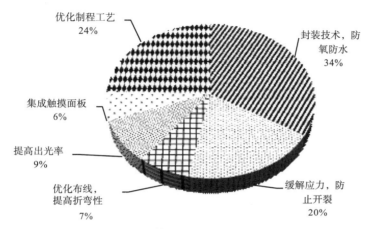

图2-1-8　OLED柔性显示在各技术领域的申请比例

（1）一般OLED的生命周期易受周围水气与氧气所影响而降低。水气来源主要分为两种：一种是经由外在环境渗透进入组件内，另一种是在OLED工艺中被每一层物质所吸收的水气。为了减少水气进入组件或排除由工艺中所吸附的水气，一般最常使用的物质为吸水材（desiccant）。吸水材可以利用化学吸附或物理吸附的方式捕捉自由移动的水分子，以达到去除组件内水气的目的。而为了将吸水材置于盖板及顺利将盖板与基板黏合，需在真空环境或将腔体充入不活泼气体下进行，例如氮气。因此，近25%的申请均涉及如何改善封装技术、防氧防水的技术领域。

（2）在制作工艺方面，其主要涉及氧化铟锡ITO基板前处理和阴极工艺。而氧化铟锡ITO基板前处理进一步包括对ITO表面平整度的改进，例如增加空穴注入层及空穴传输层的厚度以降低漏电流，将ITO玻璃再处理，使表面光滑或使用其他他镀膜方法使表面平整度更好。对ITO功函数的增加，例如使用O2-Plasma方式增加ITO中氧原子的饱和度，以达到增加功函数之目的；增加一辅助电极以降低电压梯度成为增加发光效率、减少驱动电压的快捷方式。

（3）柔性显示基板在折弯过程中由于受到应力的影响，容易对基板以及布线结构形成折损，因此对于合理缓解应力防止基板开裂，例如引入应力吸收结构，对基板中的基板布线采用曲线结构等也占15%的申请量。

对于上述工艺制程优化的专利申请也占18%的份额，而工艺制程优化中80%的申请均是由三星和LG提出，两大韩国显示器巨头对OLED柔性显示器件已在工艺制程阶段展开赛跑。

（四）全球专利申请情况分析

本小节主要对中国专利申请状况的趋势、重点专利申请人及其分布以及OLED柔性显示申请的技术领域进行分析，通过统计CNABS和CNTXT数据库中的关于OLED柔性显示的专利文献数据，从中整理出相关数据标引信息进行定性或定量的分析，并通过图表进行可视化的呈现。

图2-1-9为OLED柔性显示器在中国专利申请年度趋势图，可以看出，OLED柔性显示器在中国的申请量重点分布在2011年及其以后，2011年以前，专利申请量较小，仅为1件。在2011年后全球相关专利出现明显增长的情况下，国内的申请人也紧跟行业发展步伐同样以2011年为起点加大了对OLED柔性显示器的研发力度，专利申请量明显上升。

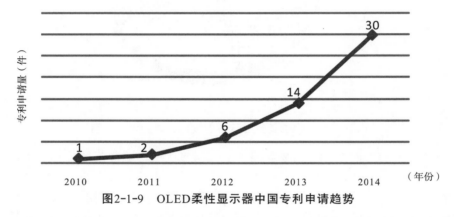

**图2-1-9　OLED柔性显示器中国专利申请趋势**

通过2011～2014年专利申请数量的强势增长趋势，可以看到国内在OLED柔性显器上的专利申请数量虽然少于韩国，但考虑到OLED柔性显示设备的市场尚未打开，其市场需求虽然潜力巨大，过多的研发投入必然伴随更高的风险，此时选择跟跑三星和LG未尝不是明智之举。然而伴随着OLED柔性显示设备的商品化，其相关专利的申请将进一步增长。

（五）中国专利申请的主要申请人排名

图2-1-10为OLED柔性显示器中国主要专利申请人排名图，相关专利申请人主要集中在公司企业，而没有发现高校申请（不含企业与高校合作）。申请量排名前7位的为京东方科技集团股份有限公司、深圳市华星光电技术有限公司、昆山工研院新型平板显示技术中心有限公司、昆山工研院新型平板显示技术中心有限公司、信利（惠州）智能显示有限公司、上海和辉光电有限公司、北京维信诺科技有限公司、群创光电股份有限公司，其他申请人的申请量相对较少。由此可见，在我国的专利申请中，京东方作为国内LCD产业的领军企业，不仅在传统的LCD领域追赶国际上的竞争对手，在对于下一代OLED成像技术上也已经开始了相关的专利布局。相对地，其他专利申请人则较为分散，作为国内另一个LCD产业大户的天马微电子在OLED柔性显示领域的专利申

请却尚无迹可循。此外，与传统的LCD领域类似，单独的高校申请在OLED柔性显示领域并没有出现。

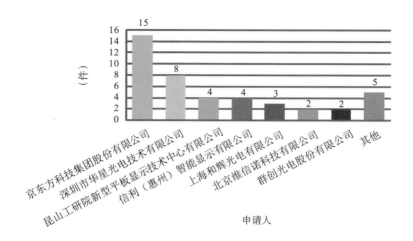

**图2-1-10 OLED柔性显示器主要专利申请人排名**

图2-1-11为OLED柔性显示器的具体应用文献数量，通过统计我国关于OLED柔性显示器件的专利申请文献，可以得出，国内外申请人关于OLED柔性显示器的主要研究方向与国际申请分布情况基本一致，仍然集中在以下3个方面：器件封装技术用以提高防氧和防水特性，应力吸收用以防止开裂，优化制程工艺。这三个方向为目前OLED柔性显示的主要研究方向，同时也是要实现商业化推广所必须翻过的"三座大山"。虽然三星和LG先一步对上述3个技术问题提交了相关技术专利，但国内京东方等本土企业在OLED柔性显示器的研发也是紧随其后。

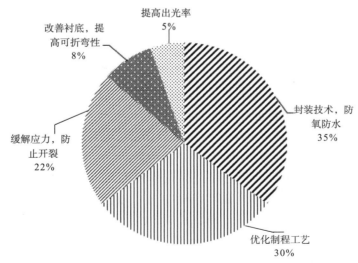

**图2-1-11 OLED柔性显示器的具体应用文献数量**

### 三、OLED柔性显示器的专利技术发展路线

#### （一）全球专利申请技术发展路线概况

**1.技术发展路线概述**

通过前文背景技术介绍以及相关专利的统计分析可知，OLED柔性显示器件主要面临如下几个技术问题：（1）有机发光层的防氧防水；（2）柔性基板的防开裂以及弯折时应力吸收；（3）氧化铟基板前处理以及阴极工艺。OLED柔性显示的技术发展路线一方面针对上述问题不断寻求解决方案，另一方面则针对生产效率以及良品率进行不断优化。其中部分专利申请的技术方案已经化为实际产品，例如三星的双曲面OLED柔性显示屏的申请，已经在2014年在智能手机平台上实现。短短10年间OLED柔性显示技术的进步显著，其技术的不断成熟也预示着代替传统LCD的技术革新到来。

**2.OLED柔性显示器专利申请历年技术发展路线及重点专利申请**

图2-1-12展示了OLED柔性显示器的历年主要技术发展路线，通过对该技术发展路线进行研究，有助于了解OLED柔性显示器的发展历史和现状，以及明确其未来的发展方向。

**图2-1-12　OLED柔性显示器的主要发展路线**

通过该发展路线图，可以清晰地看到，2003年提出基于TFT阵列基板的OLED柔性显示装置，并指出可适用于手机或笔记本等设备。

（1）2003年夏普公司的专利申请JP2003191696，其将OLED发光结构结合LCD显示技术中的TFT阵列基本，奠定OLED柔性显示的基础。

（2）2004年日立公司的专利申请JP2004164769，针对基于TFT阵列基板的OLED柔性显示器进行的完善，首先对OLED对湿和氧异常敏感的特性，在基板结构中引入了干燥剂，其使用第一挠性基板和第二挠性基板中间隔着层叠的像素结构并彼此相对，令上述第一挠性基板和第二挠性基板中的一者包括至少一个金属箔，具有沿着上述像素阵列延展的主面，而多个干燥剂二维地配置在该至少一层金属箔的该主面内。

（3）2009年索尼公司专利申请JP2009254470，公开了在柔性基板上设置多个像素

单元，并通过柔性基板的正反层布置形变检测传感器，通过在折弯时对形变传感器的检测来控制图像显示信号，从而避免OLED柔性显示器的弯折区域显示效果不佳的技术问题。

（4）2011年，苹果公司专利申请US20111306944，基于OLED显示基板较LCD结构简单，部件更少，苹果公司通过采用特殊的布线方式和封装结构实现OLED柔性显示屏的超窄边框设计，使得显示屏更为美观。

（5）2012年，三星显示专利申请KR201110065143提出屏幕两侧采用双曲面结构并将OLED柔性显示屏应用于曲面手机，其包括柔性面板，具有第一区域和第二区域，第一区域包括显示区域并且定向在第一平面上，第二区域包括非显示区域并定向在第一平面不同的第二平面上；以及柔性包封构件，设置在柔性面板上以至少包覆显示区域。

（6）2013年，京东方等国内LCD制造厂商开始加大对OLED柔性显示的技术研发，通过在基板中引入特殊的应力缓冲材料层解决了柔性基板折弯时容易开裂的问题。如专利申请CN103426904A，其包括第一柔性基板和与其相对的第二柔性基板，其中，第一柔性基板之上依次制备有薄膜晶体管、第一钝化层、第一电极、有机发光层、第二电极，在第二电极和第二柔性基板之间包括应力吸收层，所述应力吸收层的材料为树脂材料。

（7）2014年，三星和LG对于OLED柔性显示器的专利申请量进一步增加，其已集中在优化产品制程工艺方向，例如专利申请KR2014000122925，其包括一柔性基板，具有显示区域和在显示区域外围的非显示区域；在柔性基板的显示区域和非显示区域上形成非有机层，在柔性基板的显示区域上形成多个有机发光器件；检测柔性基板外围上的非有机层中的裂缝，并在裂缝周围形成裂缝导孔。其通过在基板中集成检测单元，发现折弯中出现的裂纹，提高产品的良品率。

综上所述，OLED柔性显示技术正从起初的概念设计到对固有缺陷的不断完善，如今正在朝产业化方向大步迈进。在不久的未来，一款成熟的OLED柔性显示器产品很快将正式登场。

## （二）主要申请人技术发展路线分析

### 1. 国外主要申请人技术发展路线分析

图2-1-13为三星与LG在OLED柔性显示器中的专利申请分图。OLED柔性显示器的具体应用文献数量通过前文的统计与分析，三星与LG在OLED柔性显示器的申请中占据约35%、16%，成为该领域中研究的先驱力量，不仅申请量较多，其研究方向也成为该领域的风向标。

在三星历年的相关申请中，主要涉及三个方面：

（1）封装技术，在防止氧气和水汽入侵的同时还需要具备良好的折弯性能，同时需兼顾工艺制程，该技术专利在三星申请总量中占据近29%。其中典型的专利申请包括KR10-2009-0049642，在有机发光二极管显示器中，第一保护膜面对包封薄膜，第二保护膜面对柔性基底，第一密封剂设置在包封薄膜和第一保护膜之间，第二密封剂设置在柔性基底和第二保护膜之间，从而防止水分侵入。

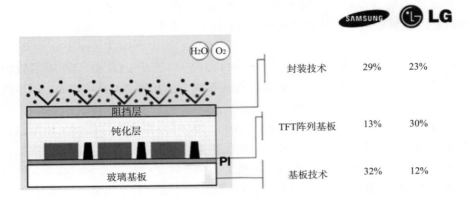

图2-1-13　三星与LG在OLED柔性显示器中的专利申请分布

（2）TFT阵列基板结构，由于OLED发光原理导致驱动形式不同于传统TFT-LCD，并且柔性显示器在弯折过程中容易对TFT晶体管器件造成损伤，需对柔性TFT阵列基板进行特殊设计，其中典型的专利申请包括KR20110114125A，一种柔性显示装置，包括基底，其上设有包括有机发光显示装置的显示图像用显示单元、设于显示单元外部的非显示区域、将电信号输入到显示单元的至少一个焊盘；电路板，其包括电连接到至少一个焊盘的电路端口；设于基底上的加强件，其包括被图案化的多条加强线。其通过引入多条图案化的加强线结构，使得TFT阵列基板具有更强的抗折弯性。该技术在三星申请总量中占近13%。

（3）基板技术，三星的重点研发方向是在OLED柔性显示的衬底技术，传统玻璃基板抗折弯性差，在采用新的衬底材料同时还需要考虑衬底的防水防氧性能，此外还需要兼容工艺制程。典型的申请包括KR10-2013-0167183A，为了防止气体被夹在柔性基板和支撑基板上的牺牲层之间，并防止像素部分被所述气体加压。通过从牺牲层排出气体来降低柔性基板和牺牲层之间的结合强度，从而可以容易地将柔性基板与支撑基板分离，有效地降低了制造显示装置所需的成本和时间。

通过上述分析可以看出三星在OLED柔性显示器的专利申请侧重于基板技术，而在TFT阵列基板领域相对较少。

在LG的历年的相关申请中，其同样主要涉及以上三个方面：

（1）封装技术，TFT阵列基板，衬底技术。但与三星不同的是LG在TFT阵列基板领域的相关专利最多，达30%。而在衬底技术领域相对较少，占12%。从LG的经典专利来看，针对封装技术领域，专利申请KR20120122541A，申请日2012年10月31日，公开一种柔性有机电致发光装置，包括：基板，具有包括多个像素区域的显示区以及在显示区外部的非显示区；第一电极连接到驱动薄膜晶体管的漏极，并且形成在各像素区域；堤岸形成在包括第一电极的基板的显示区和非显示区上；间隔体形成在基板的非显示区中的堤岸上，并且布置在与显示区的侧面平行的垂直方向上；有机发光层针对各像素区域分开地形成在第一电极上；第二电极形成在有机发光层上的显示区的整个表面上。其中，间隔体在非显示区中的与显示区的侧面平行的垂直方向上彼此分开预定的距离，并且被布置为两列形式；在非显示区中的与显示区的侧面平行的垂直方向上将间隔体布置为直线形状。该申请首次提出通过在非显示区域与显示区域的侧面平行的垂直方向上设置直线状间隔体以防止水分的入侵。

（2）针对TFT阵列基板领域，专利申请KR20120129088A，申请日2012年11月14日，技术方案中将驱动构件的短边沿基板的弯曲表面布置，并且驱动构件的长边设置在基板的平坦表面上，从而避免折弯部对晶体管器件的影响。

（3）针对衬底技术，专利申请CN201310448311A，申请日2013年9月27日，在玻璃基板上贴附离型层，在其四周涂覆黏接剂形成载体基板；在载体基板上涂覆有机材料形成有机薄膜并加热而使其及黏接剂发生交联固化形成柔性衬底；对柔性衬底及载体基板进行封边处理；采用有机材料和无机材料交替成膜，形成有机薄膜和无机薄膜并共同组成阻隔层，其中一层无机薄膜为隔热层；之后制作TFT阵列和OLED器件；交替沉积有机薄膜及无机薄膜形成封装层；沿切割线将柔性显示器件从载体基板上剥离下来。即在贴付离型层的载体基板上涂覆有机薄膜并加热形成柔性衬底，将有机薄膜与另一无机薄膜交替成膜构成阻隔层，在封装完成后将柔性显示器件剥离。

通过上述对三星和LG的技术发展分析可知，两者所涉及的OLED柔性显示的核心技术类似，但侧重点有所不同。不知道是巧合或者两家公司有意为之，其对于TFT阵列基板和衬底技术上的侧重技术呈现互补之势。而对于封装技术，两者均投入大量的研发精力。由此推测，在OLED柔性显示的实际生产中，封装技术将会是其区别于传统TFT-LCD工艺的一项重点技术。

2. 国内主要申请人技术发展路线分析

通过前文对国内OLED柔性显示器的专利申请分布分析可以看到，京东方占据国内申请量的近1/4。以下就着重分析京东方在该领域专利申请的技术领域分布情况。由图2-1-14可知，其所涉及的技术领域主要包括衬底技术、制程工艺技术以及封装技术。与三星和LG存在明显区别的是，京东方在TFT阵列基板技术领域中出现了空白。占据京东方专利申请量前3位的分别是，衬底技术约占41%，工艺制程优化约占26.7%，封装技术约占19%。

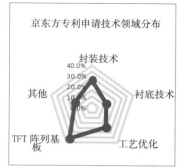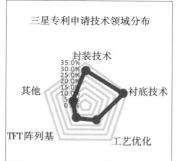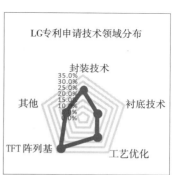

图2-1-14　三星、LG、京东方在OLED柔性显示器中的专利申请分布

从历年的典型专利来看，京东方在OLED柔性显示器领域的专利申请始于2011年，并在此后逐年增长。

（1）针对衬底技术，专利申请CN201210084691A，申请日2013年3月27日，采用塑料基板作为第一柔性基板，在第一柔性基板的一层形成柔性显示器件，而在另一侧采用玻璃基板和金属箔共同层叠形成多层基板，从而提高了衬底的折弯性能。

（2）针对封装技术，专利申请CN201510194223A，令封装层中包含一图案层，其具有与像素界定层对应的不透明第一图案，在封装层与第一图案对应位置外均设置为透明。其通过在封装层中第一图案层的引入提高了出光率。

（3）针对工艺制程优化，申请号CN201510487295A，通过设置一层具有周期性纳米结构的金属彩色滤光片，并仅采用一道制程工艺形成金属彩色滤光。其通过减少掩膜层的数量，优化了工艺制程。

综合上述分析，三星和LG仍然走在OLED柔性显示技术的前沿，其对核心技术的研发和专利申请较为均衡。而国内京东方在该领域中虽然紧跟前者步伐，但在LG和三星早期的专利积累下，京东方在封装技术与TFT阵列基板技术方向上相对薄弱。

## 四、结　语

综上所述，OLED柔性显示器在2013年后迎来了专利申请的爆发式增长，虽然真正的柔性显示设备尚未面世，但相关专利已显示出OLED柔性显示器显著优点以及与现有LCD生产线的兼容性。其中韩国三星和LG、日本的半导体实验室仍然掌握着该领域的核心技术，其对于OLED柔性显示器核心领域具有较为全面的专利布局。而作为以创新闻名的苹果公司，也在OLED柔性显示领域部署了诸多专利，这一切似乎都预示着继LCD代替传统电视之后，OLED的革命浪潮即将到来。虽然国内的相关技术仍然相对落后，在部分核心领域存在技术短板，但以京东方为代表的中国LCD企业正在迎头赶上。

# 第二节　LED领域异质外延专利技术分析

## 一、相关技术概述

### （一）LED 简介

发光二极管亦称LED（Light Emitting Diode），与普通的钨丝灯、荧光灯等白光灯相比，LED灯有寿命长、省电、耐用、牢靠、反应快等优点。最简单的发光二极管的结构包括P型半导体、N型半导体及两者之间所形成的PN结，当外加正向电压于二极管时，在上述PN结处便产生载流子，即电子与空穴、电子与空穴复合并以光子的形式释放出能量。这一过程也可以认为是：在外加电压输入电能时，电子获得能量而跃迁至高能级E1，处于高能级E1的电子再跃迁回低能级E0，在此过程中会产生E1-E0的能量以光子形式辐射，此时即辐射复合。当发光层采用不同能带带隙的材料构成时，可使二极管发出不同颜色的光，在LED芯片发光层结构方面，目前已经从早期的PN结构发展至双异质结（单量子阱结构）到现在的多量子阱结构。在发光二极管芯片产生后，对其进行封装以实现保护及电连接，即可构成LED灯并应用于不同领域。

LED灯的发光效率关键在于LED芯片，在目前广泛研究并应用的LED芯片中，使用的半导体发光材料是Ⅲ族氮化物材料，包括氮化镓（GaN）、氮化铝（AlN）、氮化铟（InN）及其三元和四元合金化合物所组成的Ⅲ族氮化物半导体材料通过形成三元（InGaN、AlGaN、AlInN）或四元合金（AlGaInN），它们可以统一写作$Al_xGa_yIn_{1-x-y}N$，其中$0 \leq x \leq 1$，$0 \leq y \leq 1$，其能带带隙宽度可从InN ~ 0.7eV，GaN ~ 3.4eV直至AlN ~ 6.2eV连续可调，采用它们作为发光材料，一方面是因为它们能带带隙对应的发光波长覆盖了从近红外、可见光、到紫外的光谱范围，另一方面用它们作为半导体发光材料具有较高的发光效率。

## （二）LED领域异质外延Ⅲ族氮化物材料

与大多数半导体材料一样，在自然界并不存在天然的Ⅲ族氮化物材料，即以上材料的生长制备需要人工方式制成。在半导体领域，材料通常需要生长制备在起支撑作用的衬底上，这一过程也就是在衬底上进行外延生长的过程，外延生长分为同质外延和异质外延，在某种衬底上外延相同的材料，称为同质外延，例如在Si衬底上生长Si材料，在GaN衬底上生长GaN材料；在衬底上生长另一种与衬底不同的材料，则称为异质外延，例如在Si衬底上生长GaN材料。对于Ⅲ族氮化物材料而言，同质外延首先要获得高质量的Ⅲ族氮化物材料衬底，即获得高质量GaN单晶衬底、AlN单晶衬底，然而以上氮化物衬底的制备本身就是一大技术难题，❶ 因此，目前较多研究并应用的是异质衬底上的LED芯片。

在异质衬底中，主要是在蓝宝石（$Al_2O_3$）衬底、碳化硅衬底或者硅衬底上外延生长Ⅲ族氮化物材料。然而，在异质衬底上外延Ⅲ族氮化物材料时，同样会面临一些问题。最主要的是由于衬底与外延材料的晶格常数不同，在外延生长过程中会产生缺陷例如位错（见图2-2-1），这会影响材料层的质量，进而影响发光特性。

另外，Ⅲ族氮化物材料的生长通常需要在几百甚至上千摄氏度的高温环境中，在材料生长后最终会有降温过程，在高温降至室温的降温过程中，由于衬底和Ⅲ族氮化物材料热膨胀系数不同，带来二者热应变的不同而导致生长材料上出现裂纹，这也会严重影响外延材料的质量。

因此，研究异质衬底外延Ⅲ族氮化物材料，是本领域制备LED芯片的一个基本问题，其相关专利也是LED芯片领域核心专利。基于此，本节对以上专利及其专利技术发展进行研究。

---

❶ 赵红、邹泽亚、赵文伯等："蓝宝石衬底上AlGaN外延材料的低压MOCVD生长"，载《半导体光电》2007年第6期，第800 ~ 803页；李述体：《Ⅲ-Ⅴ族氮化物及其高亮度蓝光LED外延片的MOCVD生长和性质研究》，南昌大学博士学位论文，2002年。

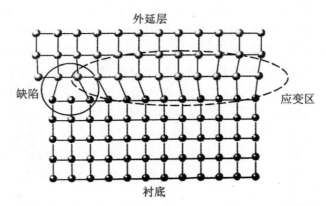

**图2-2-1　晶格常数不同，导致衬底和外延层之间产生缺陷**

资料来源：[美]B.L.安德森（Anderson B.L.）、[美]R.L.安德森（Anderson R.L.)著，邓宁、田立林、任敏译：《半导体器件基础（国外大学优秀教材——微电子类系列）》，清华大学出版社2008年版，第585页。

## 二、国内外专利申请分析

为了研究LED中异质衬底外延Ⅲ族氮化物材料专利技术的发展情况以及专利申请数量，通过检索系统中的CNABS、CNTXT、SIPOABS、DWPI、USTXT等数据库，利用IPC、CPC分类号、较准确的关键词、转库检索等策略相结合，获得初步结果后通过概览和详细浏览将检索得到的文献中明显的噪声去除，利用Excel及S系统中的统计命令，对相关专利进行统计分析，统计的时间节点为2016年6月7日。

### （一）全球专利申请分析

本小节将通过统计异质衬底外延Ⅲ族氮化物的相关申请（含中国）来分析目前在全球范围的发展趋势，并通过图表客观呈现出其技术发展趋势以及各国研究的主要方向等相关技术信息。当检索到某一申请A时，如果申请A包括多国/地区同族，其在各个国家的同族申请都纳入统计范围，这样避免了仅统计某一同族而未统计其在他国家或地区申请而造成数据不准确。对于向WIPO提出的申请，由于最终目的是在某一申请国/地区获得保护，则对进入该国国家阶段的WO申请进行统计（例如进入中国后的CN开头的申请号纳入统计范围）；而直接向WIPO提出的申请（申请号开头WO）不计入同族，不纳入统计范围。

#### 1. 全球专利申请年度发展趋势

由图2-2-2可以看出，1989～1994年相关主题有零星的专利申请，这时产业界、学术界对于Ⅲ族氮化物的研究还处于探索阶段，关注也不是很多，基本的技术问题如Ⅲ族氮化物的异质外延、P型Ⅲ族氮化物材料的制备等都处于探索阶段。在此之前对以上问题实际上也有研究，然而进展缓慢，很多技术人员甚至对高效Ⅲ族氮化物材料都没有信心。

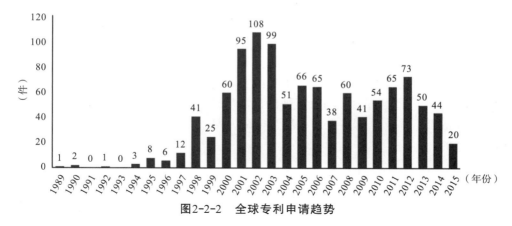

图2-2-2 全球专利申请趋势

虽然这一阶段的专利申请数量不多，但是由于GaN蓝光LED方面的研究取得重大进展，突破了一些如外延材料、P型层制备的关键技术障碍，因此，引起技术人员很大的关注。

1994～2002年是重要技术专利的布局阶段，申请量总趋势逐步上升，经过几年发展在2002年前后达到申请高峰。在这段时间，由于前期的技术突破使得对异质外延Ⅲ族氮化物材料研究迅速发展，对蓝宝石、碳化硅、硅衬底的研究均大量增加，同时对缓冲层的材料、结构也做进一步改进，另外横向生长方法及图案化衬底、应力释放结构等更多的方式也逐渐应用，不同的技术路线逐渐形成，这为以后的发展奠定基础，很多本领域重要的申请都是在这一时期提出。

2002年之后属于技术改进期，全球相关专利申请有所回落，但仍保持在每年40～70件的范围内浮动，全球大多数国家/地区的申请在这段时间内较为稳定，而中国的申请增加较多（下文会结合中国国内申请进行分析），2015年统计到的申请数量较少，可能原因是部分专利还没有公开。

2. 全球专利申请国家/地区分布

图2-2-3反映了全球各个国家/地区专利申请总量，一方面，国家/地区申请量所占份额的大小，可以体现申请人对该国市场的重视程度；另一方面，这也与该国的技术发展水平有一定关系，这在后续会结合该国家的发明人进行分析。

从图2-2-3可以看出，向中、美、日、韩、欧专利局提出的专利申请最多。就技术研发而言，以上国家或地区均有较大的LED半导体

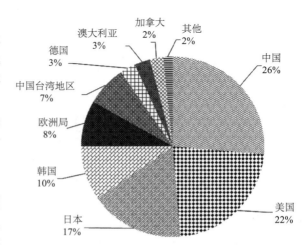

图2-2-3 全球专利申请按国家/地区分布

企业或者形成LED产业链，如日本的日亚化工、丰田合成、松下、住友等，美国的科锐，欧洲的欧司朗、飞利浦，韩国的LG、三星，以及中国的上海蓝光、厦门三安、晶能光电。其中不少企业是从传统的电子/照明或者化工领域逐步拓展至LED领域，日亚化工其早期业务是荧光粉，而松下、住友、三星、LG等在进入LED产业前本身在电子领域就是大型企业，欧司朗、飞利浦也都涉及传统照明或电子业务。由此可见，国外不少企业在传统业务发展的同时，并不局限于现有技术，对于新技术的创新研发也同时进行，这使得它们能占领市场而不被淘汰。另外，从经济角度来看，以上国家覆盖了全球主要的经济体，具有广大的市场，申请人期望在以上国家/地区获得保护，这也是理所当然的。

### （二）中国专利申请分析

1. 中国专利申请年度发展趋势

从图2-2-4可以看出，中国的申请主要在1995年之后，此时国际上已经开始关注相关研究，这时国内申请的申请人主要来自日本、美国的一些公司，它们具有较好的知识产权保护意识，在产业发展初期即已经注意到中国这片巨大的市场。1995~2001年，呈现逐步增加的趋势。这与全球的申请数量增加是相同步的。

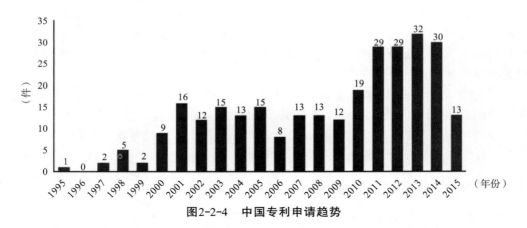

图2-2-4　中国专利申请趋势

2002~2010年，国内申请数量没有较大的变化。在此阶段内，国内技术尚处于起步阶段，国内申请人还较少，另外，国内公司/科研院所对于知识产权的保护意识还不够强，申请专利的意识也不够强。

2010年后，国内相关专利申请有了较大提升，其主要增长动力来自国内申请人的申请，例如有三安光电、华灿光电、南昌大学、晶能光电、上海蓝光，国内对于图形化衬底、缓冲层/应力释放结构、横向外延这些技术也都有一定研究，当然，由于国内起步较晚，国内申请人作出的贡献主要是以上技术的改进发明。

2. 中国专利申请人国家/地区分布

由图2-2-5可以看出，在中国提交的专利申请中，目前中国的企业、高校/科研院所已经占到首位，此外，日本、美国、中国台湾地区等也占有一定比例。实际上，日本在LED的研究一直处于领先地位，其拥有相关领域的核心专利，涉及包括图形化衬底、缓冲层/应力释放结构、横向外延等主要技术路线。另外，日本、美国、中国台湾地区的公司/科研院所在知识产权保护方面也很重视，在技术发展的初期同时就对专利进行了布局，

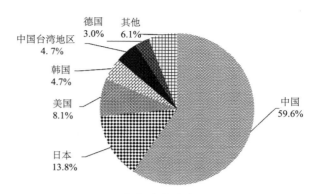

图2-2-5　国内申请申请人国家/地区分布

它们的申请不仅在中国，还涵盖世界主要的经济体所在地区，以及主要的技术创新地区。随着中国大陆近年来LED外延芯片产业的发展，基于图形化衬底、缓冲层/应力释放结构等技术也进行了大量研究。

### （三）本领域重要申请人

本小节通过对在中国申请的申请人进行统计分析，得到申请人的分布情况，另外再通过对全球申请中高引用次数的专利进行分析，获得本领域中重要的技术贡献者/重要申请人。

图2-2-6列出在中国本领域申请数量在6件及以上的申请人，实际上，就发明点在异质衬底外延生长方面的专利申请，本领域的申请还是比较分散的。因为该领域是LED芯片生产中一个重要的环节，大公司如住友电气、松下、克里、欧司朗都会有所涉及。此外，就一些技术手段而言，常规的高校或者科研院所也会有所涉及，例如对图形化衬底的改进，这也就导致申请人较为分散，也不能完全地反映出本领域申请人的重要性。为了追踪重要申请人及其中重要的技术手段，还需要借助其他手段。

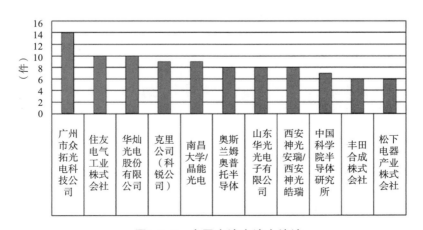

图2-2-6　中国申请申请人统计

对于技术、学术文献而言，其被引用次数是衡量该文献重要性的一个指标。对此，表2-2-1列出引用频率较高（大于80次）的专利申请的公开号，其中的引用次数表示该申请及其同族被引用的次数，通过在S系统中对SIPOABS数据库获得的文献进行概览菜单得到引用次数，在统计时核实相关同族技术方案是否为同一主题，避免误差。

表2-2-1    全球高引用专利及重要申请人

| 同族公开号 | 申请人 | 同族被引用次数（次） |
|---|---|---|
| CN1516238 A | 日亚化学工业株式会社 | 571 |
| CN1278949 A | 克里公司 | 405 |
| CN1552104 A | 克里公司 | 298 |
| US5874747 A | 先进技术材料（Advanced Technology Materials, Inc.） | 236 |
| US5122845 A | 丰田合成，名古屋大学 | 217 |
| CN1426603 A | 奥斯兰姆奥普托半导体（欧司朗） | 214 |
| CN1398423 A | 摩托罗拉（飞思卡尔） | 206 |
| US6015979 A | 东芝株式会社 | 193 |
| CN1413362 A | 克里公司 | 186 |
| US5786606 A | 东芝株式会社 | 162 |
| CN1471733 A | 奥斯兰姆奥普托半导体（欧司朗） | 142 |
| JP2000021789 A | 日本氮化物半导体公司（Nitride Semiconductors Co., Ltd.） | 142 |
| CN1429402 A | 丰田合成 | 131 |
| CN1409868 A | 北卡罗来纳州大学 | 126 |
| US5432808 A | 东芝株式会社 | 120 |
| US2005/0161697 A1 | 住友电工 | 112 |
| CN1692499 A | 昂科公司（Emcore Corporation） | 92 |
| CN1413357 A | 丰田合成 | 88 |
| WO 2000004615 A8 | 富士通 | 87 |

由于专利文献的特殊性，其同族通常代表相同主题的技术方案。同族被引用次数能够反映这一主题的技术方案被技术人员、审查员等专业技术人员的认可程度，因此可以反映相关方案的重要性及其申请人作出的技术贡献。

根据统计结果，在LED异质外延Ⅲ族氮化物材料中，日本公司作出的技术贡献很大，包括日亚化学工业、丰田合成、东芝株式会社、住友电工等，它们几乎涉及主要的技术如缓冲层或应力释放结构、横向外延生长、图案化衬底，美国公司克里公司（科锐公司）对碳化硅衬底的制备及在碳化硅衬底上设置应力释放结构以优化Ⅲ-V族材料外延的专利掌握，使得该公司在碳化硅衬底LED处于领先地位，此外，例如德国的奥斯兰姆奥普托半导体（欧司朗）也都作出了较大贡献。

以上重要技术专利几乎都是在1995～2000年提出的申请，在此期间主要形成缓冲层/应力释放结构、横向外延生长、图案化衬底几个方面为主的技术路线，以上专利为整个LED外延芯片技术发展奠定了基础，此后的技术应用及发展，主要有三种类型。（1）对以上现有技术的应用，例如图形化衬底、缓冲层等技术，目前已经作为普通技术被广泛采用；（2）基于以上技术的改进，例如对图形化衬底的刻蚀方法的改进、对图形化衬底尺寸的改进、对缓冲层结构的设计改进、这些改进有的来自前述大公司自身技术的发展，有的则是一些新兴企业（例如不少国内企业）在现有技术基础上通过创新获得具有自主知识产权的技术；（3）基于以上基础技术的启发，例如受到现有技术中缓冲层材料的启发，尝试其他晶格常数接近的其他缓冲层材料，例如将现有技术中用于碳化硅衬底的应力释放结构，经过创新改进后用于硅衬底。总之，以上基础专利对整个后期技术的发展、创新的方向都具有重要影响。

### 三、LED中异质衬底外延Ⅲ族氮化物材料技术发展路线

通过前文的统计分析，在本小节对LED中异质衬底外延Ⅲ族氮化物材料技术发展，主要按以下主题进行分类：（1）缓冲层/应力释放结构；（2）横向外延生长方法及其改进；（3）图形化衬底。实际上，在技术人员进行创新时，一个方案会同时涉及以上的一种或多种。例如，在技术发展初期，图形化衬底经常是结合横向外延生长方法，同时改善外延材料结构；此后，有的技术人员仅关注图形化衬底的制备获得，以及图形化衬底形貌的研究，将图形化衬底的方案作为单独申请。因此，以上分类仅是为了对技术路线发展总结的需要进行的，具体同一篇文献可能会涉及多个分类。文中提及的技术提出年为该专利的申请日（有优先权的为优先权日），列出的文献号为公开号或其同主题同族的公开号（考虑到方便查阅）。

#### （一）缓冲层/应力释放结构技术发展路线

缓冲层的出现较早，早在1989年，由丰田合成、名古屋大学提出（美国公开号US5122845 A，优先权日 1989年3月1日）：在蓝宝石衬底上先形成氮化铝缓冲层，氮化铝缓冲层的生长温度为380～800℃，厚度为100～500埃，其形态是以微晶和多晶混合形式存在的非晶态。接着生长$Al_xGa_{1-x}N$外延材料，外延层质量得到提高。

1997年，克里公司提出（CN1278949 A）碳化硅衬底，设置缓冲结构包括多个应力释放区，以便缓冲结构中产生的应力诱发开裂，发生在缓冲层内的预定区域，而非其他区域。具体地，在具有沟槽45的晶片44（衬底）上生长下一外延层46时，外延层46的表面趋于具有一连串断开47，这些断开47的位置反映了构成晶片44（衬底）中的图形的沟槽45的位置。在碳化硅晶片44上生长缓冲层46的晶格结构时，这些断开47构成应力在此释放的区域。结果，在预计的地方而非任意位置发生晶格失配（或其他因素）造成的这种应力，所以允许器件形成在其余区域内，没有应力造成的龟裂的严重危险。应力释放区的预定图形可以为包括一格栅，该格栅较好是按限定分立器件的任

何希望或必需的尺寸形成。

在此基础上，人们对于缓冲层/应力释放区的材料、结构、制备方法进行改进，并尝试在不同衬底上设置缓冲层，以提高外延质量。2000年，摩托罗拉公司提出（CN1398423 A）：在硅衬底上，外延生长步骤的过程中对单晶半导体基片进行氧化以形成在单晶半导体基片与单晶氧化物层之间的硅氧化物层（非晶态中间层）；外延生长覆盖单晶氧化物层的单晶化合物半导体层。非晶态中间层用来消除由于基片与缓冲层晶格常数的差别在单晶缓冲适应层中可能出现的应变。2002年，昂科公司提出（同族公开号CN1692499 A）超晶格缓冲层：在硅基板上生成的氮化物半导体，其通过沉积少量单层铝以保护硅基板使其在生长过程中不受所用的氨的影响，然后从氮化铝形成晶核形成层，并形成包括AlGaN半导体多个超晶格的缓冲结构。

国内方面，相关研究较早出现于高校和科研院所。2005年，南昌大学提出（CN1697205A）在硅衬底上形成台面和沟槽组成的图形结构，衬底表面被分割成许多区域，在外延生长时可以使应力得到释放，而避免在外延时出现龟裂。2006年，中科院物理所（CN101009347 A）提出硅（102晶向）衬底上生长的非极性A面氮化物薄膜，其包括：硅衬底、依次生长在其上的金属层、InGaAlN初始生长层和第一InGaAlN缓冲层。其中硅衬底采用（102）面或偏角的Si衬底。其中Si（102）衬底及向各个方向偏角不超过12度。

对于缓冲层材料的选取，不同申请人也开始其他尝试。例如，2007年CN101075556 A无锡蓝星电子有限公司 在700～1 200℃下，在硅衬底上，用MOCVD（金属有机物化学气相外延法）技术生长二硼化锆薄膜；在高于900℃，在二硼化锆薄膜上，用 MOCVD技术生长与二硼化锆晶格匹配的$Al_xGa_{1-x}N$（x＝0.26）氮化铝镓层；在400℃～750℃下，在氮化铝镓层上，用MOCVD技术生长以$Al_xGa_{1-x}N$（$0 \leqslant x \leqslant 1$）氮化铝镓为主材的Ⅲ族氮化物。单层或多层缓冲层，以组成复合中间层；在650℃～1200℃下，在复合中间层上，用MOCVD技术生长 一层或多层以Ⅲ族氮化物为主材的半导体薄膜。2008年，华南师范大学提出（CN101369620 A）在硅衬底上沉积一层TiN过渡层；在硅衬底上制备掺杂渐变结构的AlN过渡层；在TiN过渡层上制备掺杂渐变结构的GaN缓冲层，再在掺杂渐变结构的GaN缓冲层上低温外延生长晶体GaN薄膜，在AlN过渡层之上低温沉积GaN薄膜。

从以上发展还可看出，缓冲层逐步朝着复合多层的方向发展，之后类似的复合多层结构还有以下申请。2008年，晶元光电股份有限公司提出（CN101546798B）：该缓冲层于至少一反应气体通入时的形成温度随时间而变化。其中该形成温度的最高温度与最低温度间的差异至少大于100℃，该形成温度为连续性降温过程。2010年，杭州海鲸光电科技有限公司提出（CN102208337B）：硅衬底上形成一复合应力协变层，该复合应力协变层由氮化铝和氮化钛单晶薄膜材料彼此多次交叠构成；一氮化镓模板层，形成在复合应力协变层上，该氮化镓模板层由氮化镓单晶薄膜材料构成。2011年，重庆大学提出（CN102157654B)，组分渐变缓冲层，其由AlGaN组分渐变的缓冲层构成。

（二）横向外延生长技术发展路线

1997年，日亚化学工业提出一种横向生长方法（同族公开号CN1223009 A）：在异质衬底11、缓冲层12之上，形成掩膜13，在掩膜13之中形成凹部（见图2-2-7a），氮化物半导体层15从凹部的侧面选择性地露出，使新的氮化物半导体从露出面生长；凹部由互相分离开而平行地延伸的多个单独的沟构成（见图2-2-7b）。这样的择生长掩膜13用具有在其表面上不生长或者难于生长氮化物半导体的性质的材料形成，例如含有氧化硅（SiOx）、氮化硅（SiNy）、氧化钛（TiOx）、氧化锆（ZrOx）之类的氧化物或氮化物，或含它们的多层膜。掩膜可由多个单个的条带（13a～13e）构成，各个条带掩膜理想的是具有0.5～100微米，更理想的是1～50微米，进一步理想的是2～30微米，再进一步理想的是5～20微米，特别理想的是5～15微米的宽度（Ws），而对各个条带掩膜的间隔（相当于各个窗口14的宽度[Ww]）的宽度之比（Ws/Ww），理想的是1～20，更理想的是1～10。厚度可以的是0.01～5微米，优选为0.1～3微米，进一步优选为0.1～2微米。

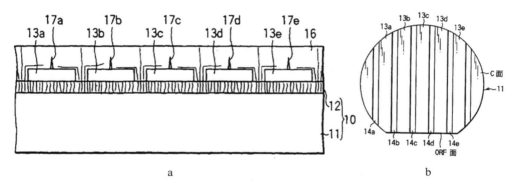

图2-2-7　CN1223009 A附图

通过改变外延生长条件，横向生长最终形成的器件结构略有差别。例如1997～1998年，东芝株式会社提出（同族公开号US6015979A），在蓝宝石衬底30上，形成二氧化硅掩膜31（见图2-2-8），掩膜中存在包括沟槽31a，低温缓冲层32形成在沟槽中，外延的氮化镓层33发生横向生长。

类似的条带装掩膜，提出的公司还有1998年日本富士通公司提出（同族公开号US 6606335 B1）：在SiC衬底11上，形成条带状的AlGaN图形12（见图2-2-9），条带状图形的方向与SiC衬底<1～100>方向平行，条带宽度为1～10微米，条带中心的间距为2～20微米。接着生长GaN层13，其先开始在条带状图形12上生长，而不容易在条带之间的SiC衬底上生长。当GaN层生长至一定厚度时，邻近AlGaN条带上生长的GaN发生

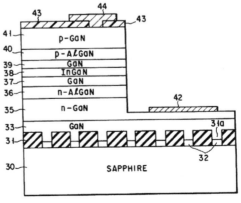

图2-2-8　US6015979A结构示意

接合，从而开始横向生长。

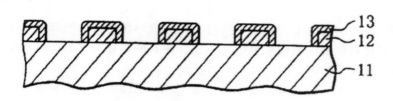

图2-2-9　US 6606335 B1横向生长示意

其他条带状掩膜还有，例如2000年，丰田合成提出（CN1429402A）：图案化衬底，蓝宝石衬底蚀刻成10微米宽、10微米间隔、10微米深的条带图案。厚度大约为40纳米的AlN缓冲层主要形成在衬底上台阶的顶面和底面上。GaN层通过垂直和水平外延生长形成。台阶由台阶顶面上水平外延生长的缓冲层21覆盖，因此，该表面变得平坦。在GaN层的台阶底部之上的部分线位错与其在台阶顶部之上的部分相比被明显抑制。形成在立柱表面上的部分21和形成在衬底1的沟槽底面上的部分22的缓冲层2作为晶体生长的籽晶，Ⅲ族氮化物系化合物半导体3垂直并横向外延生长，衬底1具有诸如带形或网格状结构的岛状结构的沟槽。然后，以形成在立柱上表面上的缓冲层21作用为晶体生长的籽晶或晶核，Ⅲ族氮化物系化合物半导体31可以在从沟槽底面上形成的缓冲层22上生长的Ⅲ族氮化物系化合物半导体32填埋沟槽之前覆盖沟槽的上部。

从以上发展来看，早期的研究主要集中于日本企业。在相近的年份1999年，美国克里（科锐公司）提出（公开号US2003/0207518A1），在掩膜层14的开口区域形成AlGaN缓冲层12，缓冲层12在开口区域中垂直向上生长，然后形成外延层20，外延层20横向生长，连为一体。

在经过一定研究之后，对于衬底起横向生长的掩膜也开始新的研究，例如掩膜的形状不限于条带形。2005年，索尼株式会社提出（同族公开号CN1874022A）公开了蓝宝石衬底具有六角形的突起11b结构，突起之间为凹口，外延层生长GaN时是从凹口的底面处开始的，然后逐步填充凹口，再向上生长，从凹口中生长出的GaN在突起11b上方互相接触（横向生长）。这一方案中，实质上采用的是一种点阵式的图形化衬底，突起（凸起）的尺寸、间距在几微米这样的量级。

经过一段时间发展，横向生长方法实际上已经较为成熟，而国内方面的研究起步较晚，2007年，深圳市方大国科光电技术有限公司提出（CN101471245A）Si衬底上横向外延生长的方法，在硅衬底表面外延生长一层AlN种子层；在AlN种子层上再外延生长一层GaN；外延生长GaN层后，将温度从900～1200℃在200～400sec内快速降温至500～800℃，导致GaN层与AlN种子层龟裂形成裂纹，在裂纹处由于$NH_3$的存在会生成SiN；原位生长SiN，在裂缝处SiN进一步长厚，并在GaN层上生长零星分布的SiN掩膜层；在具有SiN掩膜的GaN层上同质横向外延生长GaN，直至该GaN层完全生长合并在一起。2008年，我国台湾地区积体电路制造股份有限公司提出（同族公开号CN101853906B），基底，包括较高部分及较低部分；图案化掩膜层，位于基底的较高部分上，且与较高部分直接接触，图案化掩膜层包括多个间隔；缓冲/成核层，沉积于基底之上，且位于图案化掩膜层的间隔之中；以及Ⅲ－Ⅴ族化合物半导体层，位于图案化掩膜层的间隔之中，且位于缓冲/成核层之上，并进一步延伸至间隔之上而于图案化掩膜层及图案化掩膜层的间隔上形成连续层。2010年，华灿光电股份有限公司提出（CN102194940A）：在衬底上用高熔点材料制备一层薄膜；通过光刻，刻蚀在衬底上用高熔点材料制备图形；在高熔点材料形成的图形上制作GaN基发光二极管外延层；在高熔点材料形成的图形上沉积GaN基发光二极管外延层，采用横向生长。

### （三）图形化衬底技术发展路线

图形化衬底早期研究与横向生长结合在一起，2000年，丰田合成CN1429402A图案化衬底，蓝宝石衬底蚀刻成10微米宽、10微米间隔、10微米深的条带图案。以上结构主要是用于优化横向生长。此外，对图形化衬底的结构特性研究也在相近时间提出，2000年，松下电器产业株式会社（公开号CN100337338C）较早研究图形化衬底结构。衬底上凸起包含不与基板的表面平行的相互连接的两片侧表面，凸起的侧面是面方位为（1，-1，0，n），两片侧表面和与主面平行的面相交产生的两根线段的夹角为60°或120°。

国内方面，2007年，深圳市方大国科光电技术有限公司提出（CN101471401 A）蓝宝石衬底发光二极管芯片的外延生长方法，包括：去除光刻胶，留下$SiO_2$柱状圆形的图案；将蓝宝石图形衬底放入外延炉，并升温，$SiO_2$发生坍塌形成半球状。2007年，该公司还提出另一种形成图形化衬底的方法（CN101471402 A）在硅衬底（001晶面）上制备具有图形开孔的掩膜；得到的硅（001）放入具有各向异性蚀刻特性的腐蚀溶液中，制备出具有图形的硅片，制备的倒金字塔形衬底能有效释放外延层的应力，提高外延层结晶品质。

优化、改进图形化衬底制备方法的专利也相继提出。2009年，上海蓝光科技有限公司提出（CN101582479B）图形化衬底为三棱锥形微结构，形成方法，应用干法刻蚀工艺将图形转移至蓝宝石衬底上；再应用湿法刻蚀蓝宝石衬底将之前的图形形成周期性排列三棱锥形。2009年，山东华光光电子有限公司提出（CN101702418A）：包括在反应室内单独通入2～10分钟的$CP_2Mg$和$NH_3$，$CP_2Mg$和$NH_3$发生反应，以在高温非掺杂GaN层上形成具有孔洞的网状MgN掩膜，以优化外延生长。2010年，山东华光光电子有限公司提出（CN102005518B）：在蓝宝石衬底上沉积二氧化硅层或氮化硅层，利用光刻法形成掩膜图形；将带有二氧化硅或氮化硅掩膜的衬底放入加热后硫酸和磷酸混合溶液中进行第一次腐蚀，去掉衬底上的二氧化硅氮化硅掩膜层，用纯水清洗；将第一次腐蚀完的衬底放入混合溶液中进行第二次腐蚀，取出后用纯水清洗，即得到蓝宝石锥状图形衬底。本发明通过两次腐蚀制备出锥状图形衬底，解决了圆台状图形衬底生长外延不易长平，外延层晶体质量差的问题，同时增加了出光面积。

近年来，经过一定发展，图形化衬底的尺寸也朝着亚微米、纳米量级发展，2009年，和椿科技股份有限公司提出（CN101877330 A）：位于该蓝宝石基板的表面具有多个微凹穴，该多个微凹穴呈阵列状排列，该多个微凹穴的形状为一倒角锥，微凹穴的底边长度是介于100~2400纳米，且微凹穴的深度是介于25~1000纳米。2010

年，南昌大学提出（CN101814426 A）：在蓝宝石的上表面沉积一层低折射率材料、厚度为1～999埃的薄膜；用光阻在所述的薄膜上制备掩模图形；通过刻蚀，将光刻胶掩膜的图形转移到所述的薄膜上，得到图形下底的宽度为0.5～3微米、间距 0.5～3微米的凸起，凸起厚度为1～999埃。2012年，江苏威纳德照明科技有限公司提出（CN102956771 A）：在单晶硅片上有一层非晶氮化硅层，非晶氮化硅层的厚度优选为200～800纳米；在非晶氮化硅层上有一层单晶氮化硅薄膜，单晶氮化硅薄膜包括多个周期性排列的阵列单元，单晶氮化硅薄膜的厚度优选为10～30纳米，每个阵列单元的尺寸优选为 200×200～1000×1000平方纳米，每个阵列单元之间的间隔优选为50～300纳米。

由于形成图形化衬底的方法不同，对图形化衬底的形态也有较多研究。2010年，苏州纳晶光电有限公司（CN102064257 A）蓝宝石图形衬底，包括衬底图形，其为连续的网状结构，且各组成边为脊形结构。2011年，厦门市三安光电科技有限公司提出（CN102117869B）通过对GaN外延层侧面进行腐蚀，形成孔洞型结构，配合外延生长的非填满型图形化蓝宝石衬底，使GaN外延层与蓝宝石衬底分离。除了可以有效地降低GaN基外延生长中的位错密度，还能快速剥离蓝宝石衬底。2011年，西安神光安瑞光电科技有限公司提出（CN102136531 A）：提供（100）晶面的硅衬底；以图形化掩膜层为掩膜，湿法刻蚀硅衬底，将硅衬底的一部分转变为（111）晶面，从而使得硅衬底表面呈锥形。

由于图形化衬底结构制作工艺并不复杂，国内一些高校、科研院所也提出了图形化衬底的结构或方法，2011年，中科院苏州纳米技术与纳米仿生研究所提出（CN102185069B）：包括多重环带结构分布图形，其由阵列排布的多个多重环带单胞组成，各多重环带单胞包括多个由大到小相嵌套的环形凸起脊，相邻两个环形凸起脊之间由平面或曲面连接，环带结构中心为凸起或凹陷结构。2011年，中山大学提出（CN102208497B）本发明公开了一种硅衬底上半极性、非极性GaN复合衬底的制备方法。首先在不以（111）晶面为表面的Si衬底上用掩膜保护与湿法刻蚀的方法形成沟槽，暴露出Si（111）晶面中的一个或数个；然后用金属有机化学气相沉积法在Si衬底上生长一薄层半极性或非极性GaN，形成籽晶层；再用氢化物气相外延法继续生长GaN厚膜，形成表面平整，高晶体质量的半极性、非极性 GaN复合衬底。本发明促进了不同沟槽间GaN的愈合，减少了愈合处的位错，克服了现有技术沟槽处愈合困难，愈合处位错密度大的缺点，具有更好的晶体质量与表面平整度。

## 四、总结与展望

在前文对专利申请发展、主要申请人分布，相关专利技术发展路线梳理的基础上，结合科学研究及产业发展，进一步总结相关技术对LED整体发展历史的作用，分析总结技术发展特点及专利技术在整个发展中的作用。

### （一）LED异质外延Ⅲ族氮化物材料技术对LED芯片产业发展的推动

前文已经从专利技术文献的相关技术发展，对LED异质外延Ⅲ族氮化物材料技术进行了梳理。以下结合专利技术、科研学术及整个产业角度，分析并总结LED异质外延Ⅲ族氮化物材料技术的发展，以及对制造高效蓝光LED在产业中的推动作用。

20世纪80年代末，红光和绿光LED已经成熟发展并应用。然而，高效的蓝光LED始终没有取得突破性进展。众所周知，白光可由不同波段光谱合成，基于已经发展相对成熟的红光和绿光，为了获得白光，高效的蓝光LED是其中的关键。而对于当时有希望制造蓝光LED的GAN材料而言，核心技术问题在于如何在衬底上形成质量良好的GAN材料。

1989年，名古屋大学的赤崎勇通过在蓝宝石衬底上形成AlN缓冲层，获得特性优良的其形态是以微晶和多晶混合形式存在的非晶态。接着生长$Al_xGa_{1-x}N$外延材料，外延层质量得到提高外延结构。相关技术也提出了专利申请（美国公开号US5122845 A，优先权日1989年3月1日），专利的申请人为名古屋大学及丰田合成。90年代初期，[1]　另一个重要的技术贡献者是日亚化学，其也在LED异质外延和P型层制备方面取得重要突破，并于1993年成功开发世界首个高光度（一流明）的蓝光LED，相关技术发表于学术论文同时日亚公司在相关专利方面也进行了大量布局。

以上技术突破引起广泛关注，日本其他企业如东芝、丰田、索尼也都在相关方面进行了大量研究，并且积极申请相关专利。结合前文可知，其中重要的基础专利，几乎都被日本垄断。此外，日本企业大多数也十分重视国外专利的申请，如丰田、日亚化学在初期就都在中国、美国申请了相关专利。当然也有例外，例如住友电工有的专利初期并未在中国申请（无中国同族），这或许由于初期对中国市场重视不够。

在日本企业快速发展的同时，美国公司如克里公司、传统光源公司德国欧司朗（奥斯兰姆奥普托半导体）也很快关注到这一领域，投入研发并进行专利申请；经过一定时间发展，关于蓝宝石衬底、碳化硅衬底外延的重点专利申请在2000年前已经提出。结合以往审查经验及进一步检索，上述两家公司以及蓝光LED巨头日亚化学的专利申请不仅局限于此，还广泛涉及LED的封装领域。

就中国技术人员而言，南昌大学在硅衬底异质外延方面也做出巨大贡献，与之相关的公司晶能光电、南昌黄绿照明等将以上技术成功商业化。从专利申请方面，以上高校及其相关企业较早就进行了布局，2001年就有Ⅲ族氮化物材料发光二极管的专利申请（申请号CN 01122276.X），2005年有关于硅衬底上异质外延Ⅲ族氮化物材料的申请（申请号CN200510025179.7，并提交了美国申请、欧洲申请）。

2014年，诺贝尔物理学奖被授予日本科学家赤崎勇、天野浩和美籍日裔科学家中村修二，以表彰他们在高效蓝光LED方面的贡献，而他们的主要贡献之一实际上就在于异质衬底上外延Ⅲ族氮化物材料，他们的技术突破引起学术界、产业界对该技术的

---

[1]　Nakamura S: "In Situ Monitoring of GaN Growth Using Interference Effects", in *Japanese Journal of Applied Physics*, 1991, 30（8）:1620-1627; Nakamura S: "GaN Growth Using GaN Buffer Layerin", in *Japanese Journal of Applied Physics*, 1991, 30（10A）:L1705-L1707.

关注及更深入的研究；2015年中国国家技术发明一等奖授予南昌大学江风益教授，以表彰他在硅衬底高光效GaN基蓝光LED做出的贡献。可见，他们在推动异质外延Ⅲ族氮化物材料上所取得的巨大进步，也是科学界和产业界结合的典范。

综上，可以看出LED异质外延Ⅲ族氮化物材料技术的发展主要有以下特点：

（1）产业发展与科研发展紧密联系。在一些关键技术，名古屋大学的赤崎勇等在蓝宝石衬底上外延Ⅲ族氮化物材料，中国南昌大学江风益等在硅衬底上外延Ⅲ族氮化物材料都作出很大贡献。在整个技术发展过程中，国内外高校、科研院所都进行了大量研究，许多技术手段在专利文献、学术论文中都有涉及。

（2）关键技术推动产业迅速发展。日本科学家赤崎勇、天野浩和美籍日裔科学家中村修二对蓝宝石衬底上外延Ⅲ族氮化物材料的研究，尤其是中村修二所在日亚公司1993年成功开发世界首个高光度（一流明）的蓝光LED，大大增加了科学界、产业界对相关方面的研究，LED技术也进入快速发展时期。

（3）技术路线多样性。对于Ⅲ族氮化物材料而言，较早成功商业化的是蓝宝石衬底LED，随后碳化硅衬底LED商业化，基于近年技术发展，硅衬底也已经成功商业化。即使在主流蓝宝石衬底的LED已经技术成熟，对其他衬底的研究也在一直进行，这主要是广阔的市场激发研究者的热情。

（4）大公司注重知识产权保护，专利布局广泛。对于日亚化工、克里公司、韩国LG、三星以及国内的晶能光电等，它们专利布局既有核心技术如外延芯片的结构，又涉及芯片的封装等，在专利布局上涉及整个产业的上下游。许多大公司十分注重知识产权的保护，在技术发展的初期就积极申请国内外专利。

## （二）未来产业发展趋势及对国内企业的建议

经过多年的发展，在异质外延Ⅲ族氮化物方面，就蓝宝石、碳化硅技术而言，已经较为成熟，从目前报道而言，中国在硅衬底上外延Ⅲ族氮化物也已经成功实现产业化，基于广阔的中国本土及海外市场，相信其市场份额将逐步增大。

就技术发展而言，蓝宝石、碳化硅、硅衬底均有成熟并产业化的技术及相关专利。接下来发展的路线或许是对现有一些手段的改进发明，如近年来对纳米图形化衬底的进一步研究，在缓冲层材料上寻找一些其他的替代材料。实际上，对不同衬底而言，技术方案的组合或者研究是具有无限可能的。现有技术应用在不同衬底上，往往都需要另外的尝试和探。对于研发人员而言，参考其他衬底外延时的手段，往往会获得很大的启发。另外，单晶GaN衬底等同质衬底的研究也在不断进展，其在今后是否占有一席之地，仍依赖于效率和成本。

对于国内企业，第一要注重核心技术的研发，从相关技术发展历史看，外延芯片的核心技术仍然是获得竞争力的保证，即使现有技术中有的已经成熟，技术人员还是可以从其他路线取得突破，当然，最终获得市场竞争力需要足够低的成本和较高的效率，才足以挑战现有技术，获得一席之地；第二要注重知识产权的保护，在一项技术发展的初期，技术人员往往难以预估其以后发展前景和重要性，新技术在提出时还应在国内外注重知识产权保护，这方面日本企业是很好的例子，在异质外延Ⅲ族氮化物发展初期，这些企业大多数都重视在国内外主要市场的专利申请。专利保护很多时候或许不是进攻性的，但在专利战日益增多的今天，必要的专利在手对于应战是十分必要的，可以起到防御作用。

　　LED技术已经进入稳步发展期，在提倡新能源、节能环保的今天，相信LED的发展前景也更加光明。

# 第三节　量子点改善染料敏化太阳能电池专利技术分析

## 一、前　言

　　自从1991年瑞士洛桑高等工业学院迈克尔·格兰泽尔（M. Grtzel）教授领导的科研小组在染料敏化太阳能电池（Dye-Sensitized Solar Cells，DSSCs）技术上取得突破以来，中国、美国、日本、韩国以及欧洲的一些国家投入了大量精力和财力对染料敏化太阳能电池技术进行了进一步的研发。另外，染料敏化太阳能电池具有如下优点：原材料比较丰富、成本较低、工艺技术相对简单，且其所有原材料和生产工艺相对无毒、无污染；这些优点进一步推动染料敏化太阳能电池技术的快速发展。

　　量子点（quantum dot）是指半径小于或接近于激子波尔半径的准零维纳米晶粒，其内部的电子在各个方向上的运动都受到限制。❶量子点又称半导体纳米晶，量子点对于染料敏化太阳能电池的改善主要集中在光阳极、敏化剂、氧化还原电解质和对电极四个方面。量子点具有如下优点：（1）可以通过调控本身的尺寸来改变其带隙，从而有利于拓宽吸光范围；❷（2）可以产生多激子效应，即可以吸收一个高能电子产生多个电子—空穴对；❸（3）电子给体和受体材料的能级匹配比较容易实现；❹（4）便于电子—空穴快速分离；❺等等。量子点的这些特殊优势可以使染料敏化太阳能电池的理论效率得到很大提高，具有很好的发展前景。

　　本节通过在CNABS和DWPI专利数据库中对量子点改善染料敏化太阳能电池专利进行检索，以此为基础，对量子点改善染料敏化太阳能电池技术方向的专利申请进行全面统计分析，包括申请量趋势、申请国别分布、主要申请人、IPC分类号分布、专利技术分支、重要申请人主要技术分布等，并根据具体专利申请情况从专利文献的视角分析量子点改善染料敏化太阳能电池技术的发展状况以及发展规律，以期初步了解量子点改善染料敏化太阳能电池的发展现状，并且对量子点改善染料敏化太阳能电池未来的研究方向提供一定的借鉴意义。

---

❶❷❺　杨健茂等：“量子点敏化太阳能电池研究进展”，载《材料导报》第25卷第23期，第1～4页。

❸　宋鑫：“量子点敏化太阳能电池：制备及光电转换性能的改进”，载《工程科技Ⅱ辑》2011年第7期，第C042-59页。

❹　孟庆波：“量子点太阳能电池技术概况”，载《新材料产业》2013年第3期，第61～63页。

## 二、染料敏化太阳能电池结构及工作原理

### （一）结构

染料敏化太阳能电池在光伏领域有着良好的发展前景，其作为第三代太阳能电池，在很多方面表现出优良性能，已成为近些年来科学家研究的热点。

图2-3-1为染料敏化太阳能电池的结构图，可以看出染料敏化太阳能电池主要包括四部分：（1）光阳极（包括光阳极材料和光阳极基底）；（2）敏化剂；（3）对电极（包括对电极材料和对电极基底）；（4）氧化还原电解质。其中，光阳极材料通常为半导体金属氧化物（如二氧化钛、二氧化锡、氧化锌等）；敏化剂通常为有机染料（如N719染料等），其吸附在纳米多孔光阳极材料上；对电极材料通常为铂（也可以为碳材料、金属硫化物等），其设置在透明导电基底的玻璃上，用来作为还原催化剂；电解质通常含有氧化还原电对，其填充在电极间。

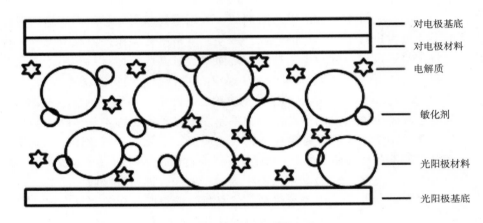

对电极基底
对电极材料
电解质
敏化剂
光阳极材料
光阳极基底

**图2-3-1　染料敏化太阳能电池结构**

### （二）工作原理

染料敏化太阳能电池的工作原理如下：（1）太阳光照射到染料敏化太阳能电池上，基态染料分子吸收太阳光的能量后被激发，染料分子中的电子受激发跃迁到激发态；（2）激发态的染料分子将电子注入半导体材料的导带中，染料分子失去电子变成氧化态；（3）注入半导体材料的导带中的电子在半导体材料中迅速传输，瞬间达到半导体材料与导电玻璃的接触面，并在导电基板上富集从而通过外电路流向对电极；（4）电解质溶液中的电子供体$I^-$提供电子后成为$I^{3-}$，扩散到对电极，得到电子被还原；（5）处于氧化态的染料分子，由电解质溶液中的电子供体$I^-$提供电子而回到基态，染料分子得以再生，完成整个循环；（6）注入半导体材料的导带中的电子与氧化态的染料发生复合反应；（7）注入到半导体材料的导带中的电子与电解液中的$I^-$发生复合反应。其中，反应（6）的反应速率越小，电子复合的机会越小，电子注入的效率就越高；反应（7）是造成

电流损失的主要原因。❶

### 三、专利统计分析

本节数据来源于在CNABS和DWPI数据库中检索所获得的进行专利统计分析的专利样本。检索涉及的关键词主要包括：量子点、纳米晶、染料、太阳能电池、quantum dot、QD、nanocrystal、solar cell、dye，涉及的分类号主要包括：H01G9/+、H01L31/+、H01L51/+。

#### （一）专利申请年度分析

将检索结果进行统计分析，得到如图2-3-2所示的量子点改善染料敏化太阳能电池技术专利申请的变化趋势，其中，同族专利视为一个申请，且中国申请为申请人为中国的专利申请。从图2-3-2中可以看出，量子点改善染料敏化太阳能电池技术的专利申请始于2001年，从总申请量可以看出，在经历2001～2002年的萌芽期后，申请量开始逐年增长；2010～2011年，该技术方向的专利申请达到一个高峰，年申请量维持在41件左右；2011年之后，申请量有所下降；2014年的申请量为15件，2015年的申请量为16件，部分原因可能是样本的检索日期为2016年3月，而2014年年末的部分专利申请以及2014年以后的大部分专利申请还未公开（由于2016年的数据不完整，在此不进行统计分析）。另外，从图2-3-2的总申请量和中国申请量的对比可以看出，中国申请量的趋势几乎与总申请量一致，且多个年份中国申请量与总申请量相同（如2001～2003年），其他年份中国的申请量占总申请量的比例也较大，反映出中国在该技术分支上做出了很多研究。

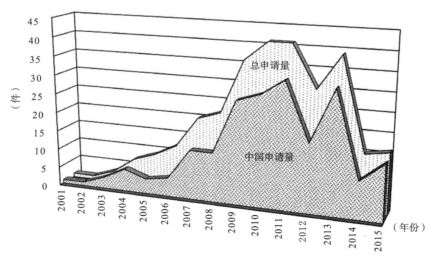

图2-3-2　量子点改善染料敏化太阳能电池专利申请趋势

---

❶　李晓冬："染料敏化太阳能电池TiO₂多孔薄膜电极研究"，载《工程科技Ⅱ辑》2008年第11期，第C042～560页。

（二）全球主要国家专利申请情况

在同族去重后的专利样本中对专利权人及其国别进行标引统计。图2-3-3为按专利权人所属国家统计的各国专利申请量分布情况。如图2-3-3所示，量子点改善染料敏化太阳能电池技术方向的专利申请主要集中在中国、美国、韩国和日本等少数几个国家，这几个国家在对量子点改善染料敏化太阳能电池的研究上领先于其他国家或地区，其中，中国的申请量最多，申请量为214件，达到申请总量的72.1%，与图2-3-2的中国申请量和总申请量的对比反映的结果一致；美国和韩国紧随其后，申请量分别为22件和20件，占申请总量的7.4%和6.7%；日本申请量为15件，占申请总量的5.1%；其他国家（包括德国、印度、法国、英国等）仅占申请总量的8.7%。

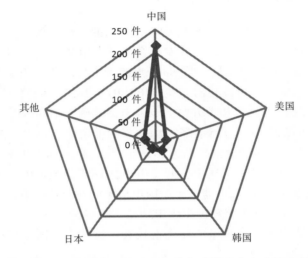

**图2-3-3　各国在量子点改善染料敏化太阳能电池技术方向上的专利申请量分布**

（三）国内申请分析

1. 国内各省份申请分析

从图2-3-2和图2-3-3可以看出，量子点改善染料敏化太阳能电池技术主要集中在中国，为了更好地了解该技术方向在中国的研究现状，下面重点分析中国的申请。

图2-3-4为中国不同省份对量子点改善染料敏化太阳能电池技术方向申请量比较。从图2-3-4可以看出，量子点改善染料敏化太阳能电池技术方向上的专利申请主要包括三种类型：高校申请、公司申请以及个人申请，其中高校申请占中国申请总量的78.5%，公司申请占20.2%，个人申请仅占1.3%。在高校申请中，上海居首，申请量为42件；北京其次，申请量为30件；再次是湖北18件，江苏14件，福建12件；其余省份申请量均在10件以下；高校申请量的差异可能与当地的学校类型和数量有关。在公司申请中，陕西居首，申请量为12件；广东和江苏次之，分别为7件和6件；其余省份申请量均在5件以下；公司申请量的差异可能和当地的经济发展有关。

2. 国内主要高校申请分析

从图2-3-4可以看出，高校申请占中国申请量的3/4以上，为了更好地了解该技术方向在各个高校的研究现状，对各个高校的申请进行重点分析。

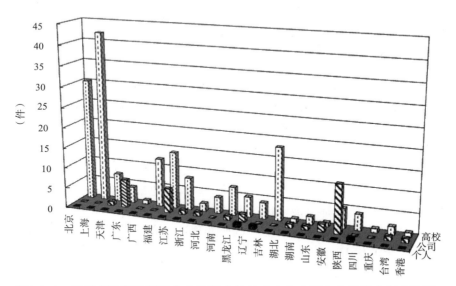

**图2-3-4　量子点改善染料敏化太阳能电池技术方向中国各省份的专利申请量**

图2-3-5为申请量为5件以上的高校在量子点改善染料敏化太阳能电池技术方向上的专利申请比较。从图2-3-5中可以看出，中科院居首，申请量为17件，这可能与中科院下属的研究院（主要包括中国科学院上海硅酸盐研究所，3件；中科院半导体研究所，3件；中科院化学研究所，2件；中科院物理研究所，2件等）比较多有关；武汉大学、上海大学、复旦大学其次，申请量均为10件；上海交通大学、福州大学申请量均为8件；北京信息科技大学申请量为6件；宁波大学、常州大学、黑龙江大学申请量均

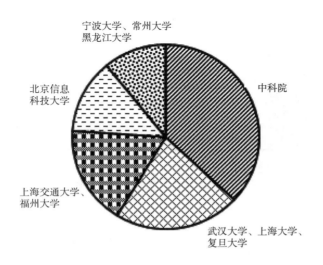

**图2-3-5　量子点改善染料敏化太阳能电池技术方向主要高校的专利申请趋势**

为5件。在申请量较多的高校中，上海大学、复旦大学和上海交通大学均位于上海，这可能是造成在中国各省份中上海的申请量居首的一个重要原因；另外，中科院的众多研究所位于北京，再加上北京信息科技大学的申请量，也使北京的申请量位于各省份的第二位置；而湖北的武汉大学、福建的福州大学也使湖北省和福建省的申请量处在比较靠前的位置。

### （四）全球专利申请IPC分类号分布

图2-3-6为量子点改善染料敏化太阳能电池专利的IPC分类号分布，可以看出，量子点改善染料敏化太阳能电池专利涉及的IPC分类号主要为H01G9/+（其中，H01G9/00的含义为：电解电容器、整流器、检波器、开关器件、光敏器件或热敏器件；及其制备方法。染料敏化太阳能电池属于光敏器件），其申请量为161件；但有部分量子点改善染料敏化太阳能电池的专利的主分类号为H01L31/+、H01L51/+（其中，H01L31/00的含义为：对红外辐射、光、较短波长的电磁辐射，或微粒辐射敏感的，并且专门适用于把这样的辐射能转换为电能的，或者专门适用于通过这样的辐射进行电能控制的半导体器件；专门适用于制造或处理这些半导体器件或其部件的方法或设备；其零部件。H01L51/00的含义为：使用有机材料作有源部分或使用有机材料与其他材料的组合作有源部分的固态器件；专门适用于制造或处理这些器件或其部件的工艺方法或设备），两者的申请量分别79件和29件；另外，有少部分专利的主分类号分布在其他领域，可能与量子点改善染料敏化太阳能电池申请的发明构思有关，其申请量为28件。

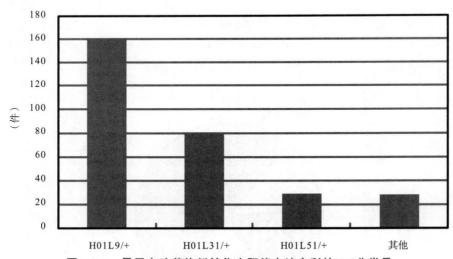

**图2-3-6 量子点改善染料敏化太阳能电池专利的IPC分类号**

图2-3-7为量子点改善染料敏化太阳能电池专利的IPC分类号详细分布，可以看出，在H01G9/00的下属分类号中，申请量最多的分类号为H01G9/042（申请量为53件），其含义为：光敏器件中以材料为特征的电极；其次为H01G9/20，申请量为49件，

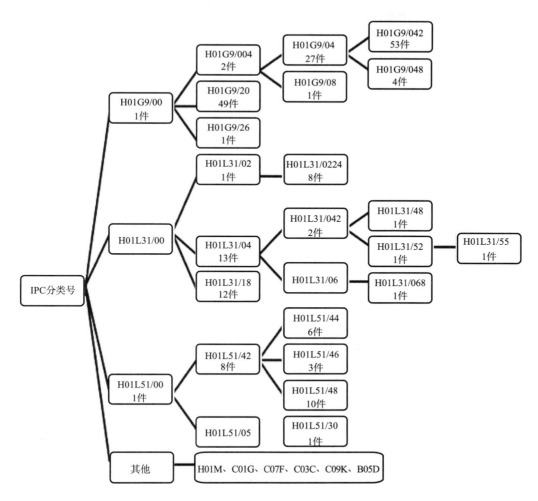

**图2-3-7　量子点改善染料敏化太阳能电池专利的IPC分类号详细分布**

其含义为：光敏器件；再次为H01G9/04，申请量为27件，其含义为：光敏器件的电极；从上述分布可以看出，量子点改善染料敏化太阳能电池专利在H01G9/00的分类号中的分布还是相对比较集中。在H01L31/00的下属分类号中，申请量最多的分类号为H01L31/04（13件），其含义为：用作转换器件的设备；其次为H01L31/18，申请量为12件，其含义为：专门适用于制造或处理这些器件或其他部件的方法和设备；再次为H01L31/0224，申请量为8件，其含义为：电极；其余的分类号分布相对较分散。在H01L51/00的下属分类号中，H01L51/42和H01L51/48的申请量较多，分别为8件和10件，前者含义为：专门适用于感应红外线辐射、光、较短波长的电磁辐射或微粒辐射，专门适用于将这些辐射能转换为电能，或者适用于通过这样的辐射进行电能的控制；后者含义为：专门适用于制造或处理这种器件或其他部件的方法或设备；另外，H01L51/44的申请量为6件，其含义为器件的零部件。在其他分类号中，主要有电池部的分类号和化学部的分类号，如H01M（其中，H01M/00的含义为：用于直接转变化学能为电能的方法或装置，例如电池组。这个分类号可能与染料敏化太阳能电池的整体结构改进有关）、C01G（其中，C01G/00的含义为：含有不包含在C01D或C01F小类中之金属的化合物；这个分类号可能与染料敏化太阳能电池的光阳极材料、对电极材料的改进有关）、C07F（其中，C07F/00的含义为：含除碳、氢、卤素、氧、氮、硫、硒或碲以外的其他元素的无环、碳环或杂环化合物；这个分类号可能与染料敏化太阳能电池的电解质材料的改进有关）、C03C（其中，C03C/00的含义为：玻璃、釉或搪瓷釉的化学成分；玻璃的表面处理；由玻璃、矿物或矿渣制成的纤维或细丝的表面处理；玻璃与玻璃或与其他材料的接合；这个分类号可能与染料敏化太阳能电池的电解质材料的改进有关）、C09K（其中，C09K /00的含义为：不包含在其他类目中的各种应用材料；不包含在其他类目中的材料的各种应用；这个分类号可能与染料敏化太阳能电池的光阳极材料、对电极材料、电解质材料的改进有关）等。

## 四、专利技术分析

为了了解量子点改善染料敏化太阳能电池相关技术专利申请的情况，通过在CNABS和DWPI数据库中检索获得专利样本，经同族去重后共得到297篇，然后对上述297篇专利申请的技术方案进行人工标引和统计。其中，检索涉及的关键词主要包括：量子点、纳米晶、染料、太阳能电池、quantum dot、QD、nanocrystal、solar cell、dye，涉及的分类号主要包括：H01G9/+、H01L31/+、H01L51/+。

### （一）量子点改善染料敏化太阳能电池技术分支

对于光敏器件领域的染料敏化太阳能电池来说，其光电转换效率是评价其性能的重要方面。涉及光电转换效率的技术问题以及实现对染料敏化太阳能电池光电转换效率的控制受到各研究单位的高度重视，也成为专利申请的焦点。

通过对量子点改善染料敏化太阳能电池技术方向专利的检索、标引和梳理可以得到量子点改善染料敏化太阳能电池的技术研发方向，具体如图2-3-8所示。其中，研究涉及的一级技术分支包括光阳极、敏化剂、对电极、电解质四个技术方向。

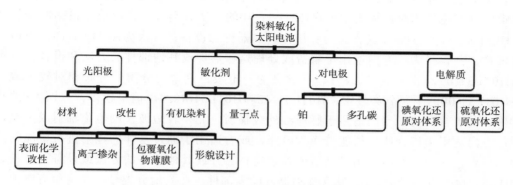

**图2-3-8　量子点改善染料敏化太阳能电池技术研发方向**

图2-3-9为量子点改善染料敏化太阳能电池专利申请在各一级技术分支和二级技术

分支的分布情况，可以看出，涉及光阳极和敏化剂两个方面的专利申请最多，分别占总申请量的69.7%和22.9%，这意味着这两个技术方向是量子点改善染料敏化太阳能电池器件的研究重点，也是获得高性能染料敏化太阳能电池最需要进行改进的方向。另外，对电极技术分支的申请量占总申请量的5.7%，而电解质仅占1.7%。

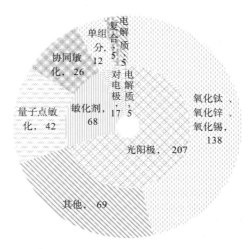

**图2-3-9　量子点改善染料敏化太阳能电池技术分支专利分布**

　　光阳极在二级技术分支中，二氧化钛、氧化锌、二氧化锡的申请量为138件，占光阳极总申请量的66.7%，这些文献主要集中在光阳极材料的改性，如对光阳极材料进行掺杂，提高锐钛矿晶型材料的生成，从而有利于电荷分离；对光阳极材料表面进行化学改性，提高敏化剂吸附率，从而有利于改善材料的电荷传导；在光阳极材料表面包覆氧化物薄膜，抑制载流子复合，从而有利于减少暗电流；对光阳极材料表面进行设计（如纳米线、纳米棒、纳米管等纳米阵列结构），从而有利于改善电荷传导和电解质传质等。❶

　　敏化剂在二级技术分支中，主要包括两个方面：（1）量子点单组分敏化；（2）量子点和有机染料协同敏化。采用无机窄带隙的半导体量子点作为敏化剂的敏化太阳能电池为量子点敏化太阳能电池，它克服了传统的钌—联吡咯染料和有机染料吸光范围较窄的缺点，并且电池的制备成本更低。量子点敏化剂是量子点敏化太阳能电池吸收光子的关键部分，通常将其沉积到纳米结构的半导体光阳极上以扩大吸光范围，提高光转换效率。用于量子点敏化太阳能电池的量子点须具备以下特性：❷（1）光吸收特性良好，尤其是在可见光区域吸收强度高和光波吸收范围宽；（2）电子激发态寿命长和载流子传输效率高；（3）与半导体光阳极材料能级相匹配；（4）氧化还原过程中电势相对较低；（5）有较高的激发态和氧化态稳定性；（6）能直接或间接地形成在半导体光阳极材料上。

　　对电极在二级技术分支中，主要包括两个方面：（1）单组分材料；（2）复合材料。其申请量均比较少。鉴于电解质在一级技术分支中的申请量不多，故没有进行电解质

---

❶ 刘晓光等："量子点敏化太阳能电池研究进展"，载《功能材料》2014年第1期，第15～23页。
❷ 马娟等："量子点敏化太阳能电池研究进展"，载《化学进展》2015年第10期，第3601～3608页。

二级技术分支的梳理。下面对光阳极、敏化剂和对电极三个技术分支进行详细分析。

### （二）量子点改善染料敏化太阳能电池光阳极的技术脉络梳理

从图2-3-9可以看出，光阳极的申请量占很大比例，且光阳极是染料敏化太阳能电池最重要的组成部分，因此，对光阳极的技术分支进行进一步梳理和分析显得尤为重要。图2-3-10为染料敏化太阳能电池光阳极的一种多层结构，可以看出，光阳极从下到上依次包括阻挡层、光吸收层、光散射层和涂层，其中，阻挡层的厚度约500纳米，阻挡电池中不必要的氧化还原反应；光吸收层的厚度约10微米，用来吸收敏化剂；光散射层的厚度约3微米；涂层的厚度比较薄，可以通过化学沉积法制备；通过层与层之间的相互作用，可以进一步提高染料敏化太阳能电池的光电转换效率。在标引的光阳极专利申请中，量子点的改善也体现在各层中。

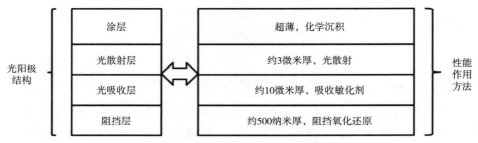

**图2-3-10　染料敏化太阳能电池光阳极结构**

图2-3-11为量子点改善染料敏化太阳能电池光阳极年度专利分布图，可以看出，该技术分支的申请人中高校居多，公司其次，个人最少；与总申请的趋势一致。在高校申请中，专利申请量在2009～2011年达到一个高峰，分别为20件、21件、21件；而公司申请中，2009年和2011年最多，均为7件；个人申请仅在2006年和2014年出现2件。

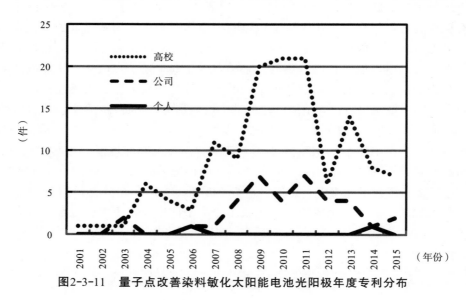

**图2-3-11　量子点改善染料敏化太阳能电池光阳极年度专利分布**

　　在上述光阳极的申请中，列举了2004～2015年的一些典型专利，如图2-3-12所示，可以看出，2004～2006年和2015年的申请中，光阳极的改善为对材料形状进行设计或通过特殊的方法来制备；而2007～2014年的申请中，光阳极的改善为对其材料进行掺杂，如常州有则科技有限公司的两个申请中分别采用Ti/Sr包覆二氧化钛和$Fe^{2+}$/$Fe^{3+}$掺杂二氧化钛，从这两个申请可以看出，通过对光阳极二氧化钛的包覆和掺杂，有效地提高了电荷寿命，降低了电荷复合的概率，使界面电荷转移效率得到提升，且用上述光阳极组装成染料敏化太阳能电池进行性能测试后，发现电池的短路光电流、开路光电压以及能量转化效率有大幅提高，与常规处理方法相比具有明显的优势。又如吉林大学于2015年申请的"三维纳米棒片花结构的多孔二氧化钛纳米晶薄膜、制备方法及应用"中，三维纳米棒片花结构的多孔二氧化钛纳米晶薄膜由三种纳米结构组成：一维纳米棒阵列、二维纳米片和三维纳米花；长度约3～5微米的纳米棒阵列直接生长在FTO导电玻璃表面，可以有效改善二氧化钛纳米晶薄膜的电子传输速率；纳米花直径约6～8微米，由许多纳米棒组成，其形成于反应溶液中，在高温高压环境下逐渐沉积在纳米棒阵列上；纳米片由纳米花与高浓度的氢氧化钠溶液反应并通过重结晶的方式生长而成，最终形成分等级的三维纳米棒片花结构；该纳米花的独特结构具有疏松多孔的特性，有利于增大光阳极的染料吸附量，并加强对光的散射作用，从而有效提高光的捕获效率，提高光生电子的收集效率。

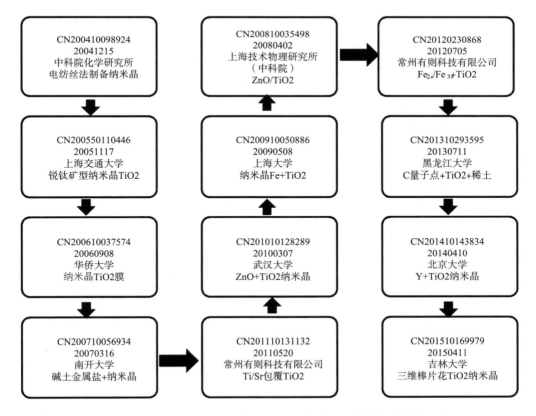

图2-3-12　量子点改善染料敏化太阳能电池光阳极的技术发展路线

### （三）量子点改善染料敏化太阳能电池敏化剂的技术脉络梳理

敏化剂作为染料敏化太阳能电池的重要组成部分，其研究也是该研究方向的重点之一。在量子点敏化太阳能电池领域，硫化镉（CdS）和硫化硒（CdSe）被认为是比较理想的光敏剂，硫化镉和硫化硒用来改善染料敏化太阳能电池可以显著提高电池的光电转换效率。图2-3-13示出量子点敏化太阳能电池中常用量子点材料的能带参数，可以看出，硫化镉的带隙为2.4eV（光谱吸收范围为<550纳米），硫化硒的带隙为1.7eV（光谱吸收范围为≤700纳米）。但由于硫化硒难以吸附在光阳极材料的表面，通常先在光阳极材料表面吸附一层硫化镉，然后再负载硫化硒，这样不仅能增加硫化硒的负载量，而且可以极大地提高光子的吸收率。这种硫化镉/硫化硒共敏化作用极大地提高了电池的光电转换效率，可能是目前较好的一种量子点改善染料敏化太阳能电池的方法之一。具体的案例为西安交通大学于2012年1月17日申请的"CdS、CdSe量子点分段复合敏化双层ZnO纳米棒光阳极的制备方法"专利，该申请中首先采用化学浴沉积法生长第一层氧化锌纳米棒，接着采用SILAR法沉积（CdS）量子点，再利用物理抛光或化学抛光除去第一层纳米棒顶端的硫化镉量子点，然后再次采用化学浴沉积法生长第二层氧化锌纳米棒，最后采用SILAR法沉积硫化硒量子点，形成硫化镉、硫化硒量子点分段复合敏化氧化锌纳米棒光阳极。该申请底层的量子点有效地抑制了纳米棒的侧向生长，实现了硫化镉量子点单敏、硫化镉和硫化硒量子点共敏及硫化硒量子点单敏的分段复合敏化。该申请制备的量子点复合敏化太阳能电池，能够实现太阳能的宽光谱吸收和光电转换。

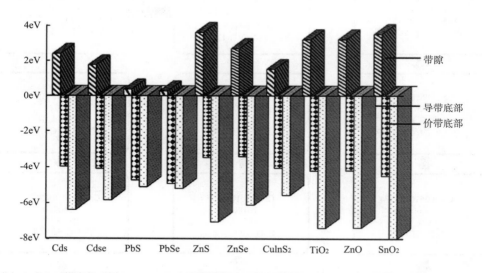

**图2-3-13　量子点敏化太阳能电池中常用量子点材料的能带参数**

下面以年度中的典型案例进行分析。图2-3-14示出2006～2015年全球专利申请中关于敏化剂的典型案例，可以看出，台湾地区的安得立科技有限公司于2006～2007年提出2件关于染料和量子点协同敏化光阳极的专利申请，分别是"具有纳米金粒子作为镶埋量子点之染料敏化太阳能电池"和"复合量子点层之染料敏化太阳能电池"；北京信息科技大学分别于2011～2012年提出2件掺杂量子点作为敏化剂的申请，分别是"一种用于太阳电池的掺杂量子点敏化剂及其制备方法"和"锰铜掺杂硫化镉量子点敏化太阳能电池及其制备方法"；而其他各高校也分别在2006～2015年提出量子点改善敏化剂来提高染料敏化太阳能电池光电转换效率的申请，如湖北大学于2012年提出的"一种量子点与染料协同敏化二氧化钛纳米棒阵列的太阳能电池制备方法"申请，该申请首先通过简易的水热方法直接在FTO导电玻璃上生长二氧化钛的纳米棒阵列，然后用连续原子层吸附与反应的方法在纳米棒阵列上包裹硫化镉量子点或用电化学沉积的方法沉积硫化硒量子点，最后把样品浸泡在N719染料中24小时，量子点和染料协同敏化使太阳能电池短路电流明显提高，效率明显增强。

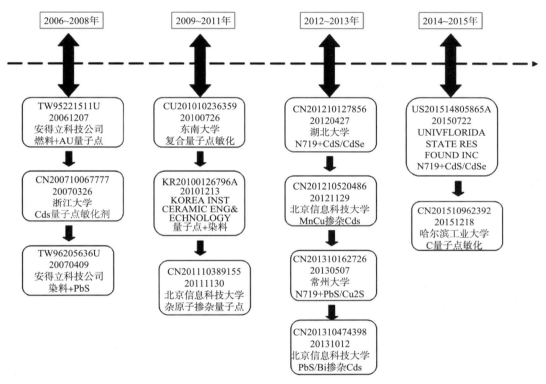

图2-3-14　量子点改善染料敏化太阳能电池敏化剂的技术发展路线

（四）量子点改善染料敏化太阳能电池对电极的技术脉络梳理

由于量子点改善染料敏化太阳能电池的专利申请的重点在于高校申请，而高校申请具有三个特点：（1）针度某一课题进行系统而深入研究后的申请；（2）可能会有系列申请、相关学术文章、硕博论文、会议文集、教科书、专著等；（3）技术方案容易理解，发明高度不是很高，学术性较强，工业应用性差。针对高校申请的特点，下面对上海交通大学钱雪峰课题组进行详细研究。

图2-3-15为上海交通大学钱雪峰课题组关于染料敏化太阳能电池对电极的系列研究，可以看出，该课题组包括以下系列申请：

（1）申请号：CN201510225637；申请日：2015年5月6日；公开号：CN104835649A；公开日：2015年8月12日；发明名称："一种染料敏化太阳能电池硫化银对电极的制备方法"；发明人：何青泉、宰建陶、钱雪峰、黄守双、李晓敏、李波、王敏、刘雪娇、刘园园。

（2）申请号：CN201510394828；申请日：2015年7月7日；公开号：CN104992841A；公开日：2015年10月21日；发明名称："一种染料敏化太阳能电池$Ag_8GeS_6$对电极的制备方法"；发明人：何青泉、宰建陶、钱雪峰、黄守双、李晓敏、李波、王敏、刘雪娇、刘园园。

（3）申请号：CN201610014896；申请日：2016年1月11日；公开号：CN105513805A；公开日：2016年4月20日；发明名称："铜镉锗硫纳米晶、铜镉锗硫对电极及其制备方法与应用"；发明人：黄守双、宰建陶、钱雪峰、何青泉、马对、李晓敏、李波、王敏、刘雪娇、刘园园、张洋、张敏敏。

（4）申请号：CN201610015002；申请日：2016年1月11日；公开号：CN105513809 A；公开日：2016年4月20日；发明名称："铜钴锗硫纳米晶、铜钴锗硫对电极及其制备方法与应用"；发明人：黄守双、宰建陶、钱雪峰、何青泉、马对、李晓敏、李波、王敏、刘雪娇、刘园园、张洋、张敏敏。

（5）申请号：CN201610014899；申请日：2016年1月11日；公开号：CN105489377；公开日：2016年4月13日；发明名称："一种染料敏化太阳能电池铜铁锗硫对电极及其制备方法"；发明人：黄守双、宰建陶、钱雪峰、何青泉、马对、李晓敏、李波、王敏、刘雪娇、刘园园、张洋、张敏敏。

其中，系列申请（1）中申请人首先制备了硫化银纳米晶；然后将硫化银纳米晶溶于溶剂中，经超声分散处理得到硫化银纳米晶墨水；再将硫化银纳米晶墨水涂覆于基底上，对基底进行热处理，制得染料敏化太阳能电池硫化银对电极。系列申请（2）中申请人也是首先制备$Ag_8GeS_6$纳米晶；然后将$Ag_8GeS_6$纳米晶溶于溶剂中，经超声分散处理得到$Ag_8GeS_6$纳米晶墨水；再将$Ag_8GeS_6$纳米晶墨水涂覆于基底上，对基底进行热处理，制得染料敏化太阳能电池$Ag_8GeS_6$对电极。系列申请（3）~（5）中，申请人也是通过在导电衬底上涂覆铜镉锗硫纳米墨水、铜钴锗硫纳米墨水和铜铁锗硫纳米晶墨水来制备染料敏化太阳能电池对电极的。其中，铜镉锗硫纳米晶、铜钴锗硫纳米晶和铜铁锗硫纳米晶均为正交晶系，具有纤锌矿衍生的超晶胞结构，优点如下：尺寸均一、结晶度高、单分散性良好；上述优点使染料敏化太阳能电池的对电极的催化剂催化效果优异，大大提高了染料敏化太阳能电池的光电转换效率。且系列申请（3）~（5）中材料的合成方法为低温液相法，该方法工艺简单，大大降低了染料敏化太阳能电池的生产成本，适合工业化大规模生产。

从上述系列申请可以看出，该课题组的申请具有阶段性的特征，2015年的研究集中在硫化银，2016年的研究集中在硫化铜，且后四个系列申请中对电极均采用的是多硫化合物。该课题组通过对硫化物材料的改善，提高了其作为对电极的催化性能，有利于进一步提高染料敏化太阳能电池的光电转换效率。

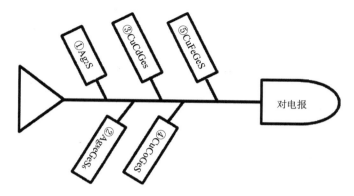

图2-3-15　钱雪峰课题组量子点改善染料敏化太阳能电池对电极研究

**五、结　语**

　　量子点改善染料敏化太阳能电池自出现以来，发展很快，到目前为止，已经获得不小的成果，同时，其潜力还不仅如此，特别是在光阳极以及敏化剂材料技术分支上，还有待进一步的研究和优化，例如，对于量子点材料的改进以及如何与现有染料敏化太阳能电池结合将是量子点改善染料敏化太阳能电池今后研发的热点和重点，在今后的专利申请中，这部分的专利也将占据很大的一部分，我们可以期待，在近一段时间内，量子点改善染料敏化太阳能电池还会出现新一轮的技术发展，进一步地，实现量子点改善染料敏化太阳能电池作为新能源的广泛应用。

# 第四节　超导磁体制冷专利技术分析

**一、前　言**

**（一）概述**

　　超导技术作为当今前沿的技术方向之一，已成为当今科研的热点。它是荷兰物理学家昂纳斯（H.K.OImes）在 1911 年首先发现，至今已经有100多年的历史。所谓超导是指某些物质在一定温度条件下（一般为较低温度）电阻降为零的性质。

　　经过多年的科学研究和技术发展，人们对超导技术的特性机理有了进一步的认识和理解。超导体具有诸多特殊的物理性质，主要利用超导体的零电阻（无阻载流）、迈斯纳效应（完全抗磁性）、约瑟夫森效应（Josephson效应）等特性。❶

　　❶ 刘银春主编：《大学物理新教程（上）》，北京邮电大学出版社2008年第2版，第219～228页；张世全主编：《物理学与工程技术》，陕西师范大学出版社2012年版，第1～13页。

## 1.零电阻效应

零电阻效应又称无阻载流效应，是指超导体冷却到某一温度，电阻开始急剧下降，直至变成零，即从常态转变到超导态。从开始转变到完全成为超导的温度宽度，称为转变宽度，转变宽度与物质的纯度有关，纯度越高的材料转变宽度越窄。一般将电阻急剧变化到 1/2 时的温度定义为临界温度 $T_c$，不同的超导体有不同的临界温度和转变宽度，有的超导体观察不到明显的转变宽度，如高温超导体，对这类物质，临界温度定义为电阻为零时的温度。

另外，超导体在某一磁场强度下，超导状态被破坏，转变成常导状态，超导电性也会消失，即超导体有临界磁场。不同超导体的临界磁场值也不同。这一磁场值称为临界磁场 $H_c$。实验表明，对一定的超导体，临界磁场是温度的函数，可近似地表示为抛物线关系：

$$H_c(T) = H_{c0}\{1 - (\frac{T}{T_c})^2\} \cdots\cdots\cdots\cdots\cdots\cdots\cdots（2.4.1）$$

式中，$H_{c0}$ 是绝对零度时的临界磁场，$T_c$ 是磁场为 $oT$ 时的临界温度。可见，当XT达到临界温度 $T_c$ 时，临界磁场为零。

此外，当超导体在一定的温度和磁场条件下通过的电流密度达到某一个值后，超导状态会被破坏，转变成常态。这一电流密度称为临界电流密度 $J_c$，当对超导体通以电流时，无阻的超流态要受到电流大小的限制，当电流达到某一临界值之后，超导体将恢复到正常态，对大多数超导金属元素而言，正常态的恢复是突变的，一般称这个电流为临界电流，用 $I_c$ 表示。

其中临界温度、临界磁场、临界电流密度是制约超导装置技术经济性能的关键参数，三者之间相互关联。$T_c$、$H_c$ 由材料组成决定，$J_c$ 与材料制造过程相关，图2-4-1为超导临界温度和临界磁场示意。

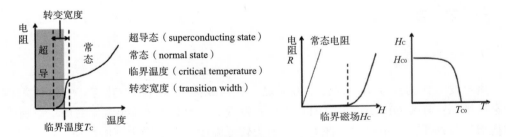

**图2-4-1 超导临界温度和临界磁场示意**

## 2.迈斯纳效应

迈斯纳（Meissner）效应又称完全抗磁性，是指对于超导体，不论是先加磁场后冷却，还是先冷却后加磁场，不论外部磁场是存在或撤除，磁通线均不能通过超导体内部，即完全抗磁性（反磁性）。如无论外部磁场是存在或撤除，磁通线均不能通过超导体内部；而理想导体（电阻为零）在不同的加磁场冷却顺序，以及外部磁场是存在或撤除存在一定差别，如图2-4-2所示。

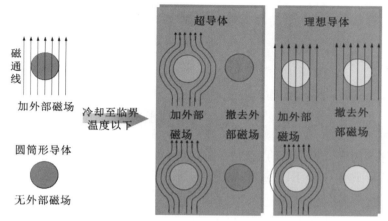

**图2-4-2　迈斯纳磁通线示意**

### 3.约瑟夫森效应（Josephson效应）

作为超导体的库柏（Cooper）对能以一定概率贯穿能垒，称此为隧道效应。例如，在两层超导物质间夹有厚度为纳米量级的绝缘层，若通过连线导入电流，该电流则以电阻为零的状态流动，称为约瑟夫森效应。

### （二）应用

由于超导体具有上述奇特的物理性质，其已开始在能源、信息、交通、医疗、航天、国防和重大科学实验等领域中得到应用，并显示出突出的优点和广阔的前景。如图2-4-3所示，现有超导装置的分类以及相应的应用。其基于超导体的不同物理性质，

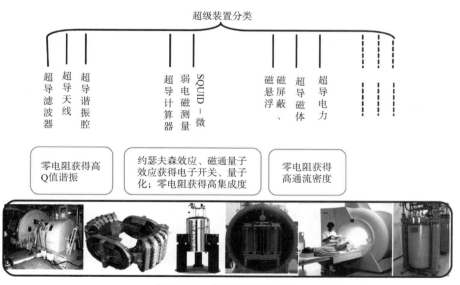

**图2-4-3　超导装置的应用**

应用于不同领域。如基于零电阻获得高Q值谐振的超导滤波器、超导天线以及超导谐振器等；基于约瑟夫森效应、磁通量子效应获得电子开关，零电阻获得高集成度的超导计算器等；还有基于零电阻获得高通流密度的超导电力、磁悬浮等。

### （三）超导磁体

超导磁体是使用超导导线作励磁线圈（coil）的磁体。超导磁体在电力领域应用广泛，如电机、变压器、限流器、电感、电缆等。而由于超导需要低温才能展示其奇异的特性，超导技术的发展和进步离不开低温技术的支持，低温技术为超导应用提供最基本的运行条件，因而低温技术的成熟与否直接关系到超导设备的效率和安全可靠性。

目前，超导磁体冷却系统的类型主要包括以下几种：低温浸泡冷却、再冷凝式间接冷却以及制冷机传导冷却等，表2-4-1是上述几种超导磁体冷却系统的优势及局限，其中低温液体浸泡冷却和制冷机传导冷却是两种较常用的制冷系统。❶

表2-4-1　超导磁体常用制冷方式

| | 低温浸泡冷却 | 再冷凝式间接冷却 | 制冷机传导冷却 |
|---|---|---|---|
| 典型结构 | | | |
| 优点 | 结构简单，温度稳定性好，无机械振动影响，可用于大型超导磁体或形状特殊的超导磁体 | 零蒸发模式，液氦消耗小，磁体不受机械振动影响，质量和体积相应减少，可用于大型薄壁超导磁体 | 结构简单，操作方便，质量和体积大幅度减小，可任意方向获得所需场强，无须低温液体输送和补充操作，系统无高压危险，能够长时间运行，用于小型超导磁体系统 |
| 缺点 | 液氦消耗量大，成本高，需定期补充液体，且补充操作不便，受方向影响，需低温容器须耐压设计 | 受方向影响，结构复杂，成本提高，复杂的低温输送系统，受制冷机影响较大，容器须耐压设计 | 制冷机功率低，冷却均匀性差，磁体稳定性较弱，预冷时间较长，制冷机振动影响，尚不适用于大型超导装置 |

（1）低温浸泡冷却。常规的超导磁体都在液氦温区下运行，最简便的超导磁体冷却方式就是将超导磁体浸泡在液氦中。目前大多数的常规超导磁体都是采用这种冷却

---

❶ 陈运鑫：《小型超导磁体的电流引线及脉管制冷机研究》，浙江大学硕士论文，2008年；张楷浩等："制冷机传导冷却的超导磁体冷却系统研究进展"，载《浙江大学学报（工学版）》，2012年第7期，第1213～1226页；李兰凯：《MICE超导耦合磁体低温系统及电流引线设计》，哈尔滨工业大学硕士论文，2009年。

方式。其需要有一个绝热性能好、漏热小、具有一定支撑力以支持有一定重量的超导磁体，以及在失超时能承受一定压力的低温容器。不过，此种冷却方式只用于大型超导磁体或形状特殊的超导磁体。而低温容器、电流引线的漏热，使得低温液体不断地蒸发和消耗，需烦琐的和技术性较强的人员定期补液，液氦价格也比较昂贵，一旦因某种原因造成超导磁体失超，还将引起液氦大量挥发导致系统内压力积聚升高，因而对回气系统和低温容器的设计提出更苛刻的要求。这大大限制了超导磁体技术的普及和应用。

（2）再冷凝式间接冷却。采用低温制冷机再冷凝蒸发氦气的"零蒸发"系统，即液氦不直接与超导磁体接触，而在盘于超导磁体表面的盘管中流动，通过盘管与超导体接触来冷却磁体。这种冷却方式液氦消耗小，但是结构复杂，成本较高；主要用在大型薄壁超导磁体中，如高能探测器超导磁体。它直径达数米，磁场近 1～2T，因此线圈层数少，仅 1～2 层。这样在超导线表面加盘管冷却的方式比较合适。同样存在复杂的低温输送问题，同时可能由于制冷机冷量不够而使冷凝速率低于蒸发速率，从而导致容器承压过载或氦气溢出等不安全因素的产生。

（3）制冷机传导冷却。近年来低温制冷机技术发展迅速，同时由于高温超导材料的发现，用它来制造电流引线不仅消除了焦耳热损耗，而且降低了传导漏热，使得用低温制冷机直接冷却超导磁体成为可能。用制冷机直接冷却超导磁体具有很多优点，如不需要使用液氦，没有一套氦气回收系统，因此运行维护方便；由于没有液氦，磁体只需安置在一个真空容器中，因而可以大大简化低温容器的结构，使系统更加紧凑和轻便；同时也避免了一旦磁体失超液氦骤然挥发产生高压力的危险等。由于受制冷机冷却功率限制，目前只用于小型超导磁体系统，且冷却时间长，对磁体的热阻有特殊要求，磁体容易失超。

## （四）考虑因素

超导磁体设备部件较多，在设计超导磁体系统时，需要考虑众多因素，如电磁参数及设计原则、导线的临界电流、工作点的确定、磁场计算与优化、绝缘、冷却通道与方式、支撑件、并联支路均流设计、交流损耗、热稳定性、失超保护、电流引线、低温系统等问题，如图 2-4-4 所示，根据不同的设计要求和实际需求，只有上述因素达到一定条件，超导磁体系统才能较好地运行。

本节通过超导磁体制冷专利的检索结果为基础（检索日期为 2016 年 3 月），对超导磁体制冷技术方向的专利申请进行全面统计分析，并从专利文献的视角分析超导磁体制冷技术的发展状况以及发展规律，以期能够初步了解超导磁体制冷技术的发展现状，并且对超导磁体制冷技术的未来研究方向也有一定的借鉴意义。

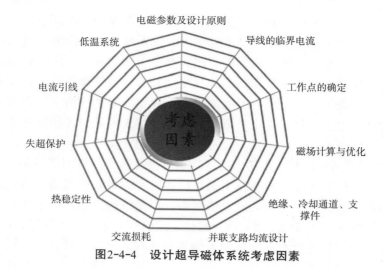

**图2-4-4　设计超导磁体系统考虑因素**

## 二、超导磁体引线制冷系统的结构及工作原理

### （一）结构

超导磁体设备部件较多，其中制冷系统是众多部件中必不可少的重要部件。制冷系统一般涉及两个方面：一方面为超导磁体线圈的制冷系统，其一般包括热传导、浸泡和再冷凝式间接冷却等方式；另一方面为超导磁体引线制冷，按照冷却方式可分为热传导、浸泡、气冷以及其他方式，图2-4-5为相应分类示意图。

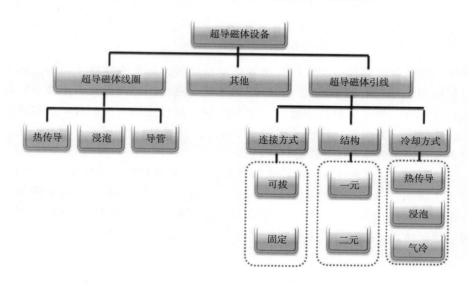

**图2-4-5　超导磁体设备部件以及超导磁体引线分类**

超导设备一般通过电流引线从室温电源中获得能源，电流引线一端处在室温环境中，一端与低温磁体相连。电流引线按照结构分，可分为一元电流引线和二元电流引

线，如图2-4-6所示。这也是电流引线开发的两个历史阶段。❶

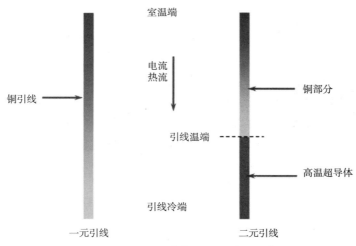

室温端

电流
热流

铜引线

引线温端

室温端

铜部分

高温超导体

引线冷端

一元引线

二元引线

**图2-4-6　一元引线和二元引线示意**

（1）一元引线，也称全金属引线。传统的电流引线全部由金属制作，主要为铜及其合金。在早期开发的电流引线中多属此类。而电流引线两端的巨大温差和通过强电流时产生的焦耳热使得电流引线成为超导设备的主要漏热源，且铜是热的良导体。因漏热较高，引线主要用于直流磁体，且电流等级不高。在制冷机直接冷却技术的发展初期，电流引线的漏热曾是难以逾越的障碍。

（2）二元引线，也称高温超导引线或混合引线。由高温超导材料代替部分金属材料制成。现在采用二元电流引线结构，引线分为上、下两段，上段为铜引线，铜引线的上端处在室温环境中，下段为高温超导引线，其下端与超导磁体相连。该种引线的超导部分在低于临界温度的超导态运行时，消除了焦耳热。使用陶瓷材料的高温超导材料的热导率很低，降低了引线从高温区向低温区的传导热流。因此，用高温超导材料制作的电流引线能显著降低漏热，从而增加开始工作系统的运行时间，或者降低闭式工作系统的制冷量要求。高温超导电流引线的开发大大促进了超导技术的应用和发展。此外，随着技术发展，通过结构调整等，还出现了一些多元引线，以更好地消除漏热等技术问题。

（二）原理

按冷却方式分类一般可以分为热传导冷却（conduction-cooled）、浸泡冷却（vapor-cooled）和气冷却（gas-cooled）等方式的电流引线。❷

❶ 李兰凯：《MICE 超导耦合磁体低温系统及电流引线设计》，哈尔滨工业大学硕士论文，2009年；任丽：《超导装置电流引线的研制及装置级试验检测方法研究》，华中科技大学博士论文，2010年。

❷ 陈运鑫：《小型超导磁体的电流引线及脉管制冷机研究》，浙江大学博士论文，2008年；李兰凯：《MICE 超导耦合磁体低温系统及电流引线设计》，哈尔滨工业大学博士论文，2009年；任丽：《超导装置电流引线的研制及装置级试验检测方法研究》，华中科技大学博士论文，2010年。

（1）热传导冷却电流引线。热传导冷却也称绝热引线或制冷机直接冷却式（cryocooler-cooled）。一般在真空状态下进行，电流引线的热主要来自自身产生的焦耳热和传导热，电流引线的冷却完全依靠制冷机的热传导进行。

（2）浸泡冷却电流引线。浸泡冷却也称为一端冷却或浴冷（bath-cooled），是将引线的一端浸入冷却液中，一般为液氦或液氮，磁体线圈的出线端与电流引线在制冷液池中连接。电流引线依靠冷端漏热蒸发的氦气或氮气自然对流冷却。

（3）气冷却电流引线。气冷却也称为迫流冷却式（force-cooled）。其利用低温气体沿引线方向强迫对流冷却引线，气体流量通过热端阀门来调节。此种方式相对一端冷却的方式，冷氦气或氮气的利用较充分，并且电流引线的结构也可设计成多种类型，为加强电流引线与氦或氮之间的热交换，一般可提高其接触面积或接触时间等方式，如网格状、束带状、翅片、多孔材料制成等。

## 三、专利统计分析

为了能够全面、准确地对超导磁体引线制冷技术领域的专利技术现状以及发展趋势进行分析，通过在CNABS、SIPOABS和DWPI数据库中利用超导磁体引线制冷技术所涉及的关键词和分类号对涉及超导磁体引线制冷技术的专利进行检索和汇总，以此作为后续专利统计和技术分析的数据基础。

### （一）专利申请趋势分析

将检索结果全部转到DWPI数据库后，进行统计分析，得到如图2-4-7所示的超导磁体引线制冷技术专利的申请趋势，其中，同族专利视为一个申请，且中国申请为在中国申请的专利申请。可以看出，超导磁体引线制冷技术的专利申请始于1966年，从总的申请量可以看出，在经历了1966～1988年的萌芽期后，申请量开始迅速增长，1990～1994年，该技术方向的专利申请总体增长迅速，年申请量超过10件，在度过第一个快速增长期后，申请量开始下落；在经历了1995～2000年的低落期后，申请量又迎来新一轮的迅猛增长，并于2011～2014年达到另一高峰（检索日期为2016年3月，2015年以后的大部分专利申请还未公开）。相对于外国各地区，中国对超导磁体引线制冷技术的研究起步较晚，从1988年才开始有申请人在这方面提出专利申请，但是，同样也发现了该技术方向所蕴含的技术优势，在经历了一段时间的摸索后，我国申请人在这个技术方向的专利申请于2013年达到一个新的高峰，并且年申请量超过了其他国家及我国台湾地区的年申请量总和。由超导磁体引线制冷技术专利申请量的变化趋势可以看出，作为传统的技术方向，超导磁体引线制冷技术还在不断地引起众多研究者的关注，并且，该技术方向也蕴含着发展潜力，可以预期，随着该方向的技术发展，专利申请量还会持续增长。

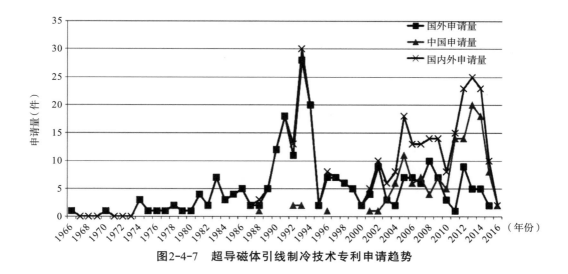

**图2-4-7　超导磁体引线制冷技术专利申请趋势**

## （二）专利申请分布情况

### 1. 专利申请IPC分类号分布

图2-4-8为超导磁体引线制冷技术领域的全球专利申请IPC分类号分布图；图2-4-9为超导磁体引线制冷技术领域的国内外范围内专利申请IPC分类号分布图；表2-4-2为相关IPC分类号。通过图2-4-8可以看出，超导磁体引线制冷技术领域相关的专利申请主要集中在H01F（磁体；电感；变压器；磁性材料的选择）、H01B（电缆；导体；绝缘体；导电、绝缘或介电材料的选择）、H01L（半导体器件）、G01R（测量电变量；测量磁变量）、F25B（制冷机，制冷设备或系统；加热和制冷的联合系统；热泵系统）、F25D（冷柜；冷藏室；冰箱；其他小类不包含的冷却或冷冻装置）、H02K（电机）等技术领域。

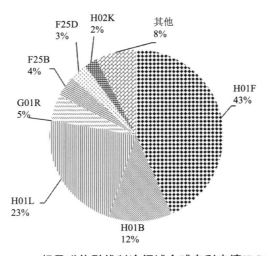

**图2-4-8　超导磁体引线制冷领域全球专利申请IPC分类**

通过图2-4-9的对比图以及表2-4-2可以看到，在我国申请的专利中，H01F（磁体；电感；变压器；磁性材料的选择）中的H01F6（超导磁体；超导线圈）、H01B（电缆；导体；绝缘体；导电、绝缘或介电材料的选择）中的H01B12（超导或高导导体、电缆或传输线）、H01L（半导体器件）中的H01L39（应用超导电性的或高导电性的器件，专门适用于制造或处理这些器件或其部件的方法或设备），也是其重点的分类领域，由此可以推断，H01F、H01B、H01L分类号是超导磁体引线制冷领域研究的热点和重点，其文献数量在世界范围内占有极大比例，而在其交叉领域的研究也在逐步增强，并且在G01R、F25B、F25D、H02K等技术领域也获得较好的研究成果。

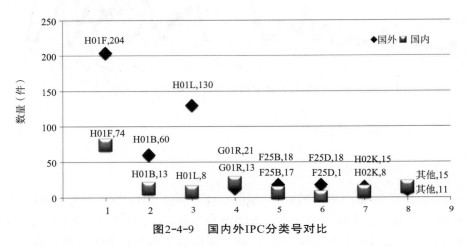

图2-4-9　国内外IPC分类号对比

根据我国1985～2016年年初，从CNABS数据库中采集的专利申请量数据，其涉及的具体IPC分类号主要集中在以下技术领域（见表2-4-2）。

表2-4-2　常用具体IPC分类号

| 序号 | 分类号 | 技术领域 |
|---|---|---|
| 1 | H01F6 | 超导磁体、超导线圈 |
| 2 | G01R33 | 测量电变量；测量磁变量 |
| 3 | H01B12 | 超导或高导导体、电缆或传输线 |
| 4 | H01L39 | 应用超导电性或高超导电性的器件，专门适用于处理这些器件或其部件的方法或设备 |
| 5 | F25B | 制冷机，制冷设备或系统；加热和制冷的联合系统 |
| 6 | F25D | 冷柜；冷藏室；冰箱；其他小类不包含的冷却或冷冻装置 |
| 7 | H02K | 电机 |

2. 专利申请国家或地区分布

在同族去重后的专利样本中对专利权人及其国别进行标引统计。图2-4-10为按专利权人所属国家统计的各国专利申请量分布情况。超导磁体引线制冷的专利申请主要集中在日本、中国、美国和德国等少数几个国家，它们在对超导磁体引线制冷的研究上领先于其他的国家，其中，日本的申请量最多，达到申请总量的52%，中国和美国紧随其后，申请量分别占总量的34%和9%。

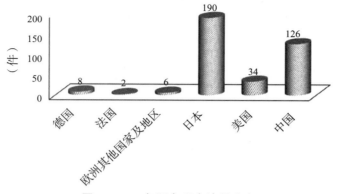

**图2-4-10　各国专利申请量分布**

图2-4-11为国内超导磁体引线制冷相关技术领域的分布情况，在国内超导磁体引线制冷相关技术领域申请的专利中，国外申请人占20%，国内申请人占80%；其中国内申请人中，北京、安徽和四川分别占31%、10%、7%，表明国内主要申请人的分布集中在这些区域。由图2-4-11（b）可以看出国外申请人在我国申请的比例可以发现，日本申请人最多，占34%，紧随其后的是美国27%，其他国家涉及德国、英国、韩国和瑞典等，这与这些国家或地区超导研究较早以及包括多个大型企业有一定关系。

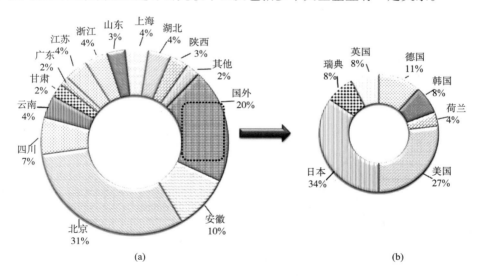

**图2-4-11　国内专利申请分布**

（三）专利申请人分析

1. 国外主要申请人专利申请分布情况

超导磁体引线制冷技术起步较早，因超导磁体制冷技术的难度及耗费情况，现阶段，该技术方向上的核心技术还仅仅是掌握在少数几个国家的少数几个重要企业和研究机构手上，如图2-4-12所示，超导磁体引线制冷技术方向上的专利申请主要集中在日本日立、住友重工、三菱、东芝、富士电机等一些公司，此外，美国的GENE和德国SIEI也对超导磁体引线制冷进行了研究，这些企业也都是各个国家在这个行业的龙头企业。

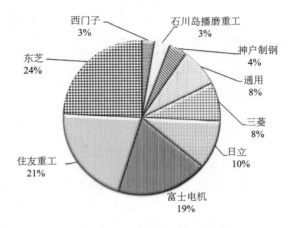

图2-4-12　国外主要申请人分布情况

超导技术起源于国外，如图2-4-13所示，1990~1994年，国外研究的较多，在此阶段，超导磁体引线制冷技术制冷机的突破，所以国外的几个代表性公司在这一时期申请量较多；近年来，随着技术的发展与成熟，国外几个代表性公司对超导磁体引线制冷技术热度趋于平缓。

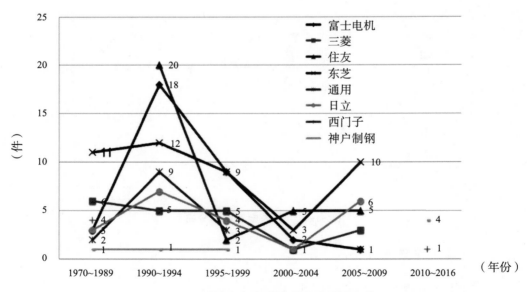

图2-4-13　国外主要申请人阶段申请分布情况

2. 国内主要申请人专利申请分布情况

图2-4-14为国内主要申请人在超导磁体引线制冷技术方向上的专利申请趋势，可以看出，对于超导磁体引线制冷，主要集中在科研院所，中科院各研究所占了33%的申请量，国内其他公司占13%，个人申请量较低为4%，国外公司在中国申请的公司主要为通用电气、西门子和日本一些公司；其中中科院各研究所中的中国科学院电工所申请量较多，成为超导磁体引线制冷方面研究较多的申请人。造成这种情况的原因主要为超导技术需要较高的技术支撑以及较大的资金支持。

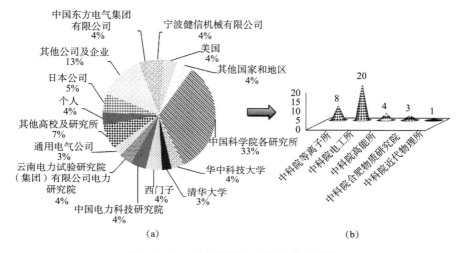

图2-4-14 国内申请中申请人分布情况

图2-4-15是将申请人按照时间段进行分析，国内在超导磁体引线制冷方面的申请

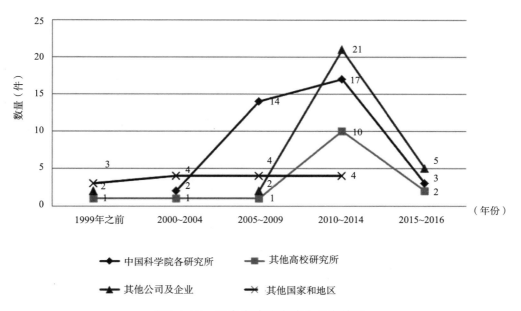

图2-4-15 国内申请的申请人分布情况

起步较晚，1990年之前仅有6篇专利申请，随着国内超导技术的发展以及国内申请人对专利的重视，在接下来的几个阶段，国内申请量逐渐增加，主要集中在2010～2014年爆发，而2015～2016年，由于申请日较晚，有些还未公布；虽然中科院各研究所的申请量不断增加，但随着国内企业对超导磁体制冷技术的了解与深入研究，其申请量也在不断增加，2010～2014年超过中科院各研究所的申请量，由图2-4-16可以直观地看出，近几年来，国内申请人在超导磁体引线制冷方面的申请情况，也表明对超导磁体引线制冷技术的研究热度也在不断增加。

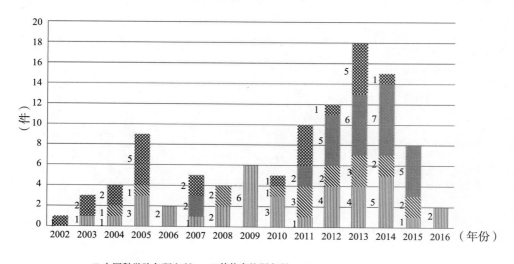

图2-4-16　国内申请人近几年申请数量分布情况

## 四、专利技术分析

超导现象只有在低温条件下才会产生，因而必须保证超导体处于一定的低温环境下，且由于超导对温度的反应较为敏感，也要求低温环境应具有较好的稳定性。电流引线是连接设备内外的主要部件，其也是超导设备的主要漏热源。虽然已经从结构上对超导磁体电流引线进行了改进，从一元电流引线改为二元电流引线，一定程度上改进了漏热的缺点，但如何对电流引线进行持续稳定的冷却才是解决问题的关键。因此，以"超导磁体引线制冷方式"为核心，对其进行专利技术分析是必要的。

### （一）超导磁体引线制冷方式技术分支

对超导磁体引线制冷按照冷却方式的分支进行分类，大致可分为热传导冷却、浸泡冷却、气冷却等三大类，根据不同设备的需求及现有技术的发展，现又出现一些交叉冷却方式，如热传导和气冷、浸泡和气冷、热传导和浸泡等方式。如图2-4-17所示，一元引线的冷却方式较为单一；二元引线的冷却方式较为丰富，其中包括气冷、

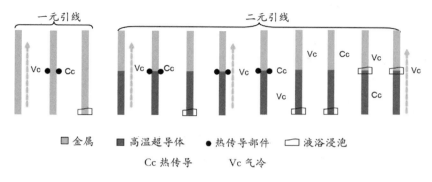

一元引线　　二元引线

□金属　　■高温超导体　　●热传导部件　　▢液浴浸泡

Cc 热传导　　Vc 气冷

**图2-4-17　典型超导磁体引线制冷**

热传导、中浸泡和热传导、中浸泡和气冷等方式。涉及制冷技术问题以及实现对制冷效果的控制均受到各研究机构和企业的高度重视，也成为专利申请的焦点。

　　通过对超导磁体引线制冷技术方向专利的检索、标引和梳理可以得到超导磁体引线制冷的技术研发方向，具体如图2-4-18所示。其中，研究涉及的技术分支包括热传导、浸泡、气冷、热传导和气冷、上气冷和下浸泡、上热传导和下浸泡、上热传导和下气冷、中浸泡和气冷以及其他方面等几个技术方向。可以看出，涉及热传导和气冷两个方面的专利申请最多，分别占总申请量的47%和33%，这意味着这两个技术方向是超导磁体引线制冷领域的研究重点，也是应用较为广泛的两个方向；其次是浸泡为7%，中浸泡、气冷为5%。图2-4-19为超导磁体引线制冷方式国内外分布情况，可以看出，国内外使用的制冷技术主要集中在热传导、气冷和浸泡三大领域，在其他制冷方式中，如中浸泡、气冷方式，国外申请明显比国内多，表明国外在这方面进行了较多探究。

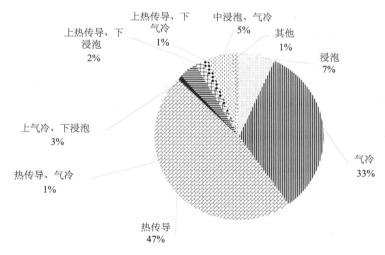

**图2-4-18　超导磁体引线制冷方式分布情况**

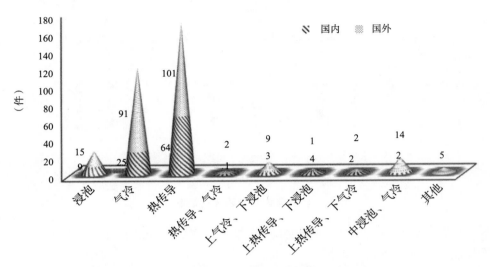

图2-4-19 国内外超导磁体引线制冷方式分布情况

图2-4-20为国外和国内专利申请中涉及浸泡、气冷和热传导的技术分支专利分布情况，其中a为国外分布情况，b为国内分布情况；对比国内和国外涉及浸泡、气冷和热传导三方面的专利申请可以发现，国外对超导磁体引线制冷研究较早，最早可追溯

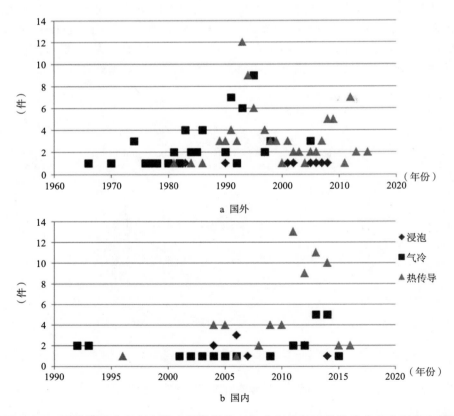

图2-4-20 国外和国内专利申请中涉及浸泡、气冷和热传导的技术分支专利分布情况

到20世纪60年代，而国内则在90年代才开始有所研究。国外专利申请中在最早申请的是涉及气冷的冷却方式，随着制冷机的产生与应用，后期才慢慢产生热传导制冷的冷却方式；按照申请量来看，在90年代中期研究较多，这是由于1992年，日本东北大学材料研究所和住友重工组成的研究小组成功研制出第一台GM制冷机传导冷却的（Nb, Ti）3Sn无液氦的超导磁体系统，引发众多研究者的研究兴趣；且热传导和气冷两方面的冷却方式的申请量相当，而后开始降低，中间经历了一个短暂的回落期，可能是由于超导磁体制冷机制冷效果等方面的限制，导致超导磁体的研究热度降低造成的，随着研究的不断深入以及技术问题的解决，在21世纪初申请量又开始回升。上述申请量的变化趋势与之前超导磁体引线制冷技术整体申请量的变化趋势相一致。而国内研究较晚，且最早是涉及气冷和热传导方式两种冷却方式，其中在国内研究中，热传导冷却的方式已经超过气冷和浸泡等冷却方式，且近几年申请量呈上升趋势，表明国内研究者开始逐渐重视超导磁体的研究。由于小型制冷机技术和高温超导电流引线技术的不断发展，解决了制冷机冷却的超导磁体系统（CSM）冷量过小和电流引线的漏热过大等问题。同时，CSM本身所具有的优势使其发展迅速，不断渗透到常规液氦冷却的磁体系统应用的各个领域，成为磁体冷却的一种发展趋势。

**（二）超导磁体引线制冷技术脉络梳理**

下面针对上述几种超导磁体引线制冷技术进行技术介绍与梳理。

**1. 热传导冷却方式**

热传导冷却方式指完全依靠制冷机的热传导进行，随着制冷机技术的发展，现有技术中此类冷却方式应用得越来越多。典型的热传导制冷方式中，有以下几种方式：制冷机冷头直接冷却引线、通过连接块传导冷却连接引线冷却、制冷机导管等几个方面，如日本住友重机械工业株式会社于1991年在日本申请的JP特开平5-167107A中，使用制冷机多级冷头冷却，通过导热板直接冷却引线；1992年申请的JP特开平6-132123A中，使用制冷机冷头进行冷却。东芝于1986年申请的JP昭63-28080A中，使用制冷机进行冷却，通过连接块连接引线，进行冷却。美国通用公司于1991年申请的US5317296A中，使用制冷机通过连接块连接电流引线进行冷却。日立制作社于1993年申请的JP特开平7-142235A中，使用双级制冷机通过导冷块连接制冷电流引线；美国超导体公司于1996年申请的CN1207825A中，使用铜带26连接引线与低温冷却器14。西门子公司于2005年申请的CN1790764A中，使用制冷机冷却辐射屏蔽板和超导开关，对引线进行冷却。中国科学院电工研究所于2006年申请的CN1959874A中，使用制冷机冷头连接导热铜板，然后再通过导热铜板连接引线，进行冷却，可使铜引线达到40～300k，超导引线为4～40k。西部超导材料科技股份有限公司申请的CN103106994A中使用制冷机冷头对电流引线进行制冷。上述涉及的几种类型的热传导制冷方式中对应的结构如表2-4-3所示，可以明显地看出相应制冷方式。

表2-4-3　热传导冷却对应结构

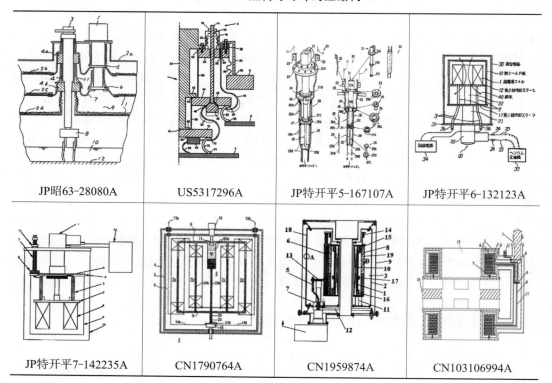

| JP昭63-28080A | US5317296A | JP特开平5-167107A | JP特开平6-132123A |
| JP特开平7-142235A | CN1790764A | CN1959874A | CN103106994A |

## 2. 气冷却方式

气冷却方式指利用低温气体沿引线方向强迫对流冷却引线的方式，其主要通过电流引线与低温气体的热交换来进行，为加强电流引线与氦或氮之间的热交换，一般可采用提高其接触面积或接触时间等方式，电流引线的结构也可设计成多种类型，如网格状、束带状、翅片、多孔材料制成等。典型的气冷却方式有以下几种类型，现有的气冷常规电流引线有多速细铜丝、多薄铜片、蜂窝管、同轴多管、折流翅片和单螺旋翅片等方式换热器型式，其中前4种换热器取出容易，换热效果好，但与两端的连接需要真空焊接，工艺较难；螺旋翅片换热虽然机加工较烦琐，换热面积少，但焊接工艺较容易。如日本富士电机株式会社于1974年申请的DE2451949A1中使用内部通气体的方式进行冷却。西门子公司于1976年申请的US4038492中，使用导体内设孔，上下通气的方式进行冷却。美国通用公司于1984年申请的EP0121194中，使用内外冷却的方式进行冷却。日本三菱电机株式会社于1982年申请的JP昭和59-42707A中，使用导线外设管、通气的方式进行冷却。日本富士电机株式会社于1990年申请的JP平4-18774A中，使用导体内设管的方式进行冷却。中国科健有限公司于1992年申请的CN1080087A中，使用导线外套管、通气气冷的方式冷却电流引线。东芝于2002年申请的JP特开2004-207305A中使用内设绝缘板，导向气体的方式进行电流引线冷却。中科院等离子体物理研究所于2005年申请的专利CN2826635Y中，使用螺旋换热进行制冷。中科院电工所于2012年申请的CN102867610A中，热交换器气冷的方式进行冷却；2013年申请的CN103500625A中，使用内设孔通气冷却的方式进行冷却引线。上述涉及的几种类型的气冷却方式中对应的结构如表2-4-4所示，可以明显地看出相应冷却方式。

表2-4-4　气冷却对应结构

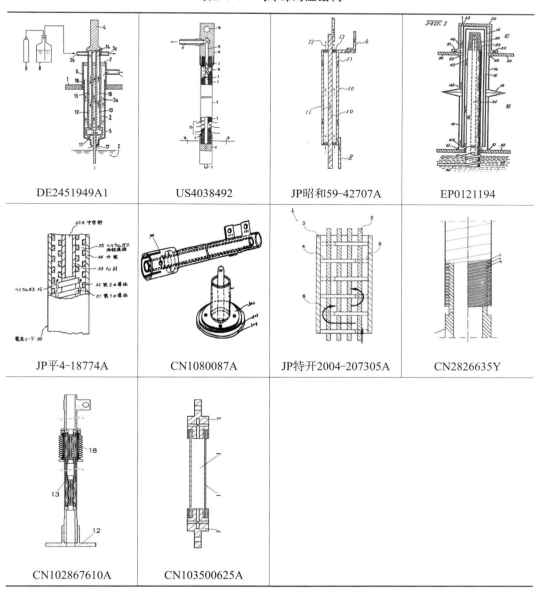

| DE2451949A1 | US4038492 | JP昭和59-42707A | EP0121194 |
| JP平4-18774A | CN1080087A | JP特开2004-207305A | CN2826635Y |
| CN102867610A | CN103500625A | | |

### 3. 浸泡冷却方式

浸泡冷却一般是将电流引线全部或一端浸泡在冷却液中进行冷却，其发展较早，可用于大型设备。其典型的浸泡冷却方式有以下几种类型，如通用公司于1970年申请的专利DE2047137中，使用液体浸泡的方式进行冷却。日立制作社于2005年申请的

JP特开2007-5552A中将电流引线浸泡在液体中进行冷却。东芝于2005年申请的专利US2005/0122114A1中使用液体浸泡的方式进行冷却。中科院等离子体物理研究所于2006年申请的专利CN1873847A中，使用电流引线外通液体浸泡，进行冷却的方式。上述涉及的几种类型的浸泡冷却方式中对应的结构如表2-4-5所示，可以明显地看出相应冷却方式。

表2-4-5　浸泡冷却对应结构

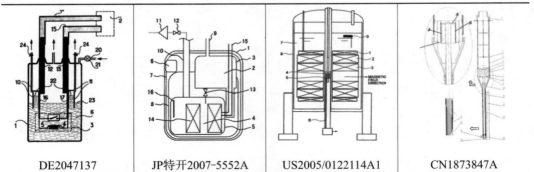

| DE2047137 | JP特开2007-5552A | US2005/0122114A1 | CN1873847A |
| --- | --- | --- | --- |

### 4. 中浸泡、气冷或热传导方式

中浸泡、气冷或热传导方式一般是在引线连接中间阶段设置液体浸泡冷却，在引线其他部位通过气冷或热传导冷却的方式进行冷却。典型的冷却方式有以下几种类型：富士电机株式会社于1987年申请的JP昭63-299217A中，使用浸泡、气冷的方式进行冷却；东芝于1990年申请的JP平4-167404A中，使用中浸泡、气冷的方式进行冷却；2002年申请的JP特开2004-111581，使用中浸泡、气冷的方式进行冷却。中科院等离子体物理研究所于2009年申请的CN101630561A中，使用中浸泡、气冷的方式进行冷却。上述涉及的几种类型的中浸泡、气冷却方式中对应的结构如表2-4-6所示，可以明显地看出相应冷却方式。

表2-4-6　中浸泡冷却对应结构

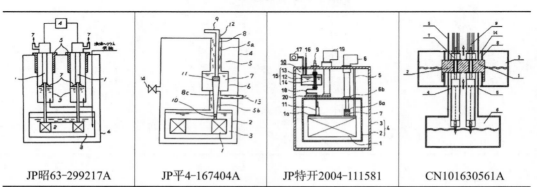

| JP昭63-299217A | JP平4-167404A | JP特开2004-111581 | CN101630561A |
| --- | --- | --- | --- |

### 5. 其他冷却方式

其他冷却方式一般涉及上述冷却方式的交叉，如住友重机械工业株式会社于1991

年申请的JP特开平5-167110A中，公开了一种上制冷机热传导、下气冷的方式，进行电流引线的冷却。中科院电工所于2008年申请的专利申请CN101130179A中，公开了一种基于固氮保护的热传导冷却电流导线的方法，即热传导和浸泡并用的方式。中科院高能所于2009年申请的CN201435457Y中，使用热传导和浸泡的方式进行冷却。日本三菱电机株式会社于2013年申请的CN105378861A中公开了一种超导磁体，其中包括上气冷、下浸泡的制冷方式进行电流引线冷却。上述涉及的几种类型的其他冷却方式中对应的结构如表2-4-7所示，可以明显地看出相应冷却方式。

表2-4-7　其他冷却对应结构

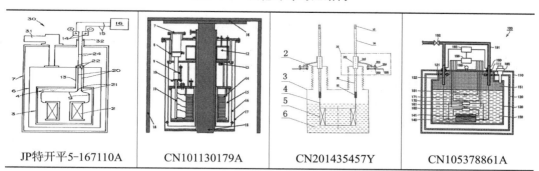

| JP特开平5-167110A | CN101130179A | CN201435457Y | CN105378861A |

（三）主要申请人的研究热点分析

目前，对超导磁体引线冷却技术的研究几乎已经涉及各个技术分支，但不同的公司，关注点有所不同。图2-4-21为超导磁体引线冷却方式的主要申请人专利申请所涉及的技术分支的分布情况，可以看出超导磁体引线冷却技术领域中各申请人主要集中在热传导和气冷领域，日本东芝公司在中浸泡、气冷方面有所布置；而中科院研究所主要集中在热传导冷却方式，这与中国在超导技术的发展较晚以及制冷机的取得突破性发展有一定关系。浸泡冷却是一种传统的冷却方式，但因其成本高等原因的限制，在一些领域中已被热传导所取代。

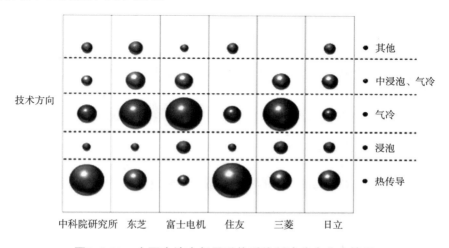

图2-4-21　主要申请人超导磁体引线制冷分支分布情况

### 五、结　语

综上所述，本节通过在CNABS、SIPOABS和DWPI数据库中收录的样本，分析国内外超导磁体引线制冷技术专利申请趋势、申请人分别情况以及制冷方式等，并对超导磁体制冷方式进行简单介绍。就目前而言，超导磁体引线制冷的专利申请主要集中在日本、中国、美国和德国等少数几个国家或地区，它们在对超导磁体引线制冷的研究上领先于其他国家。超导磁体引线制冷技术方向上的国外主要申请人的申请主要集中在日本日立、住友、三菱、东芝、富士电机等一些公司，此外，美国的通用和德国西门子也对超导磁体引线制冷进行了研究。而在国内，近年来国内的专利申请量呈上升的趋势，显示出我国高校、科研院所以及企业在该领域具有巨大发展潜力，其中中科院各研究所占很大一部分。其中按照冷却方式的分支进行分类，大致可分为热传导冷却、浸泡冷却、气冷却等三大类，每种冷却方式各有优势与缺点，早期以浸泡冷却方式为主，近期主要以热传导冷却方式为主；从超导磁体引线制冷冷却方式技术分支的分布情况可知，涉及热传导和气冷两个方面的专利申请最多，这意味着这两个技术方向是超导磁体引线制冷领域的研究重点，也是应用较为广泛的两个方向。

从超导磁体引线制冷技术的专利技术发展来看，国外的相应研究较早，而国内研究较晚，然而，就其技术发展角度来看，早期主要为浸泡冷却方式，而现在主要为热传导冷却方式，因此我国还有一定的发展空间，可在此领域进行相应的专利布局。此外，自超导磁体引线制冷技术出现以来，发展很快，已经取得不小的成果，同时，其潜力还不仅如此，特别在提高超导制冷效果等方面起到了重要效果，其中针对超导磁体引线的结构及组成细化等方面，还有待进一步的研究和优化，例如，对于超导磁体引线制冷的热传导材料及结构的研发将是超导磁体引线制冷今后研发的热点和重点；并结合超导设备冷却领域，如何合理、稳定、安全、低成本地对超导进行冷却，在今后的专利申请中，如通过交叉冷却方式、改进各部件的性能以及结构合理化等方式，这部分的专利可能将占据很大的一部分。我们可以期待，在近一段时间内，超导磁体引线制冷还会保持不错的技术发展趋势，进一步地，实现超导磁体引线制冷在超导领域的广泛应用，扩展超导磁体的应用领域。

# 第五节　白光电致发光器件（WOLED）专利技术分析

## 一、白光电致发光器件现状

有机发光二极管（Organic Light Emitting Diode, OLED）是一种利用有机半导体材料在电流的驱动下产生的可逆变色来实现显示或照明的技术。其他常用术语具有相同含义：有机电致发光二极管、有机电激发光显示、OELD、EL（Electro Luminescent）。OLED具有超轻薄、全固态、主动发光、响应速度快、高对比度、无视角限制、工作温度范围宽、低功耗、低成本、抗震能力强及可实现柔性显示等诸多优点，将成为下一代最理想的平面显示装置，其优越性能和巨大的市场潜力，吸引全世界众多厂家和科研机构投入到OLED显示装置的生产和研发中。OLED器件一般结构如图2-5-1所示，OLED的一般结构是将层状的有机材料夹于以透明的铟锡氧化物（Indium Tin Oxide, ITO）为正极（Anode）和以金属为阴极（Cathode）两层电极之间，如同三明治结构；有机材料薄膜包括空穴注入层（Hole Injecting Layer, HIL）、空穴传输层（Hole Transporting Layer, HTL）、发光层（Emission Layer, EML）、电子传输层（Electron Transporting Layer, ETL）、电子注入层（Electron Injecting Layer, EIL），进一步地，还可以包括空穴阻挡层（Hole Blocking Layer, HBL）和电子阻挡层（Electron Blocking Layer, EBL）。基本的器件结构是两个电极夹住有机荧光体的结构，空穴从ITO阳极、电子从阴极注入有机层，在发光层再结合。带有负电荷的电子和带有正电荷的空穴发生反应。在这种再结合反应下的有机分子受到激发的状态，叫作激发态（excited state）。因为再结合的能量，分子从"稳定的基态"到"不稳定的高能量激发态"时积蓄能量，回到原位时释放能量，这时就发出来光。❶ 有机电致发光就是指有机材料在电流或电场的激发作用下发光的现象。整个发光过程可以很简单地用三个步骤说明。第一步骤，当施加一正向外加偏压，空穴和电子克服界面能垒后，由阳极和阴极注入，分别进入空穴传输层的HOMO能级（类似于半导体中所谓的价带）和电子传输层的LUMO能级（类似于半导体中所谓的导带）；第二步骤，电荷在外部电场的驱动下，传递至发光层，使得界面会有电荷的累积；第三步骤，当电子、空穴在有发光特性的有机物质内复合，形成处于激发态的激子，此激子在一般的环境中是不稳定的，能量将以光或热的形式释放出来而回到稳定的基态。

| Li/Al阴极 |
| --- |
| 电子传输层 |
| 空穴阻挡层 |
| 发光层 |
| 电子阻挡层 |
| 空穴传输层 |
| ITO阳极 |

**图2-5-1　OLED结构**

　　白光电致发光器件（White Organic Light Emitting Diode, WOLED）是发白光的OLED，其性能及理论研究都取得了长足的进展，已经接近荧光灯的发光效率，显示出其巨大的应用前景，被认为是最具潜力的新一代半导体照明光源。WOLED属于面光源，可以制造成大面积、任意形状的平板光源，适合用作液晶显示器的背光源及全彩色的OLED显示器。另外，WOLED质量轻、阈值电压低、对比度高，更适用于照明。目前，研制高效、稳定的用于照明的WOLED成为新的研究热点。如图2-5-2所示，将白光OLED制备在柔性的基板上，可实现弯曲光源，且拥有不易破裂的特性，将使照明产品与应用技术推陈出新，并超出现有的想象。

❶　［日］城户淳二著，肖立新等译：《有机电致发光——从材料到器件》，北京大学出版社2012年版。

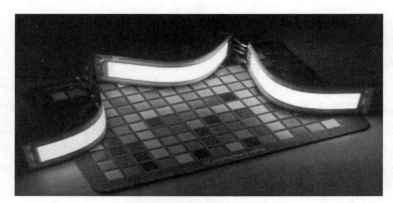

图2-5-2　柔性白光OLED

## （一）分类

首先来看OLED器件的分类，主要从驱动方式、发光方向、发光材料三方面对OLED进行分类，如图2-5-3所示，但OLED类型不仅限于以下内容。

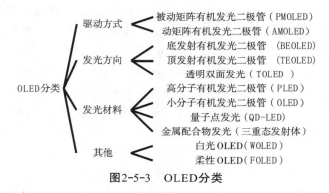

图2-5-3　OLED分类

白光OLED作为OLED中的一个细分，主要用于照明，通常白光OLED器件的结构依据发光层的数量、发光单元的数量、是否具有叠层结构、是否为微腔结构以及特殊的像素排列方式进行分类。例如，可分为单发光层WOLED、多发光层WOLED、微腔WOLED、叠层WOLED、条纹式WOLED、下转换型WOLED等。

依据材料进行分类，可分为单一化合物发白光、纯荧光器件、纯磷光器件、荧光磷光复合器件等。

## （二）现状与挑战

目前，由于国内用电需求量大，且其中的12%用于照明，照明光源例如白炽灯和荧光灯的缺点分别是效率低、污染严重，为了克服上述缺点，OLED光源市场开始兴起，OLED可以制作成大面积平面光源，其主要优势是效率高、环保无污染，而且其可以和柔性器件结合在一起做成柔性光源，其应用场景更加广泛。

目前白光OLED仍未广泛应用于照明市场，一大原因是成本高，例如在显示领域2016年年初LG推出一款65英寸的OLED平板电视，销售价为5 999美元，其成本亟待降低。未来OLED应用于照明的成本目标是20美元/m$^2$，要达到这个目标必须开发更简单的器件结构和更廉价的器件制备工艺与技术。与此同时，提高器件的亮度、色纯度、寿命、光效，减少器件的驱动电压、毒性等是WOLED器件所面临的挑战，各方面的研究正在不断深入。

### 二、专利统计分析

为了能够全面、准确地对用于照明的白光OLED器件领域的专利技术现状以及发展趋势进行分析，通过在CNABS、SIPOABS和DWPI数据库中利用用于照明的白光OLED所涉及的关键词和分类号对涉及用于照明的白光OLED的专利进行检索和汇总，以此作为后续专利统计和技术分析的数据基础。

#### （一）全球专利年度申请量分布

图2-5-4分析了全球范围内针对用于照明的白光OLED器件的专利申请量分布，尤其是中国和国外申请量的对比。

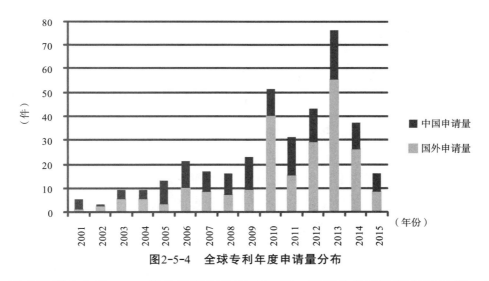

图2-5-4　全球专利年度申请量分布

用于照明的白光OLED器件的研究早于2001年，但相关专利出现在2001年，此后9年间该类型专利的全球申请量较低，且无明显增长势头；2010年开始，用于照明的白光OLED器件的全球申请量稳步上升，呈现一个缓步回温的趋势，在此期间，相关专利在中国的申请量低于国外申请量，其量差实际上主要体现在发光化学材料的研发部分，实际上，在产品布局方面，中国申请量与国外申请量相当；2014年之后的专利申请由于公开时间滞后，导致数据相对不完整，但通过目前的申请态势可以判断，其世界范围内的申请量将保持相对稳定，并仍缓步前进。根据上述分析，可以发现用于照明的WOLED全球专利申请量的趋势变化与整个OLED大产业的发展阶段是契合的：OLED在2001年以前处在实验室阶段，应用非常少；2002～2005年为OLED的成长阶段，人们开始逐渐接触到更多的OLED产品；2005年之后开始走向成熟，OLED行业开始产业细分。也就是说，用于照明的白光OLED的发展是随着整个OLED产业共同发展的。

### （二）全球专利申请人国家或地区分布

在同族去重后的专利样本中对申请人及其国别进行标引统计，图2-5-5为按申请人所属国家或地区统计的专利申请量分布情况。

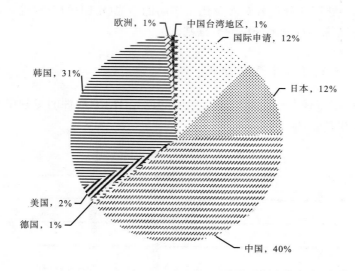

**图2-5-5　全球专利申请人国家或地区分布**

如图2-5-5所示，用于照明的白光OLED技术方向的专利申请主要集中在韩国、日本、美国、中国、德国、中国台湾地区等少数几个国家和地区，另外对向国际局申请的PCT专利（WO）进行统计，其比例占总体申请量的12%，而相关专利申请人也来自上述几个国家和地区。这几个国家和地区在对用于照明的白光OLED的研究上领先于其他的国家和地区，其中，中国的申请量最多，达到申请总量的41%，韩国申请量占总量的31%。韩国、日本、美国和德国在显示器和光源产业有着悠久的历史，这一次在新型OLED显示领域也绝不落后一步，而随着国际对知识产权的日益重视和国家对高新企业的政策倾斜，相关专利在中国申请量处于领先地位。

## （三）全球专利申请的主要申请人排名

对国外主要申请人进行排序，如图2-5-6所示。

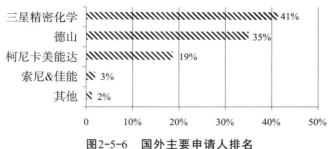

**图2-5-6　国外主要申请人排名**

韩国的三星精密化学、德山、日本的柯尼卡美能达、佳能、索尼榜上有名，其中韩国企业的专利申请大量布局于发光材料，从金属配合物到各种类型的磷光材料、荧光材料，都可以用于白光器件中的某发光层的组成，而日本则注重结构的研究。在新型显示、照明领域，竞争相当激烈，有了之前PDP、LCD显示器的全球市场的竞争经验，各国企业越来越注重产品的细分和技术探索的多样化，寻求自身的优势从而为未来占据一定WOLED市场份额做好准备。

## （四）中国专利申请的主要申请人排名

对国内关键申请人进行分析，按照各大企业申请量排序如图2-5-7所示。此处的国内关键申请人除了将本国申请人进行排序之外，还额外将在中国申请大量相关专利的几位外国申请人加入其中进行排序，因为在照明显示的全球市场中，中国不仅是最重要的竞争者，也是最重要的消费市场之一。对于国内企业来说，在努力提高自己创造水平的同时，要密切跟进国际的先进技术，提高自己在领域中的核心专利与基础专利的拥有量，增强自己在市场上的竞争能力。

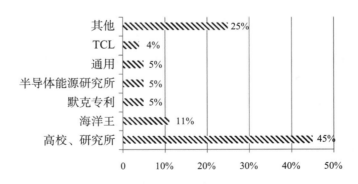

**图2-5-7　国内主要申请人排名**

在143项用于照明的WOLED国内相关专利中，高校和研究所占申请总量的45%，比重最大；接下来是相关专利布局开始较早的海洋王照明股份有限公司，占总体比重的11%；国内的老牌彩电企业TCL凭借4%的专利量成为国内主要申请人；除此以外，德国默克公司、日本株式会社半导体能源研究所、美国通用均占有总量的5%。全球各个国家的龙头企业都在中国具有一定的用于照明的WOLED专利申请，充分说明用于照明的WOLED技术重要的全球性战略地位。与众多高新技术相似，用于照明的WOLED技术专利也是集中在高校和研究所，这无疑具有显著的"中国特色"，国内的企业通常重视与高校和研究所的合作研发，例如OLED领域的维信诺公司专利常常具有联合申请人清华大学；更进一步去考虑这件事，随着创业环境的进一步宽松，许多著名学者、专家也往往利用抢先布局专利为自己下一步创立公司做准备。

（五）小结

该部分从国外和国内专利申请量出发，分别对全球专利年度申请量分布、全球专利申请人国家或地区分布、全球专利申请的主要申请人排名、中国专利申请的主要申请人排名进行统计分析，意图理清其发展脉络以及全球各个国家或地区、相关申请人的布局动态。下一部分将在上述专利申请的基础上，对专利技术进行分析。

## 三、专利技术分析

下面将根据现有技术对用于照明的白光OLED器件涉及的技术进行细分，给出其技术分支、主要分支的专利分布，并详细介绍技术发展的脉络，同时，对某些重点申请人的专利技术进行概述。

（一）用于照明的白光 OLED 器件技术分支

性能参数是第一要务，好的性能才有质量过硬的光源，因此在技术分支中，各项技术的发展都是围绕更优性能这一目标，同时降低成本也是令商家头疼而集中火力研究的目标。其中用于照明的WOLED的性能参数主要包括发光亮度和器件效率，其中效率包括功率效率、电流效率和外量子效率。

进一步地，当WOLED用作照明的白光源时，还具有另外两个主要参数，即显色指数和色坐标。显色指数是光源对物体的显色能力的表征，又被称作显色性，有时，相同光色的光源会有不同的光谱组成，光谱组成较广的光源较有可能提供较佳的显色品质，其数值在0～100CRI，越高越好（例如太阳光的显色指数即为100）；色坐标是对器件发光颜色的客观描述，如图2-5-8所示，等能白光点的色坐标为E（0.33,0.33），越接近这个点白光越好。另外，色温是较少提到的参数，它是光源发射光的颜色与黑体在某一温度下辐射光色相同时黑体的温度，较好的白光光源色温通常在2 500～6 500K。

根据上述分析，通过对用于照明的WOLED技术方向专利的检索、标引和梳理可以得到用于照明的WOLED的技术研发方向，用于照明的WOLED专利一级技术分支主要包括结构、材料和方法；二级技术分支分别对用于照明的WOLED的结构、材料和方法进行类型细分；三级技术分支是进一步对专利申请的热点技术进行标明。如图2-5-9所示，用于照明的WOLED器件结构体现在专利申请中，集中在单发光层、多发光层、微腔结构、PIN结构、叠层结构和条纹式器件；器件材料体现在专利申请中，集中在纯荧光器件、纯磷光器件、荧光磷光混合器件、聚合物、热活化延迟荧光发光、激基缔合物或激基复合物；与器件有关的方法体现在专利申请中，集中在下转换式器件、上转换式器件、驱动方法、外量子效率的提高等方面。

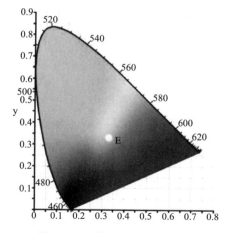

图2-5-8　等能白光点的色坐标

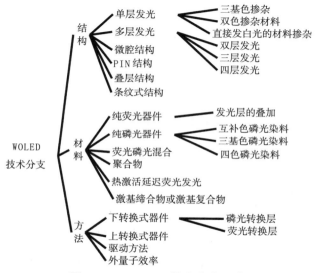

图2-5-9　WOLED技术分支示意

上述二级技术分支中，单发光层工艺简单，但其效率偏低，并不是研究的主流。相比之下，叠层结构和多发光层结构发光效率高，并且具有寿命长的优点，还能够根据不同的需要设计不同的发光层，因而成为OLED白光照明的一大热门主题。二级分支中的荧光磷光混合式器件解决了蓝色荧光材料寿命较低的问题，并综合荧光材料和磷光材料的优点，能够得到效率、寿命和稳定性都较好的器件，因而也成为OLED白光照明的一大热门主题。下转换式器件使用发蓝光的OLED激发黄色、橙色、黄色荧光或磷光的转换层来实现白光，在二级分支主题中也存在较多专利文献。

（二）热门主题技术发展路线

1. 叠层结构式用于照明的WOLED专利分析

图2-5-10是关于三种叠层结构在各年度申请量分布的气泡图。总计60件相关叠层结构式专利中，日本公司是较早对用于照明的叠层WOLED器件进行研究的，例如松下公司于2001年申请的专利JP2001053984A即为三基色发光层的叠层；以及先锋公司于2004年申请的专利JP2004179892A为多层叠层，其独立权利要求1所要求保护的技术方案为："一种发光显示装置，通过形成多个具有不同发光颜色的自发光元件的单个像素来进行多色显示，其特征在于，所述单个像素中的第1发光颜色的自发光元件，具有至少通过两次成膜步骤叠层的呈现所述第1发光颜色的发光层；所述单个像素中的第2发光颜色的自发光元件，具有至少通过两次成膜步骤叠层的呈现所述第2发光颜色的发光层；所述单个像素中的第3发光颜色的自发光元件，具有至少通过两次成膜步骤叠层的呈现所述第1发光颜色的发光层和呈现所述第2发光颜色的发光层。"具体地，该技术方案是通过选择所述第1发光颜色和所述第2发光颜色，使所述第3发光颜色成为白色，并且该第3发光颜色可以表现CIExy色度图的白色区域或在该色度图中以纯白色（x、y）=（0.31、0.316）为中心的半径为0.1的圆形区域内的颜色，即接近上文所述的等能白光点。双发光层和三发光层在2001年之后呈现稳步增长模式，而四发光层器件在2011年才开始出现，四发光层通常增加黄光发光层，其目的是提高显色指数，使白光更为柔和，这种以用户体验为改进目标的专利是伴随着白光OLED器件的全球申请量总体稳步上升而出现的。

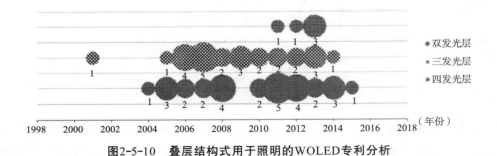

图2-5-10　叠层结构式用于照明的WOLED专利分析

在上述专利中，20%具有中间连接层，即电荷产生层，在串联型OLED器件中，通常使用电荷产生层作为连接层将数个发光单元串联起来，可增加发光效率、光的透过率等。电荷产生层可以采用具有高空穴传输性的物质添加有受主物质的结构（p型层）或具有高电子传输性的物质添加有施主物质的结构（n型层）。此外，可以采用这两种结构的叠层。也就是说，与EL单元的电子传输侧接近的为n型层、与EL单元的空穴传输侧接近的为p型层，这样才符合电荷的基本传输方向。

在多层发光器件中，具有多个发光单元，电荷产生层作为连接层把数个发光单元串联起来作为一个整体，电流密度减小，减小有机层的注入压力。因此与单元器件相比，堆积结构器件往往具有成倍的电流效率和发光亮度，由于堆积OLED的初始亮度比较大，在相同的电流密度下测量时，换算成单元器件的初始亮度，堆积器件会有较长的寿命正是由于堆积结构OLED的独特特性，以及其较易利用不同颜色发光单元串联混合成白光的特点，人们把叠层的概念应用到用于照明的白光OLED的研究中。在堆积OLED中，最重要的是电荷产生层的设计，这也是研究的热点之一。常见的三基色叠层器件如图2-5-11所示，在ITO阳极和Al阴极之间层叠有红/绿/蓝发光层，且各发光层之间分别设置电子阻挡层、空穴传输层、电子传输层和空穴阻挡层。

2. 下转换式器件专利分析

下转换式器件引入色彩转换层来得到白光发射，一方面能够改善器件性能，另一方面可以简化器件的结构、降低成本。

下转换式器件的重点之一即为蓝光材料的性能，2006年LG公司在CN200680054606中提出一种传导空穴型蓝色电致发光材料，其兼具发光和空穴传输功能，荧光发射强度高，溶解性和成膜性好，其核心方案为"光致发光板，在基质树脂层中有能够转换由蓝光LED发射的光的波长的荧光体、固化剂、能够使荧光体均匀地分散在基质树脂层内的添加剂及保护膜"，即由蓝光实现白光的

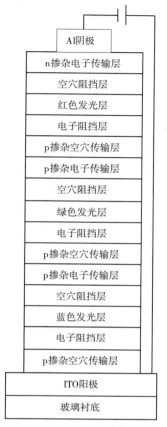

**图2-5-11　常见的三基色叠层器件**

下转换方式。这为材料的"兼职"开辟了新的思路，海洋王照明有限公司在2010年的CN201010547904中即在上述LG公司的传导空穴型蓝色电致发光材料基础上进一步改进，引入新的官能团，提高了稳定性。

下转换式器件的另一个重点为颜色转换层的设计，２００８年默克公司在ＣＮ２００８８０１１７２２０和ＣＮ２００８８０１１７３９５中提出一种无机发光材料粒子；在CN200880117220中，所述发光粒子包含以下至少一种化合物：（Y，Gd，Lu，Sc，Sm，Tb）$_3$（Al，Ga）$_5$O$_{12}$：Ce（含或不含Pr）、YSiO$_2$N：Ce、Y$_2$Si$_3$O$_3$N$_4$：Ce、Gd$_2$Si$_3$O$_3$N$_4$：Ce、（Y，Gd，Tb，Lu）$_3$Al$_{5-x}$Si$_x$O$_{12-x}$N$_x$：Ce、BaMgAl$_{10}$O$_{17}$：Eu（含或不含Mn）、SrAl$_2$O$_4$：Eu、Sr$_4$Al$_{14}$O$_{25}$：Eu、（Ca，Sr，Ba）Si$_2$N$_2$O$_2$：Eu、SrSiAl$_2$O$_3$N$_2$：Eu、（Ca，Sr，Ba）$_2$Si$_5$N$_8$：Eu、（Ca，Sr，Ba）SiN$_2$：Eu、CaAlSiN$_3$：Eu、钼酸盐、钨酸盐、钒酸盐、第Ⅲ族氮化物、氧化物，它们在每种情况下为单独的形式或为其与一种或多种例如Ce、Eu、Mn、Cr、Tb和/或Bi的活化剂离子的混合物的形式；在CN200880117395中，其基于发光粒子的表面改性的无机发光材料粒子，发光粒子包含至少一种选自（Ca，Sr，Ba）$_2$SiO$_4$和其他硅酸盐的发光化合物，用作根据按需选色原理将一次辐射转换成特定色点的转换无机发光材料，利于用于将蓝光或近紫外光转换成可

见白光，并且其独立权利要求7公开了该发光材料粒子的制备方法："a.通过将至少两种原材料和至少一种掺杂剂混合并在大于150℃的温度热处理，制备无机发光材料粒子；b.在湿化学法或气相沉积法中用金属、过渡金属或半金属氧化物涂布该无机发光材料粒子；c.施用有机涂层"。

而同样是德国公司的巴斯夫于2012年CN201280028556中在上述无机发光粒子上施用有机涂层，并额外增加一层无机白色颜料作为散射体，例如二氧化钛、硫酸钡、锌钡白、氧化锌、硫化锌、碳酸钙，根据DIN 13320的平均粒度为0.01~10微米，优选0.1-1微米，更优选0.15~0.4微米，提高了器件的外量子效率。国内高校如中山大学、上海大学持有较多该方面的专利，如2009年中山大学提交了3份专利申请就蓝光层结合红色转换层的具体器件结构进行阐述。

### （三）重点申请人海洋王照明科技股份有限公司的专利技术分析

海洋王照明公司是一家成立于1995年的民营股份制高新技术企业，自主开发、生产、销售各种专业照明设备。目前在中国特种环境照明市场，其销售额和市场占有位于第四位，仅次于知名跨国公司飞利浦、库柏、欧司朗。海洋王十分重视知识产权战略，其专利布局从公司成立第二年就已经开始起步，并经历了2003~2006年初步增长、2007~2009年快速增长以及2010年之后的持续高量阶段。在OLED照明领域和白光OLED照明领域，海洋王也是国内排名靠前的重要申请人，下面对海洋王在白光OLED照明领域的专利技术发展进行分析。

图2-5-12为海洋王在2010~2013年的专利技术布局图，可见其在用于照明的WOLED领域的器件结构、材料和方法均有涉及。具体而言，海洋王在柔性白光OLED照明器件和条纹式结构WOLED器件这两方面进行了初步的尝试，各仅1篇专利在册，例如条纹式白光OLED是一种新颖的结构，其中RGB三种颜色的发光区域做成条状，并能分别控制，进而很容易实现发光颜色的调控，这方面的专利较少，有待于照明企业的进一步的注意；而柔性白光OLED目前仍未进入量产阶段，专利布局应加强以为后续

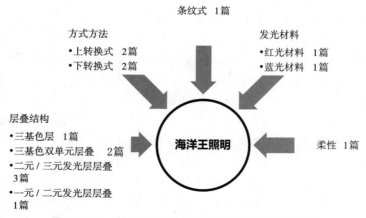

**图2-5-12 海洋王2010~2013年的专利技术布局**

的市场竞争做好铺垫。

前文已经分析了叠层结构的优越性，而海洋王在该方面进行了较多的研究，不仅研究了简单的基于三基色原理的叠层器件，还扩展到多发光单元、红蓝两元/绿蓝两元叠层、红蓝/红绿两元叠层，这些结构的器件具有效率高、亮度大、易于通过控制各发光层厚度和掺杂浓度来优化器件稳定性等优点，产业化程度高，具备商业价值，据悉，此类结构的器件的性能已经超越荧光灯，海洋王的专利布局将有利于该类型产品的商业化。

蓝光材料也是海洋王关注的重点，作为器件中重要的发光层，以及上/下转换式器件的核心，蓝光材料一贯"不够争气"，使得开发寿命长、性能好的蓝光材料成为当务之急。每年海洋王都有针对蓝光材料申请相关专利，其焦点集中于铱金属配合物及其制备方法，并且改进是在上次技术的基础上微小推进的，具备相当的连贯性。可见海洋王寻求好材料的决心。例如CN201210363797公开了具有如下结构式的蓝光有机电致磷光材料：

式中，R为氢原子、C1～C6的烷基或C1～C6的烷氧基；L、K为铱金属配合物所含的辅助配体，该蓝光有机电致磷光材料，其以2,3'-联吡啶为环金属配体主体结构，烷基、烷氧基的引入可以获得满意的能量传输效率和蓝光发光波长，而且可以产生一定的空间位阻效应，从而减少金属原子间的直接作用，减少三重态激子的自淬灭现象，大大提高了材料的光转换效率，同时，环金属配体上进行的Cl取代，可以改善发光性能，利于蒸镀，增加成膜型并提高器件的稳定性，提高色纯度。

CN201310036278公开了具有如下结构式的蓝光有机电致磷光材料：

式中，R为氢原子、C1～C6的烷基或C1～C6的烷氧基；L、X为铱金属配合物所含的辅助配体。本发明提供的蓝光有机电致发光材料，其以3-苯基哒嗪为环金属配体主体结构，烷基、烷氧基的引入可以获得满意的能量传输效率和蓝光发光波长，而且可以产生一定的空间位阻效应，从而减少金属原子间的直接作用，减少三重态激子的自淬灭现象；同时，苯环上的两个F基和氰基取代不仅能有效地蓝移发光波长，还可以改善发光性能，利于蒸镀，增加成膜性并提高器件的稳定性。

CN201310157139公开了具有如下结构式的蓝光有机电致磷光材料：

式中，R为氢原子，C1～C4的直链或支链烷基，或C1～C4的直链或支链烷氧基。本发明提供的蓝光有机电致磷光材料铱金属配合物，以3-（2',6'-二氟吡啶-4'-基）哒嗪或其衍生物为环金属配体，以2-吡啶甲酰为辅助配体，合成一种蓝光有机电致磷光材料铱金属配合物，并通过对环金属配体3-（2',6'-二氟吡啶-4'-基）哒嗪的化学修饰实现对材料发光颜色的调节，从而获得发光波长更蓝的磷光发射。

CN201410124489公开了一种新的蓝光有机电致磷光材料：

式中，R为氢原子，C1～C20的直链或支链烷基，或C1～C20的直链或支链烷氧基，R基团设置在吡啶环的4-或5-位上。本发明提供的蓝光有机电致磷光材料铱金属配合物，2-（4',6'-二氟-5'-全氟丁酰苯基）嘧啶为环金属配体主体结构，合成一种蓝光有机电致磷光材料铱金属配合物，并通过对环金属配体2-（4',6'-二氟-5'-全氟丁酰苯基）嘧啶的化学修饰实现对材料发光颜色的调节，从而获得发光波长更蓝的磷光发射。

在如何得到用于照明的WOLED器件的方式方法方面，海洋王对上转换式和下转换式均存在兴趣，其研究了红色荧光转换层、黄色荧光转换层，对它们的材料、厚度、制备分别做了一定的工作。例如CN201310169178公开了同样是铱金属配合物的红光有机电致磷光材料，该铱金属配合物先通过格氏反应制得化合物C，再将化合物C脱水成环得到环金属配体，然后将该环金属配体与水合三氯化铱在2-乙氧基乙醇和水的混合溶剂中进行聚合反应，得到氯桥二聚物，最后将所得氯桥二聚物与乙酰丙酮进行配合反应，获得结构式如式 ，其所示的红光有机电致磷光材料铱金属配合物，该材料可以获得良好的能量传输效率和合适的红光发光波长，可广泛用于制备红光或白光磷光电致发光器件，达到降低器件功耗、改善器件性能并延长寿命的目的。

## 四、结　语

专利能够实时反应科学技术发展水平及产业应用的最新动态。本节以WOLED全球专利的申请情况为切入点，全面深入地分析用于照明的白光OLED的研究进展，展示了白光OLED技术专利的研究现状、国际竞争以及发展趋势。着重分析了白光OLED技术的分支，清晰地展示了白光OLED发展脉络；并以重点申请人海洋王照明科技公司的专利申请为例，对白光OLED在照明领域中的发展进行了全方位的解读，能够更直观地反应白光OLED的应用。

（1）利用统计的结果分析全球关于用于照明的白光OLED的专利申请量的增长趋势，并发现这与OLED的专利增加有很强的相关性，说明用于照明的白光OLED的发展依赖于OLED的技术发展；从申请单位的角度上分析，白光OLED专利申请重点仍然是在高校和研究所，说明白光OLED在理论上有了长足的多创新之处，同时也反映出在转化应用上仍然需要更多研究；在全球白光OLED相关专利申请的国家中，虽然发达国家对于白光OLED有悠久的研究历史，而随着国际对知识产权的日益重视和国家对高新企业的政策倾斜，相关专利在中国申请量处于领先地位。尤其是在用于照明的白光OLED的研究上中国领先于其他国家。值得注意的是海洋王照明科技公司，其对于相关专利布局开始较早，并且在国内专利申请数量上远超日本和美国等公司。所以，在白光OLED的研究领域，中国极有可能实现"弯道超车"。

（2）着重分析了白光OLED的技术分支，对于白光OLED技术进行结构性的梳理。将白光OLED技术根据各自特点可归为三大类，结构、材料和方法，这些可以清晰地研究各种白光OLED技术。比如根据单层发光和多层发光进行分类就属于结构上的技术；荧光器件和磷光器件就属于材料上的技术；而下转换式器件和上转换式器件则属于方法上的技术。对于这些技术方向相关专利的分析，可以明显发现研究的发展方向动态。比如单层发光技术，虽然工艺简单，但效率偏低，已被多层发光技术替代；荧光磷光混合式技术解决了单纯荧光材料寿命短和磷光材料效率低等问题，得到性能优越的白光OLED器件；下转换式器件由于利用更有效的转换方式，更具有应用前景，在专利申请上也有体现。本节还重点介绍了叠层结构式和下转换式技术在白光照明技术中的专利申请，利用相关专利进行综合型分析，不仅介绍了原理，还对其应用做了全面的介绍。

（3）以海洋王照明科技股份有限公司为具体研究对象，对其在白光OLED的专利布局进行纵向的分析研究，可以反映白光OLED在国内的发展状况。海洋王照明公司在成立于1995年，经过几年的发展，2003年初步成长后，2007～2009年处于快速增长期，在2010年后维持高产出状态。这些趋势与国家政策和国内行情是密不可分的。由于在照明领域有节约能源的重要作用，白光OLED为代表的技术成为研究的热点。具体研究发现，海洋王照明在结、材料和方法上都有广泛的布局。其中以在叠层结构技术上的专利最多，因为该技术具有效率高、亮度大、易于通过控制各发光层厚度和掺杂浓度来优化器件稳定性等优点，产业化程度高，具备商业价值，有利于该类型产品的商业化。

无论采用纯磷光材料，抑或荧光磷光混合材料，通过结构设计和器件优化用于照明的白光OLED取得了突飞猛进的发展。目前白光器件的最高效率已经大于901mW，达到甚至超过荧光灯的水平。未来的研究将注重于新型高效主客体材料的研发、优化器件结构设计，进一步提高器件效率和寿命。对于基于柔性基板制备用于照明的柔性WOLED，研究旋涂喷涂喷墨打印等先进工艺技术以降低器件的制造成本促进大规模量产。总之，白光OLED在照明领域具有广阔的应用前景，白光OLED仍将是研究的热点。我们期待着该产业蓬勃发展，更期待着早日以高性价比购买并使用这样的产品。

# 第三章　电力电子领域

## 第一节　超导故障限流器专利技术分析

### 一、超导故障限流器一般结构及其技术分解

电网的容量在不断地扩大，一方面，由于人类对电能需求的日益增长，使得电网的容量越来越大；另一方面，由于用户对电能的安全性、可靠性和质量提出了更高的要求，而为了安全可靠地输送高质量的电能，要求电网电气紧密连接，使电网向超大规模方向发展，从而使电网的容量也越来越大，电网容量的扩大使得其短路电流水平迅速提高，由于电气设备须按短路容量水平来设计，这就使得开关设备的成本大大提高，甚至无法选型。同时电力系统在运行时常发生短路故障，会产生很大的短路电流，过大的短路电流会使系统中的一些重要设备受到损坏，特别是诸如开关、变压器等设备，巨大的短路电流所引起的电压和频率不稳定将对电力系统带来严重的后果。随着智能电网的发展，对电网的坚强性要求会越来越高，因而需要提供有效的措施限制短路电流。

故障限流器（Fault Current Limiters，FCL）在电网正常运行时表现为微小阻抗甚至零阻抗，其功耗接近于零；在电网发生短路故障后，能迅速呈现高电阻或者高电抗以限制故障电流在一定的水平。故障限流器包括热敏电阻限流器、液态金属限流器、电弧电流转移型限流器、放电间隙型限流器以及固态限流器等。

随着超导材料和低温技术的发展，超导技术在电力的应用越来越多，其中集检测和限流于一体的超导故障限流器（Superconducting Fault Current Limiters，SFCL）具有广阔的应用前景，超导材料的高载流性能也使其在一些非失超型超导故障限流器上使用具有优越性。随着超导故障限流器的深入研究，目前已出现多种超导故障限流器。超导故障限流器具备以下优点：（1）能在高压下运行；（2）响应时间快、可靠性高；（3）集检测、触发和限流于一体；（4）在正常运行时可通过大电流而只呈现很小的阻抗甚至零阻抗，只在短路故障时呈现大阻抗，因而其限流效果非常明显。由于超导限流器具有以上无可比拟的优点，因而被认为是目前最好且行之有效的短路故障电流限制装置。

（一）超导故障限流器一般构成

完整的超导故障限流器装置由限流器电路和限流器结构两方面构成。其中限流器

电路决定了故障限流器的运行方式，主要涉及限流器在电路中的接入形式、超导体的失超检测、超导体的失超方式以及在各领域环境中的具体应用方式。其中接入方式，按照工作原理可分为失超型、不失超型以及综合型三类。失超型超导故障限流器，是通过控制超导态和常态的转换来限制短路电流，包括电阻型、感应型、混合型、磁屏蔽型等；不失超型超导故障限流器，在短路故障时仍保持超导体的超导特性，通过控制导体电流，来达到限制短路电流的目的，包括饱和铁芯型、桥路型、有源型等；综合型超导故障限流器，综合运用失超型和不失超型两种工作原理来限制短路电流，如三相电抗器型等。

而限流器装置的具体结构部分，主要包括超导器件和限流器结构。其中，超导器件是故障限流器的核心部分，主要涉及超导器件自身的材料选择、制作工艺和结构设计等方面，是限流器能够正常工作的基础；限流器结构则主要涉及故障限流器装置中除超导器件外的其他结构布置，例如绝缘的设置、冷却布置、线圈的配置方式以及铁芯的设计等。

### （二）超导故障限流器技术分解

技术分解是对于所分析的技术领域作进一步的细化和分类，对于行业状况、检索专利信息以及检索结果处理都具有非常重要的意义，有助于了解行业整体情况以及选取研究重点。一般情况下，可按技术特征、工艺流程、产品或用途等进行技术分解。

具体到超导故障限流器领域而言，从其一般构成上可分为三大块：超导器件、限流器电路和限流器结构。考虑到各个结构中的不同方面特征，可以对上述结构分类进行进一步细分，以形成二级分类和三级分类，最终结果如图3-1-1所示。

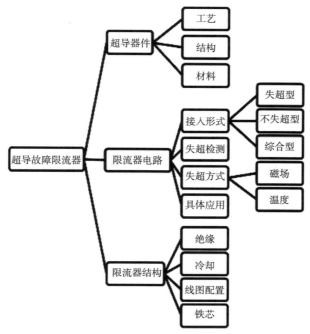

**图3-1-1 超导故障限流器技术分解**

## 二、超导故障限流器专利申请整体状况

### （一）全球专利申请状况

本小节主要对全球专利申请状况以及重要申请人进行分析，从中得到相关的超导故障限流器技术发展趋势，以及各阶段专利申请的国家分布和重要申请人。其中以每个同族中最早优先权日期视为该申请的申请日，一系列同族申请视为一件申请。

### 1. 全球专利申请趋势

图3-1-2示出超导故障限流器全球专利申请趋势，大致可以分为三个时期，各时期划分以申请量和申请人数量的变化为标准。

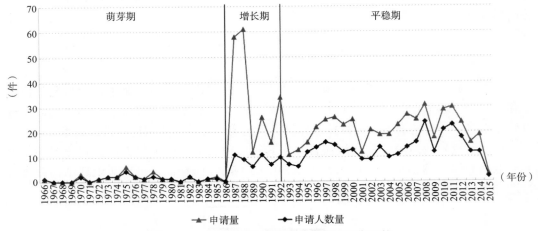

**图3-1-2　超导故障限流器全球专利申请趋势**

### （1）萌芽期（1986年之前）。

超导特性是1913年在第三届国际制冷会议上由荷兰物理学家海克·卡末林·昂内斯（Heike Kamerlingh Onnes）提出的，是他发现了超导机制。此后，科学家对低温超导进行了较多的研究，超导理论得到快速发展，但是，由于应用温度较低，当时超导材料并没有实际的应用价值。因此，在研究早期，超导材料的应用发展是比较缓慢的。在超导诞生后的一段时间内，并没有超导故障限流器概念的产生。

直到20世纪70年代，人们开始对超导故障限流器进行研究，并提出电阻型超导故障限流器的基本电路结构和设计依据。当时所用的超导材料为低温超导材料，主要是低交流损耗的NbYi多芯复合超导线材。其中有日本东芝公司研制出的基于NbTi超导线材的6.6kV／1.5kA的超导故障限流器。

1986年柏诺兹（J.G Bednorz）和缪勒（K.A.Muller）发现在Ba—La—Cu—O在温度低于33K时具有超导电性，1987年春，美国休斯敦大学朱经武小组和中科院物理研究所赵忠贤小组分别单独研制成功临界温度约为90K的YBCO超导材料。从此，高温超导材料得到突飞猛进的发展，从而为超导产品的研发和应用提供了基础。自1986年高

温超导体被发现之后，高温超导故障限流器的研究成为各国研究的热点和重要领域，欧、美、日、韩、俄等国在理论研究和工程实践等方面均取得丰硕的成果。

从图3-1-2中可以看出，在VEN数据库收录的专利范围内，1966年开始出现关于超导故障限流器的专利申请，申请人是德国西门子公司。1966~1986年，申请量极少，申请人的数量也极少。

图3-1-3示出1986年之前的萌芽期申请国别分布，可以看出，在此时期内，专利申请基本集中在德国、美国及法国等国家。这一时期的专利技术主要关于限流器电路，技术内容比较简单，而且各国的专利申请量均比较少。另外，这一时期德国的专利申请数量最多，体现出德国在超导故障限流器领域起步较早，技术基础强大。

（2）增长期（1987～1992年）。

从图3-1-2可见，从1987年开始，关于超导故障限流器的专利申请量比之前明显增多，但是申请人数量增长并不大。可以看出此阶段，进入该领域的申请人数量有限，大量的专利申请由少量的申请人所贡献。

图3-1-4示出1987～1992年的增长期申请量国别分布，可以看出，该时期内日本的专利申请量大幅增加，占据绝对优势；而其他国家和地区中，以法国和德国申请量较多，但是绝对数量均不大。可以看出，这一时期，日本在超导故障限流器领域投入了大量研发资源，发展十分迅速，取代德国成为该领域最大的专利申请国。

（3）平稳期（1993年至今）。

由图3-1-2可以看出，从1993年开始，关于超导故障限流器的专利申请量呈现稳定，并有微弱的增长趋势，但是数量未比前一阶段增多。同时，申请人数量相比前一阶段又有所增加，这说明世界范围内对于这方面的技术关注度有所提高，进入此领域的申请人逐渐增多，呈现百花齐放的态势。图3-1-5示

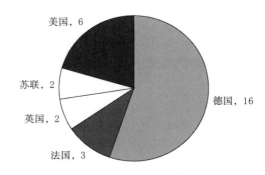

图3-1-3　1986年之前的萌芽期申请量国别分布

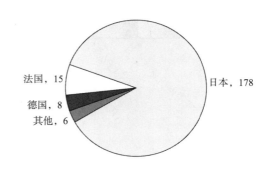

图3-1-4　1987～1992年的增长期申请量国别分布

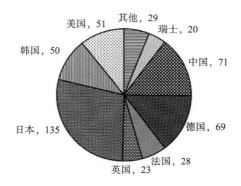

图3-1-5　1993～2007年的平稳期申请量国别分布

出1993～2007年的平稳期申请量国别分布，这一时期日本仍然是申请量最大的国家，但是相比其他国家的优势已减小。中国、德国、美国、韩国申请量开始增多，同时其他一些国家也存在一定数量的专利申请。

2. 全球专利申请重要申请人分析

本小节从全球专利申请重要申请人方面，对超导故障限流器领域的专利申请做进一步分析，主要考虑申请人历年的申请总量，按照申请总量进行排名，取前10名申请人进行分析。

图3-1-6示出全球专利申请量排名前10名的申请人，分别是：株式会社东芝（日本）、三菱电机株式会社（日本）、西门子公司（德国）、GEC阿尔斯托姆公司（法国）、住友电气工业株式会社（日本）、ABB研究有限公司（瑞士）、北京云电英纳超导电缆有限公司（中国）、中国科学院电工研究所（中国）、三菱电线工业株式会社（日本）、东京电力株式会社（日本）。

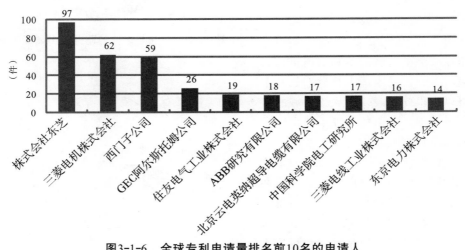

图3-1-6　全球专利申请量排名前10名的申请人

由此可以看出，排在前10名的申请人集中在日本、德国、法国、中国和瑞士。前三名被日本和德国两个国家的申请人占据，说明这两个国家的超导故障限流器技术发展水平较为领先。

（二）中国专利申请状况

本小节主要对中国专利申请状况的趋势以及中国专利申请的重要申请人进行分析，从中得到相关的超导故障限流器技术发展趋势，以及重要申请人的历年专利申请状况。

1. 中国专利申请趋势

图3-1-7示出关于超导故障限流器中国专利申请趋势，国内这方面的研究起步较

晚，大致可以分为两个时期：第一时期为1994～2002年，第二时期为2003年至今。

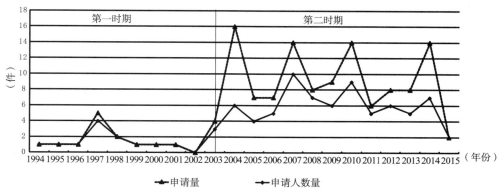

图3-1-7　超导故障限流器中国专利申请趋势

（1）第一时期（1994～2002年）。从图3-1-7中可以看出，在第一时期内，超导故障限流器领域的中国专利申请数量相比国外少很多。1994～2002年，中国专利申请的申请人类型以国外公司为主，为13件，国内仅有1件为个人申请。总体来说，国内在超导故障限流器领域起步较晚，技术储备较为薄弱。

（2）第二时期（2003年至今）。第二时期内，中国专利申请量和申请人数量较前一时期有所增加，总体呈现平稳。同时，图3-1-8示出2003年至今申请人类型分布，这段时期中国内申请人的比例增大，说明国内在超导故障限流器领域的发展开始起步。在国内申请人中，大学类申请人数量占47%，而研究院类申请人数量也有27%，这一时期，国内超导故障限流器大多还处在理论研究阶段。

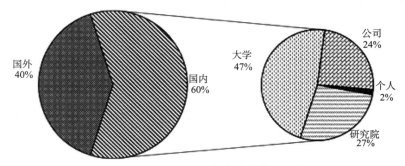

图3-1-8　2003年至今申请人类型分布

2.国内专利申请重要申请人分析

本小节从国内专利申请重要申请人的方面，对超导故障限流器领域的专利申请做进一步分析。主要考虑申请人历年的申请总量，按照申请总量进行排名，取前10名申请人进行分析。

图3-1-9示出国内专利申请量排名前10的申请人，分别是：北京云电英纳超导电缆有限公司（中国）、中国科学院电工研究所（中国）、西门子公司（德国）、天津理工大学（中国）、湖南大学（中国）、尼克桑斯公司（法国）、LS产电株式会社（韩

国）、华中科技大学（中国）、瓦里安半导体设备公司（美国）、住友电气工业株式会社（日本）。

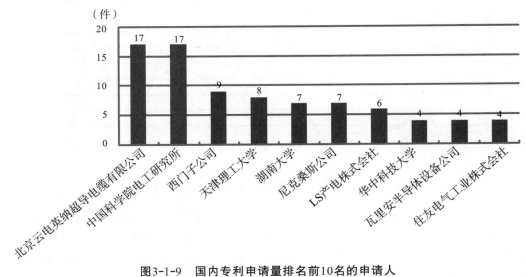

图3-1-9　国内专利申请量排名前10名的申请人

由此可见，国内申请人在超导故障限流器领域的前10名申请人内占了半数，说明中国国内研究发展良好。而国外申请人中，申请量最大的是德国西门子公司，其比较重视中国国内的专利布局。

## 三、超导故障限流器技术专利技术发展分析

本部分针对超导故障限流器技术进行简介，分析目前的研究状况。同时主要针对国内外主要申请人的技术分支状况进行分析比较，以研究其技术研究的侧重点，得出其技术发展状况。

### （一）超导故障限流器技术简介

超导故障限流器不需要电子检测判别系统来分析故障电流信号，简化了设计制造；同时可多次重复使用，减少了现场的运行维护工作；另外对故障能做出高速响应，限流过程的时间为毫秒级。另外，超导故障限流器也存在一些技术难点需要攻克：需要附属的冷媒及制冷设备，目前结构复杂、造价偏高；对超导材料的生产工艺要求很高，不易掌握。目前超导故障限流器已有工业级样机，但尚未进入实用化阶段。

各国对超导故障限流器的研究正在持续进行，主要研究方面如下：

（1）超导器件，主要包括高温、低温或常温超导材料及制作工艺的开发，超导体结构设计，磁滞发热、焦耳热及热传导、热辐射等对超导系统制冷效果的影响，大电流通过后超导材料的恢复特性的研究等。

（2）限流器结构，主要包括冷媒液气两相混合介质电气绝缘特性的研究，从超导

体低温室到常温环境的高温度梯度绝缘套管的设计，保温绝热的压力容器的设计，超导限流器紧凑布置、小型化方案的设计，以及短路电流电动力作用下超导体机械强度的考核，过电压抑制措施，高稳定连续运行的小型制冷设备的选型或开发，简便的冷媒供给系统，超导体隔热保温材料及有关的结构设计等。

（3）限流器电路，主要包括限流器电路结构设计，由于超导限流导致的二次整定值的变化，超导限流器与断路器的联动方案，超导制冷系统的监测及控制方案，超导故障限流器在电力系统安装的最佳位置等。

上述众多研究方面联合动作，才能够顺利推进超导故障限流器的发展。

### （二）超导故障限流器领域主要申请人技术发展简介

由于超导故障限流器种类较多，研究方向也比较分散，因此各申请人之间的技术发展差异较大。在此情况下，下面分析超导故障限流器领域主要申请人技术分支发展状况，以折射整个领域发展情况。

#### 1.株式会社东芝（日本）

株式会社东芝是超导故障限流器领域申请量最多的申请人，其发展状况也代表了领域内典型的日本公司发展状况。

图3-1-10示出株式会社东芝各技术分支总体申请趋势，可以看出，该公司于领域增长期开始的1987年起步，在增长期内申请量处于较高水平，引领了整个领域技术发展的高潮；同时在随后的平稳期内该公司的研究工作并未停止，始终保持一定的专利申请量。从技术分支情况上来说，超导器件方面是该公司的主要研究方向，特别是在领域增长期内；同时，在限流器结构和限流器电路方面也一直有所涉及，各分支的研究发展较为均衡。

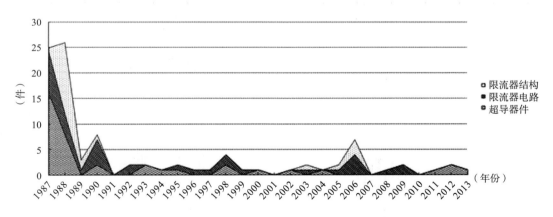

**图3-1-10 株式会社东芝各技术分支总体申请趋势**

图3-1-11示出株式会社东芝重点专利年代分布，下面对该公司发展过程中的4个重点专利申请进行介绍，以反映该公司技术发展状况。

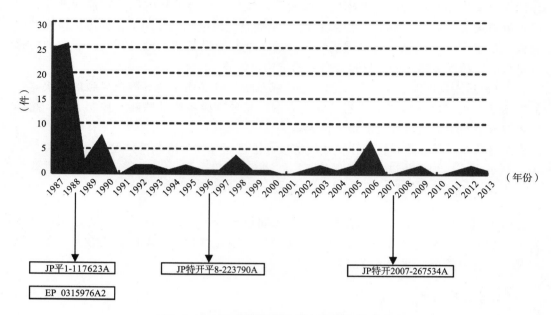

图3-1-11　株式会社东芝重点专利年代分布

（1）JP 平1-117623A，申请日为1987年10月30日。

图3-1-12示出JP 平1-117623A的主要附图。此专利是该公司进入超导故障限流器领域最早申请的一批专利之一，处于领域增长期刚开始的阶段。该专利涉及一种限流装置，其中限流电阻（3）串联在电源电路中，该限流电阻（3）包括超导体（1），超导体（1）置于冷却系统（2）中；同时，超导体（1）形成折叠状，以增加单位面积内电流的有效路径。

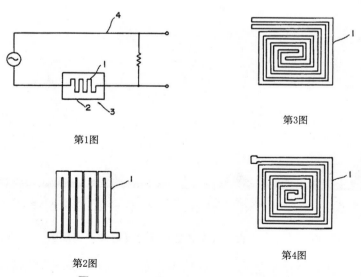

图3-1-12　JP 平1-117623A的主要附图

　　这件专利反映了该公司最早的超导故障限流器雏形，其中公开了限流器在电路中的连接方式。更重要的是其中还公开了3种限流器件的结构形式，这3种结构形式是该公司后续对限流器件改进的基础。在领域增长期内，该公司就限流器件的3种结构形式及其进一步改进和变形申请了大量的专利，形成良好的专利布局。

　　（2）EP 0315976A2，最早优先权日为1987年11月9日。

　　图3-1-13示出EP 0315976A2的主要附图。此专利也是该公司进入超导故障限流器领域时最早申请的一批专利之一，涉及一种超导限流装置。具体包括：第一容器（6），超导限流器件（5）设置于第一容器（6）中，制冷剂填充第一容器（6）以冷却超导限流器件（5）；第二容器（7）用于容纳第一容器（6），这样使得第一容器（6）与外界热隔绝；端子（12a，12b）用于将超导限流器件（5）与电源系统连接。

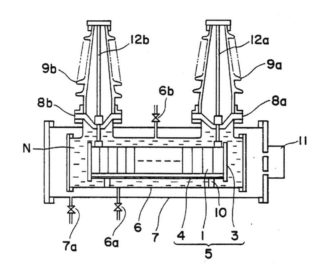

图3-1-13　EP 0315976A2的主要附图

　　这件专利反映了该公司早期设计的限流器结构形式，包含端子结构、冷却布置，整体结构已经较为完整。之后该公司又在此基础上对限流器结构做了很多研究和改进，以配合限流器器件的研发，完善超导故障限流器产品。

　　（3）JP 特开平8-223790A，申请日为1995年2月8日。

　　图3-1-14示出JP 特开平8-223790A的主要附图。此专利是该公司在领域平稳期内的申请，涉及一种超导限流器。具体包括：绝缘基板（1b）覆盖在电加热器（1c）上，该绝缘基板与超导体并联。熄灭传感器（22a）控制电路断路器（12）和开关（22），以防止超导限流元件的温度上升和减少其恢复时间。

　　该公司在限流器电路方面一直有所投入，始终保持一定数量的专利申请。而限流器电路方面的申请，多涉及超导器件的各类保护和减小失超恢复时间等方面，此专利就是其中较为典型的一例。

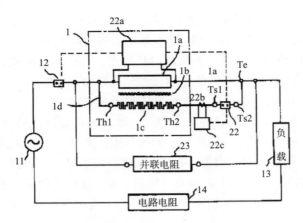

图3-1-14 JP 特开平8-223790A的主要附图

（4）JP 特开2007-267534A，申请日为2006年3月29日。

图3-1-15示出JP 特开2007-267534A的主要附图。此专利是该公司在领域平稳期后期的申请，涉及超导限流装置。具体包括：检测器（11）感测电路中电压或电流的异常；控制器（12）接收检测器输出信号，并控制电路断路器（3~5）的通断；另外，断路器、冷却容器（8）以及低温制冷器（7）设置于独立房间（2）内。

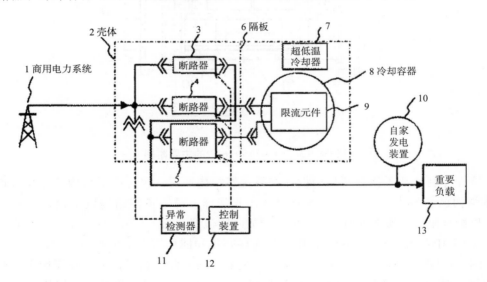

图3-1-15 JP 特开2007-267534A的主要附图

在平稳期后期，该公司逐渐开始研究超导故障限流器在具体领域环境下的应用，例如此专利即是涉及家用电接入处的超导故障限流器的投入控制。类似的专利还有许多，涉及各种应用场景，体现出该公司在此领域的新研发方向。

2. 西门子公司（德国）

西门子公司在超导故障限流器领域中申请量排名第三，同时其是领域内最早提出专利申请的申请人，是该领域的先驱者。

　　图3-1-16示出西门子公司各技术分支总体申请趋势，可以看出，该公司于领域萌芽期开始的1966年即开始起步，但早期申请量处于较低水平；从1998年申请量开始爆发式增长，并且一直持续至今仍有一定数量的申请。从技术分支情况上来看，该公司早期主要针对限流器电路和结构方面开展研究；到申请量大幅增加时，特别是2003年达到顶峰期间，专利申请主要针对超导器件方面，而另外两方面则处于辅助地位。

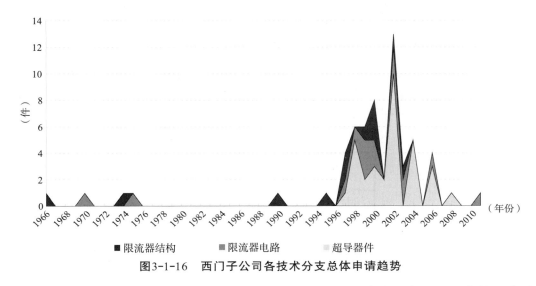

图3-1-16　西门子公司各技术分支总体申请趋势

　　图3-1-17示出西门子公司重点专利年代分布，下面对该公司发展过程中的三个重点专利申请进行介绍，以从侧面反映该公司技术发展状况。

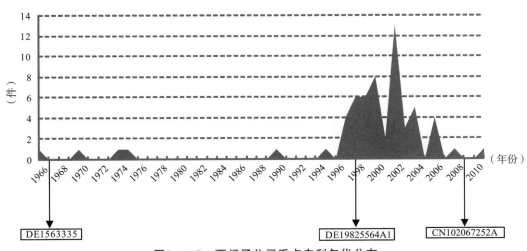

图3-1-17　西门子公司重点专利年代分布

　　（1）DE1563335，申请日为1966年4月26日。

　　图3-1-18示出DE1563335的主要附图。此专利是该公司最早申请的有关超导故障

限流器的专利，也是全球范围内最早申请的有关超导故障限流器的专利。具体涉及一种故障限流器，包括：两个并联线圈（1、2）反向并联缠绕以提供相反的磁场，其中线圈（1）部分或全部由超导材料制成，而线圈（2）可由纯铜、铝或超导体构成。两个线圈被放置在玻璃纤维塑料制成的冷却容器内，冷却容器内储存有液氮。

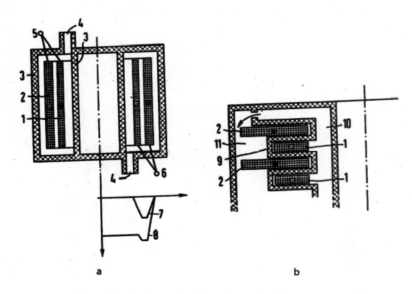

图3-1-18　DE1563335的主要附图

这是最早期超导故障限流器的形式，两个线圈反向并联缠绕反映了最早的限流器电路原理。该专利不仅公开了两个线圈的具体布置形式，还涉及冷却和密封结构，已经产生较为完整的超导故障限流器雏形，为之后的发展奠定良好的基础。

（2）DE19825564A1，最早优先权日为1997年6月10日。

图3-1-19示出DE19825564A1的主要附图。此专利为该公司开始在本领域大量申请专利的时间点所申请，涉及一种电阻型限流器。具体包括：一个或更多高温超导体导线层（4、4a），该导线层具有特定的厚度、宽度参数，以更好地适应电流密度要求。

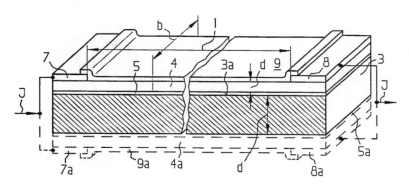

图3-1-19　DE19825564A1的主要附图

从这一专利开始，该公司开始研究层状超导带材的结构参数，并研究通过附加各类功能材料层以改善带材各方面的性能。此专利是该公司最早涉及层状超导带材的专利申请，为后几年大量的专利申请指明了方向。

（3）CN 102067252A，最早优先权日为2008年6月23日。

图3-1-20示出CN 102067252A的主要附图。此专利是该公司经过专利申请爆发式增长后提出的申请，具体涉及含至少2个由超导性导体带组成的导体组合的用于电阻式开关的导体配置。具体包含至少一个第一和至少一个第二导体组合（10、20、30），导体组合在一个公共平面内彼此相邻互相绝缘地布置。导体组合（10、20、30）分别包括由至少一条超导性导体带（2）构成的两个平行延伸形成一种双线结构的导体部分（11、12、21、22、31、32）。导体组合（10、20、30）形成一个线圈绕组，其线匝基本上按螺旋线的方式延伸以及借助定距器（3）彼此绝缘。

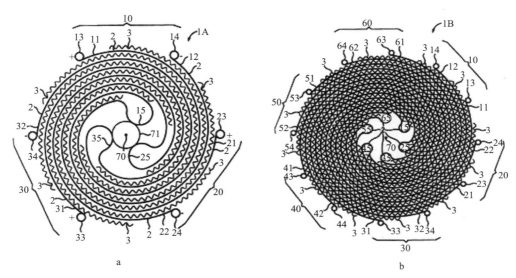

图3-1-20　CN 102067252A的主要附图

此专利代表该公司在专利申请爆发式增长后的研究方向，开始涉及多个带材间的组合配置方式，此后持续有少量专利继续涉及此类改进。可见该公司在爆发期之后，仍然在围绕超导带材做持续研究。该公司对于带材本身方面的研究可能已经比较成熟，开始考虑在构成限流器产品时对于带材的其他方面要求。

3. 北京云电英纳超导电缆有限公司（中国）

北京云电英纳超导电缆有限公司是在超导故障限流器领域中，国内申请量最多的申请人之一。

图3-1-21示出北京云电英纳超导电缆有限公司各技术分支总体申请情况，可以看出，该公司于国内第二时期开始的2003年起步，是最早一批进入该领域的国内申请人。

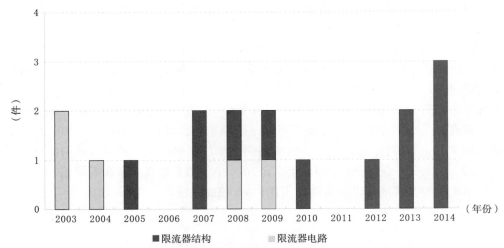

图3-1-21　北京云电英纳超导电缆有限公司各技术分支总体申请情况

从2003年至今，申请量始终保持稳定。从技术分支情况上来说，该公司的申请未涉及超导器件方面，而是集中发展限流器结构和限流器电路，并且整体来看有由电路向结构过渡的趋势。

下面对该公司的重点专利申请进行介绍，以从侧面反映该公司技术发展状况。

公开号CN 1635641A，申请日为2003年12月26日。

图3-1-22示出CN 1635641A的主要附图。此专利是该公司最早申请的有关超导故障限流器的专利之一，涉及一种饱和铁心类型的超导故障限流器。具体包括：日字形铁心（4）、同名端相连的两个铜线绕组（1、2）、中间铁柱（43）上的超导绕组（3）、与超导绕组（3）串联的超导电感线圈（5）、直流偏压源（6）和非金属液氮容器（7）。

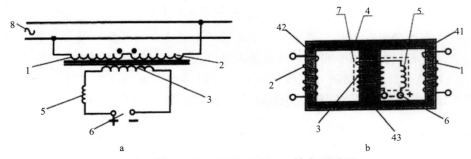

图3-1-22　CN 1635641A的主要附图

饱和铁心型是该公司研究的主要超导故障限流器类型，之后的专利大多是在此专利上对限流器电路进行进一步改进（如CN 101546908A，CN 102025138A），或是针对限流器装置进行设计（如CN 102044865A，CN 104392821A），因此该专利是该公司的基础专利。

4. 中国科学院电工研究所（中国）

中国科学院电工研究所也是在超导故障限流器领域中，国内申请量最多的申请人之一。

图3-1-23示出中国科学院电工研究所各技术分支总体申请趋势，可以看出，该公司于国内第二时期内较早期的2005年起步，是较早进入该领域的国内申请人。从2005年至今，间隔保持了一定的申请量。从技术分支情况上来说，该研究所的申请较少涉及超导器件方面，也是集中于限流器结构和限流器电路，并且整体来看也有着由电路向结构过渡的趋势。

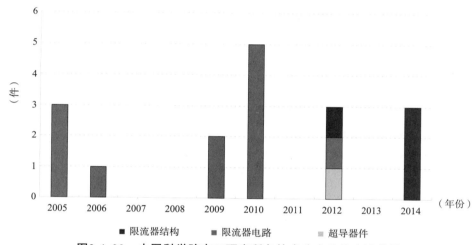

图3-1-23　中国科学院电工研究所各技术分支总体申请趋势

下面对该研究所的重点专利公开号CN 1874100A（申请日为2006年12月6日）申请进行介绍，以从侧面反映该研究所技术发展状况。

图3-1-24示出公开号CN 1874100A的主要附图。此专利是该研究所最早申请的有关超导故障限流器的专利之一，涉及一种用于输配电网的线间电压补偿型限流贮能电路，连接于AC电力系统线路出口母线处。具体包括：与n路并联的普通负载馈线通过n个连接变压器相串联；n个连接变压器分别连接n个限流电感以及n个换流器的交流侧端，n个换流器的直流侧端通过相同的直流电容（C）连接，直流电容（C）同时连接电流调节器（chopper）的电压换流单元，电流调节器（chopper）的电流换流单元与超导线圈（L）相连。系统正常时，该电路可以调节系统n条馈线的电压不对称、滤波、无功以及有功补偿以及调节系统潮流；系统故障时，可限制故障馈线短路电流峰值及稳态值，提高母线的故障电压值，补偿正常工作馈线的电压凹陷，保证其电能质量。

该研究所关于超导故障限流器在电网中的应用的专利申请较多，此专利就是典型的例子，在电网中实现故障限流的同时，还承担更多的工作。之后该研究所又有很多专利是在此专利上的进一步发展（如CN 101707366A、CN 101707367A）。

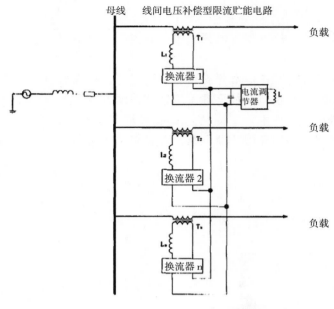

母线　线间电压补偿型限流贮能电路

负载

换流器 1

电流调节器

负载

换流器 2

负载

换流器 n

图3-1-24　公开号CN 1874100A的主要附图

**5. 国内外申请人技术发展对比**

根据以上对国内外几个主要申请人的技术发展情况的分析，可以看出国内外申请人在技术发展方面的一些不同之处。

从起步时间上来说，国外申请人对于超导故障限流器的研究多起步于萌芽期（1986年之前）或增长期（1987～1992年），跟随了超导技术的最新发展情况；而国内申请人则起步较晚，基本在国内的第二时期（2003年至今）开始以后。

从技术分支情况上来说，国外申请人的研究方向主要集中于超导器件方面，同时在限流器结构和电路方面也有均衡发展，布局较为科学；而国内申请人在超导器件方面鲜有涉猎，主要是针对限流器电路和结构进行改进，并且改进由电路到结构有序进行，符合产品研发的周期特点。

从研究宽度来说，国外申请人所涉及的超导故障限流器电路和结构种类较多，研究的方向也很丰富，同时整个发展过程中的研究点呈现一定的转换；而国内申请人则通常针对单一类型超导故障限流器做纵向研究，专利申请内容具有较强的延续性。

## 四、结　语

超导体涉及能源、交通、工业、医学、国防和科学研究等各个方面，因为它们与常规器件装置相比，具有独特而不可取代的优点。超导应用最直接是在电力技术方面，美国能源部把超导电力技术作为21世纪电力工业唯一的高技术储备，日本新能源开发机构则把它认为是在21世纪的国际高技术竞争中保持尖端优势的关键所在。

作为超导电力技术的领头产品——超导限流器，能在高压下运行，响应时间快，可靠性高，集检测、触发、限流于一体，原理结构简单，正常时无损耗，克服了各种常规限流器的缺点，具有无与伦比的优点，是一种理想的限流装置。若能将其产品化，安装在电力系统中，可获得巨大的经济利益，因为它可使得在现有电网电力设备规格不变的情况下，降低短路电流，提高输送容量，或者降低系统控制设备的规格，节省建设成本，从技术层面而言，它可提高供电的可靠性、安全性和电能质量。

从全球超导故障限流器领域的专利技术发展来看，该技术领域还处在持续发展的阶段，虽然申请量未见明显增加，但保持了一定的数量。这对于国内的申请人来说，既是机遇，也是挑战。由于超导故障限流器领域内各申请人的研究方向差异较大，专利壁垒容易绕开，可供开拓的新途径较多。从技术分支上来说，国外主要申请人的研究方向集中于超导器件方面，在该方面研究较深；而国内申请人主要针对结构和电路进行改进，在超导器件方面却鲜有涉猎。超导器件与超导技术水平密切相关，又涉及材料加工等基础工业，这些方面国内比较薄弱，这一情况是国内申请人的软肋。但是超导器件是超导故障限流器的核心部件，是不能绕过的技术难点。国内申请人要想在领域内占据有利位置，提高话语权，必须在这方面加大投入、弥补差距。

# 第二节　智能家居的能量管理专利技术分析

## 一、智能家居能量管理系统概述

### （一）引言

能量管理系统最早起源于20世纪六七十年代，由于当时发生在北美的数次大范围停电事故，人们认识到全方位控制电力系统运行状态和事故分析的必要性。到70年代中期，能量管理系统由以计算机为根基的收集数据、能量管理和安全分析组成。80年代，伴随计算机基础的发展和调度人员实用经验的累积，能量管理系统变得越来越成熟。90年代开始，电力市场的迅速发展对能量管理系统提出新的技术和要求，新的挑战将会带来新的技术进步。进入21世纪，随着新能源技术的不断发展，系统设计正向着综合布线方式转变，系统格局正由集中式转变为分布式，控制设备也有了更加智能化、人性化的需求。图3-2-1示出能量管理系统的技术发展过程。❶

能量用户侧曾被认为是单纯的电能消耗单元。直到20世纪70年代发生能源危机，西方国家才不再一味追求以装机容量来满足负荷需求，而是通过提高机组的利用效率、削减需求侧负荷来解决供需矛盾。美国于1978年颁布《国家节能政策法》，拉开了全球对需求侧管理研究和实践的序幕。此后，用户侧越来越受到人们的关注。家庭、楼宇和企业能量管理系统都是典型的用户侧能量管理系统（U-EMS）的应用实例，为了顺应电网的负荷变动和电价变化，它们均可以安排用户侧的负荷及用户自带的储能设备的工作，以实现节省能源、降低用户电费支出、确保用户用电安全、提高电网稳定性和安全性的目标。近几年来，由于用户侧在节能减排以及安全方面的巨大潜力，且技术门槛相对较低，美国、中国、日本等国的知名企业纷纷开展了用户侧的相关研究。

伴随信息和科学的飞速进步，人们逐渐进入到一种新的智能化的社会，生活以及工作环境的质量也随之大大地改善。智能家居的观念是在美国诞生的，从1984年世界上第一幢智能建筑在美国出现开始，美国、加拿大、欧洲、澳大利亚和东南亚等国争相设计了各种智能家居的样式。智能家居在世界各国均有大范围的运用。国外在用户

---

❶　于尔铿等："EMS的技术发展"，载《电力系统自动化》1997年第1期。

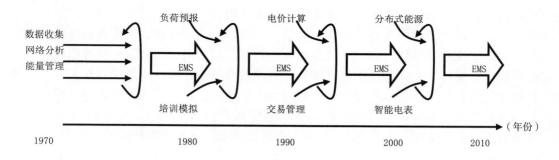

**图3-2-1　能量管理系统的技术发展过程**

操作界面的设计、智能家居设备之间的协同工作机制等方面展开了较深入的研究，还研究了如何通过感知家庭环境来提供更好的控制体验。

### （二）智能家居能量管理系统的网络架构

传统电网的能量流向是单向的，即电能由少量大容量发电厂集中生产，然后通过大规模的输电网、配电网送至用户侧，最终由用户消费掉。而智能电网除了大容量集中式发电厂外，还包含大量分布式电源和可再生能源，它具有复杂的潮流分布。电网和用户之间的能量流是双向的，家庭用户不仅可以消费来自电网的电能，而且可以将本地分布式发电装置产生的多余电能售给电网以获得相应的经济效益。与传统的家庭能量管理系统（H-EMS）相比，智能电网环境下的家庭能量管理系统实现的功能更多、更复杂，需要全新的系统结构支持这些功能的实现。❶智能家居能量管理系统如图3-2-2所示。

该系统有效利用非绿色能源（上一级配电网）和绿色能源（可再生能源发电系统）各自的优势，充分考虑各种类型家用负荷的工作特性，结合智能家居的网络通信和设备自动化的特点，采取用户侧负荷管理的多种手段，例如设置谷峰分时电价、错峰用电、在用电高峰期间或发生故障时强制甩负荷等，以期达到最有效而充分地利用能源的设想。

---

❶　张延宇等："智能电网环境下家庭能源管理系统研究综述"，载《电力系统保护与控制》2014年第18期。

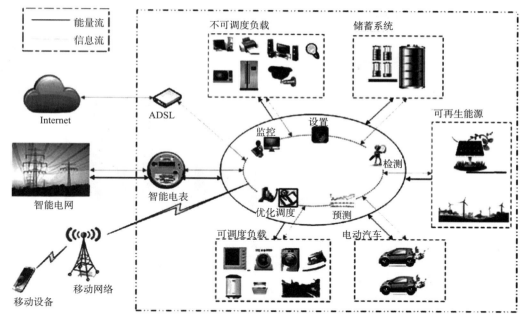

图3-2-2　智能家居能量管理系统

## 二、专利统计及技术分析

为了研究智能家居能量管理专利技术情况，利用检索系统中的CNABS、VEN数据库，并通过IPC分类号、较准确的关键词、分类号和关键词扩展等检索策略相结合，获得初步结果后通过概要浏览和推送详细浏览将检索得到的文献中明显的噪音去除，然后结合统计命令以及Excel从多方面对该技术领域的中国专利申请和全球专利申请进行统计分析，统计的申请日时间节点为2015年12月31日。

（一）国外专利申请状况

本节对智能家居能量管理技术相关的国外专利进行了检索分析，由于2000年前国外相关专利申请较少，不具备代表性，因此，仅对2000年后的申请量进行了分析，时间范围截至2015年12月31日，由于专利申请公开有一定周期，因此，2015年的实际数据应多于统计数据。

1. 国外专利申请趋势

图3-2-3为国外申请量趋势图，其示出了2000～2015年国外专利申请量的变化发展。

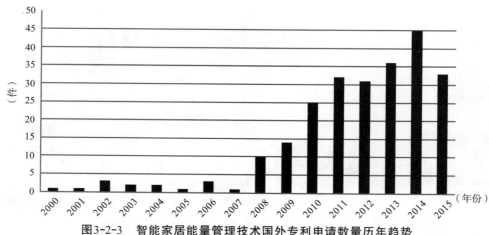

图3-2-3　智能家居能量管理技术国外专利申请数量历年趋势

可以看出，国外智能家居能量管理技术相关的专利申请总体呈上升趋势，2000～2007年，新申请量均低于5件，2008～2015年整体上呈缓慢稳步的增长趋势。由于公开周期、审查步骤以及其他原因，新提交的申请不一定能及时公开并得到统计，比如2015年下半年提交的申请截至2016年6月大部分还处于未公开状态，目前统计的2016年数据并不能完全准确反映2016年新申请提交量，因此图3-2-3显示2015年的数据稍有下滑并不意味着2015年的申请量有下滑趋势。

图3-2-4示出了2000～2015年国外专利申请国别分布，可以看出，申请量排名前四位的国家/地区专利局分别是美国专利局、日本专利局、韩国专利局以及欧洲专利局，虽然该项技术的相关专利申请数量美国占有一定的优势，但这并不完全意味着美国在该项技术的科研实力最强，由于受跨国公司的影响，国外的公司急需打开美国市场。

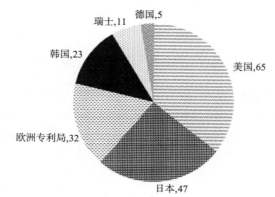

图3-2-4　智能家居能量管理技术国外专利申请国别分布

2. 国外专利申请重要申请人分析

图3-2-5为国外申请中申请量排名前十位的申请人，其中排名第二的耐斯特实验公司（NEST LABS INC）于2014年年初被谷歌（Google）以32亿美元收购，被解读为谷

歌公司意图大举进军智能家居行业。而根据图3-2-4与图3-2-5可知，各国智能家居能量管理技术的专利基本都是集中于某一龙头企业，其申请量占据该国的比例较大，如美国的通用、耐斯特实验公司，日本的中国电力株式会社（CHUGOKU DENRYOKU），韩国的三星、LG以及瑞士的ABB，由此可知，目前有关智能家居能量管理技术的发展目前仍未形成百花齐放的格局，其仍旧具有较为广阔的研究前景。

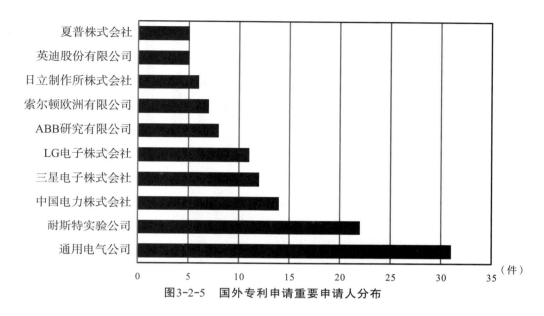

图3-2-5　国外专利申请重要申请人分布

（二）中国专利申请状况

本部分对智能家居能量管理技术相关的中国专利进行检索分析，由于2000年前国内基本无相关申请，因此，仅对2000年后的申请量进行分析，时间范围截至2015年12月31日，由于专利申请公开有一定周期，因此，2015年的实际数据应多于统计数据。

1. 中国专利申请趋势

在中国的专利申请中，广义的智能家居能量管理的涵盖面很广，包括一个电冰箱为主题的申请或一个开关关为主题的申请，都可能涉及智能家居能量管理的概念。为了避免更多噪声的出现，本部分重点选取分类号H02J13/00（对网络情况提供远距离指示的电路装置）下的专利申请作为研究对象。

图3-2-6是智能家居能量管理技术中国专利申请数量历年趋势图，可以看出，2000～2008年，申请量呈平稳趋势，而2009年后，申请量呈快速增长趋势，这与移动互联网的发展、新能源技术以及分布式电源的普及不无关系。从该趋势图可以看出，智能家居能量管理产业目前正处于蓬勃发展期。随着移动互联网的发展、国内宽带业务的普及、智能终端接受度的提高以及分布式能源并网技术的日趋成熟，使得更多家庭具备了部署智能化家居的基础条件，随着各科技巨头的加入，如近期谷歌收购耐斯特实验公司、苹果推出智能家居控制平台HomeKit、三星推出智能平台SmartHome等，可

预期之后几年智能家居能量管理技术相关的专利申请量必然也会处于迅速增长期。

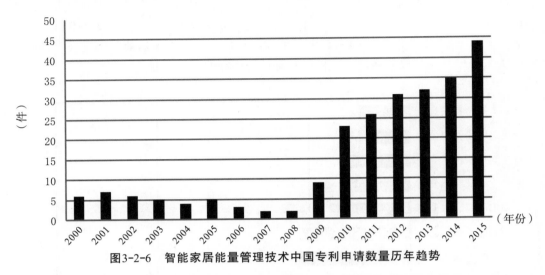

图3-2-6　智能家居能量管理技术中国专利申请数量历年趋势

　　图3-2-7是智能家居能量管理技术在中国的专利申请数量省份分布情况，智能家居能量管理技术领域的专利申请就国内而言集中在江浙一带以及北上广等经济较发达地区，而经济欠发达地区的专利申请量相对较少，对于我国而言，经济较发达地区部分经济的增长使得企业经营者愿意投入较多的人力物力进行技术研发，从而形成技术与经济相互促进的良性循环，而由于各地经济发展不平衡，对广大经济欠发达的农村地区来说，要形成一定规模的、强大的供电网尚且需要巨额的投资和长时间周期，能源供应的不足严重制约了这些地区的经济发展，从而形成恶性循环。

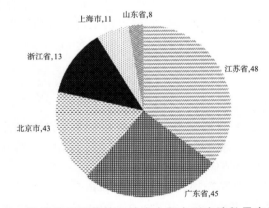

图3-2-7　智能家居能量管理技术中国专利申请数量省份分布

　　技术生长率V[①]是反映一项技术创新情况的重要指征。V=a／A，其中，a是当年发明专利申请量，V是追溯5年的发明专利申请量累积数。图3-2-8所示为智能家居能量管

---

① 黄菲等："基于智能移动终端的智能家居技术专利分析"，载《电视技术》2014年第21期。

理技术中国专利申请历年技术生长率。

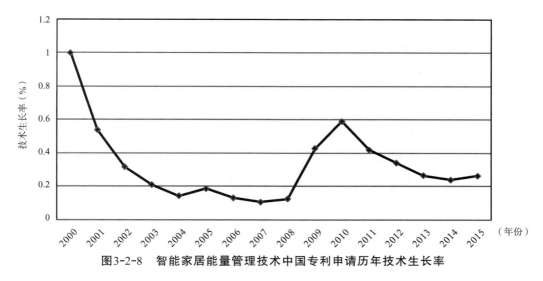

图3-2-8　智能家居能量管理技术中国专利申请历年技术生长率

由图3-2-8可见，2000～2008年，技术生成率整体呈飞速下降趋势，这说明该阶段技术尚属于起步阶段，相关的技术发展受到当时理论知识的限制，主要也与对概念和技术的不熟悉有关；2008～2010年，随着理论知识的不断发展，技术创新也随之快速增加，技术生长率也突飞猛进；2010年至今，技术生长率进入平稳阶段，说明该领域的技术创新进入稳步发展阶段。

在中国，智能家居只起步了20年不到，人们对其从陌生到熟悉，从误解到理解，可以说经历了相当曲折的发展道路，大致可以分为四个阶段：1994～1999年，智能家居成长阶段的萌芽阶段，人们对其概念还有些陌生，相关产品也还未展开专业和颇具规模的制造；2000～2005年的开创阶段，智能家居在市场营销和传播技术等方面变得越来越完备，其中对于能量管理相关技术的研发也逐步开展起来，江苏、广东、北京、浙江、上海等地的智能家居能量管理系统研发公司如雨后春笋般出现；然而2005～2008年智能家居行业进入徘徊阶段，主要原因是前阶段各公司的霸道竞争所造成的负面作用，让其用户甚至媒体开始产生怀疑，从提倡变得审慎，这一阶段有的公司选择了退出行业，剩下的为数不多的公司在经过艰难维持后终于摸索到自身的业务开展路线，还有一些外国品牌悄悄潜入；进入2008～2010年的融合演变阶段之后，智能家居的发展变得非常快速，但因为各个行业市场的争夺，人们也很难对其发展走向进行预测。总之，在中国，智能家居能量管理技术的大体发展情况能够归纳为：起步晚、速度快、市场广阔、技术参差不齐。

2. 中国专利申请重要申请人分析

图3-2-9示出以中国作为目标市场的主要专利申请人的专利申请量，它们申请量大，技术先进，在该领域中占据较大的优势。下面通过对其专利申请情况，寻找其专利申请特点。

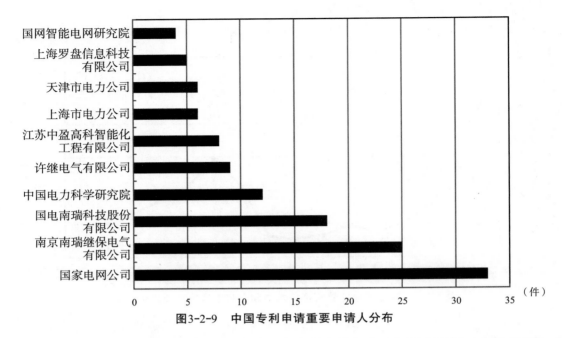

图3-2-9  中国专利申请重要申请人分布

从图3-2-9可以看出，该领域的申请人主要是电网企业（如国家电网、上海市电力公司等）、电气公司（如南瑞、许继等）、研究院（如中国电力科学研究院、国网智能电网研究院等）、智能化工程企业（如江苏中盈高科智能化工程有限公司）。国家电网公司和南京南瑞的申请量处于领先水平，其他企业的申请量相当，但总体而言都比较少。该领域目前还没有国外申请人进军国内市场，国内市场具有很大的发展空间，很好的机遇。与此同时，国内企业也面临重大的挑战，虽然国内企业具备一定的知识产权保护意识，但是对该领域的研究还处于初级阶段，竞争实力不够强。国内企业应该积极布局专利壁垒，以防国外企业进入中国市场后对国内企业的冲击。

## 三、发展趋势与研发重点

本部分将针对智能家居能量管理技术近年来的主要发展趋势进行进一步的分析，从而确定今后该技术领域的研发重点。

智能家居能量管理的技术体系如图3-2-10所示。物理层由负载、储能系统和可再生能源三类设备构成；在中间层检测、预测、用户设置的基础上对物理层设备的运行进行优化调度，优化调度的结果通过设备监控作用于物理层设备上，利用网络通信技术构成家庭能量管理系统通信网络；在中间层的支持下可以实现节能减排、需求响应、可再生能源接入、电动汽车接入等系统功能。在此技术体系中，检测是进行优化调度和监控的基础，优化调度是核心，本部分从这两个方面总结智能家居能量管理的关键技术研究所取得的成果，讨论存在的技术挑战，并指出未来的研究方向。

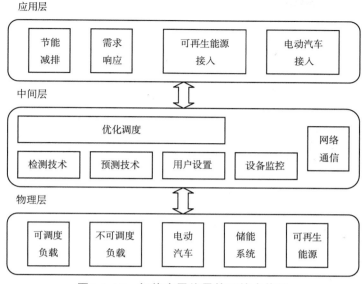

图3-2-10 智能家居能量管理技术体系

### （一）非侵入式负载检测方法

与传统的家庭能量管理系统相比，智能家居能量管理系统检测的物理量范围更广、频率更高、粒度更细。以检测用电设备的耗电量为例，智能家居能量管理系统不仅要检测家庭用户的总用电量，还要将用电量细化到具体的用电设备和用电时段上。传统检测方法需要为每个检测对象安装传感器，成本高，安装、维护难，并且它是一种侵入式检测方法，用户难以接受。非侵入式负载检测方法可以弥补传统方法的不足，是当前的研究热点。

非侵入式电力监测最初被称为非侵入式电器负荷监测（NIALM），它最早是由麻省理工学院的乔治·哈特（George Hart）在20世纪80年代提出的，其目的是研制一种低成本的监测工具，通过分析负载的稳态和瞬态特征实现负载的识别，使电力公司可以通过最小的侵入来获得住宅用户各电力设备电能消耗的具体数据。后来随着研究的深入和扩展，麻省理工学院于1994年申请专利US5483153 A，被监测的负荷不再局限于一般家用电器，非侵入式负荷监测的含义进一步扩展，删去"电器"（appliance）一词，改为非侵入式负荷监测（Non-Intrusive Load Monitoring，NILM）系统。

非侵入式负载检测方法中设备特征选取和识别算法设计是关键，目前的算法有时间序列法、聚类分析法、维特比算法、人工神经网络算法、Naive bayes结合算法。

#### 1. 时间序列法

在使用识别模型的NILM中，难以应对未使用已知的学习数据进行识别模型的学习的负载，因此，需要提前使用已知的学习数据进行其识别模型的学习，然而若负载数量较大，则对操作状态的获取难度较大。

JP2013213825A公开了一种使用随机动态模型对时间序列信号进行建模的非侵入式负荷识别方法（见图3-2-11），通过获取作为总和数据的电流波形Y的时间序列（电流时间序列），以及与电流波形Y对应的电压波形的时间序列（电压时间序列）V，使用电流波形 Y以及作为家庭中安装有监测系统的全部家用电器的模型的整体模型（其模型参数）φ来对每个家用电器的操作状态进行估计的状态估计，获得操作状态Γ，波形分离学习部分通过电流波形Y和每个家用电器的操作状态Γ来获得（更新）作为模型参数φ的电流波形参数的波形分离学习方差学习部分通过使用电流波形Y和每个家用电器的操作状态Γ来获得（更新）作为模型参数φ的方差参数的方差学习，状态变化学习部分通过每个家用电器的操作状态Γ来获得（更新）作为模型参数φ的初始状态参数和状态变化参数的状态变化学习，最后为用户提供电压波形V、每个家用电器的操作状态Γφ和每个家用电器模型#m表示的家用电器的功率消耗U（m），进而能够容易且精确地获得家庭中的每个电器的功率消耗。

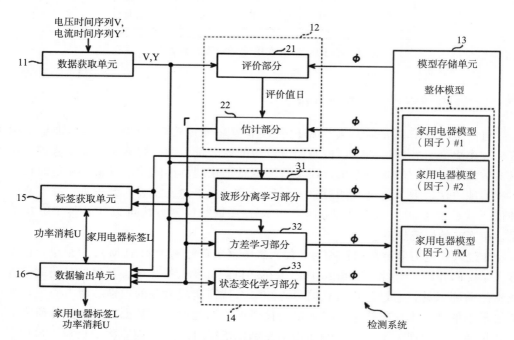

图3-2-11　时间序列法示例（JP2013213825A）

2. 聚类分析法、维特比算法

聚类分析是一种数据划分或分组处理的重要手段和方法，是利用某种相似性度量的方法将数据组织成有意义的和有用的各组数据。其中应用较为广泛的为K均值聚类算法，如专利US5483153B，该算法取定K类和选取k个初始聚类中心，按最小距离原则将各样本分配到K类中的某一类，之后不断地计算类心和调整各种样本的类别，最终使各样本到其判属类别中心的距离平方之和最小。

尽管聚类分析法能够监测主要家用电器，但其准确度级别仅80%，监测准确度这样低的主要原因是，两个或更多个不同负载可能同时被操作并且甚至可能以非常接近的时间接近度被接通或断开。此外，两个不同负载所消耗的功率量可能会非常相似。例如，计算机监视器的功率损耗可能近似等于白炽灯泡的功率损耗，这使得这两种负载不能通过所提到的算法来区分。低准确度的另一重要原因是，所提到的算法认为功率变化与负载状态的切换之间一对一的匹配。该匹配易于引起测量误差和算法误差，并且易于引起由于同时启动或停止多个负载而产生的模糊性。

维特比算法则是一种动态规划算法，用于寻找最有可能产生观测时间序列的维特比路径隐含状态序列，这种算法目前常用于语音识别、关键字识别等，其优点在于精确度较高但搜索路径较为复杂，数据量庞大，因此，将聚类分析法与维比特算法结合则可以更准确地识别负载及其能量消耗。

US2013338948A1公开了一种通过使用在住宅机构或商业机构的主断路器获得合计的功率数据来识别并跟踪主要电器，阶跃功率变化和功率剧变表征了电器的特性，识别这些特征并且考虑使用时间和持续时间的统计，以将所观测到的功率变化序列与正被接通和断开的电器进行匹配，然后，重新构建电器的依赖于时间的使用以及电器的功耗。其中，根据聚类的平均值来对聚类进行分类，然后可以将维特比算法用于所述聚类的n元组；然后解决聚类冲突，以提供消除功率变化的模糊性的一组聚类；并且，基于由该组聚类表示的功率变化来估计电器状态（见图3-2-12）。

### 3. 人工神经网络算法

人工神经网络算法的核心是人工神经网络权重系数的确定。人工神经网络具有自学功能，可以按照一定的规则进行自主学习，具有快速寻找最优解的能力，有利于运算的快速实现。但是此方法很容易过拟合，有时验证数据的误差会大于样本本身的误差，而且人工神经网络的训练时间过长，使得本该识别出的负荷不能被识别出来，此外该方法需要将采集的负荷数据进行预处理后才能使用，步骤较复杂。因此，这种算法常常与其他算法合并使用，如CN105429135A公开了一种非侵入式电力负荷分解的辨识决策方法（见图3-2-13），解决了单一辨识方法局

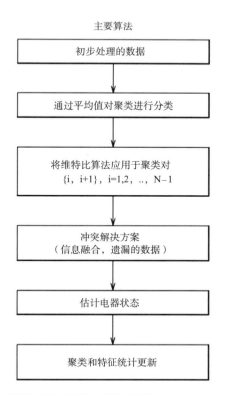

主要算法

初步处理的数据

通过平均值对聚类进行分类

将维特比算法应用于聚类对
{i, i+1}, i=1,2, .., N-1

冲突解决方案
（信息融合，遗漏的数据）

估计电器状态

聚类和特征统计更新

**图3-2-12　聚类分析-维特比算法示例（US2013338948A1）**

限性大，很容易受某一因素影响而降低识别精度，造成对负荷侧的设备判断失误，从而影响之后的调峰谷等用电调度，不仅影响用户侧的用电体验，也不利于节能降耗。因此，其通过辨识决策算法将三种辨识方法进行综合决策，以得到更精确的辨识结果，从而提高辨识精度。

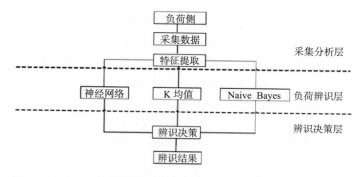

图3-2-13　人工神经网络、K均值聚类、Naive bayes结合算法示例（CN105429135A）

随着智能电表的应用，实时数据的采集更加方便，负荷识别的准确度也会大大提高。在今后的负荷识别的算法中，可能会将新的理论应用于负荷识别，以提高负荷识别的准确度和实用性。但是目前负荷识别的各种方法都还处于试验阶段，未能应用在实际当中。这是因为负荷识别的非侵入式方法对于软件和硬件的要求都非常高，而且现阶段的监测电力系统状态的仪器不能满足测量和采集数据的要求，因此，专家们还在不断地研究探索更实用的方法来将负荷识别付诸实际。

（二）能量优化调度算法

对家庭环境内的用电设备进行调度减少设备的空闲损耗、提高用电效率是传统家庭能量管理系统的主要调度目的。智能家居能量管理系统实现功能的多样性、可再生能源出力的不确定性、动态电价、能量流动的复杂性等因素都增大了优化调度的难度。图3-2-14所示为智能家居能量管理中的能量流图，箭头表示能量流动的方向。

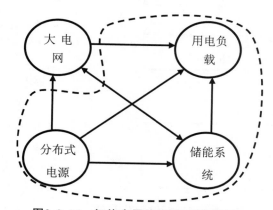

图3-2-14　智能家居能量管理能量流图

虚线框内的部分为单个家庭用户拥有，它与大电网之间存在双向的能量流动关系：家庭用户可以从大电网购买电能供用电负载消耗，或由存储系统储存，并为此支付相应费用；在动态电价机制下，购买电能时段的选择直接影响用户支付费用的多少。用户也可以将分布式电源产生的多余电能和储能系统储存的电能出售给电网来获得相应的收益，并且售电时段的选择也与其收益大小密切相关，不同的选择会对用户的用能费用产生不同的影响，同样，储能系统能量存储、释放策略的选择也影响用户的用能费用。因此，对虚线框内用户拥有的部件进行控制，实现对图3-2-14所示各组成部分之间的能量流动方向和大小进行优化调度对降低用户总用能费用具有重要的意义。

根据优化调度的目的不同，当前的优化调度算法主要分为以下三类：总用电功耗小于目标值的调度算法、最大化可再生能源利用率的调度算法、最小化用户用能费用的调度算法。

### 1. 总用电功耗小于目标值的调度算法

在居民侧实施需求响应除了利用动态电价信号通过经济刺激方法引导用户改变用电模式外，电力公司还可以根据当前的电力供应情况，直接向用户发布需求响应控制信号，向用户指定需求响应的持续时段和在此期间该用户的家庭用电上限，电力公司根据事先与用户签订的协议为用户支付相应的经济补偿。用户收到需求响应控制信号后，通过能量管理系统中的优化调度模块对家庭环境内的用电设备进行调度，确保满足需求响应控制信号的要求。

CN103065203 A公开了一种降低电网系统峰值平均负荷率的控制方法（见图3-2-15），电网系统的供电商根据用户对电力价格的预测响应决定实时电价以获得最大利润；在用户方面，基于收益最大化目的，最佳电量需求响应与电力价格之间存在一个完备表达式，用户根据供电商公布的电力价格通过表达式回复其希望的最佳电量；在供电商方面，采用一个模拟退火为基础的价格控制算法来解决电力价格优化问题。该申请的有益效果主要表现在以下方面：（1）对整个电网系统而言，均衡的用电需求可以增强电网系统的鲁棒性，并可降低整个发电成本；（2）对供电商而言，较低的发电成本可以导致较低的批发电力价格，这可以进一步增加其利润；（3）对用户而言，用户可以根据实时电力价格确定

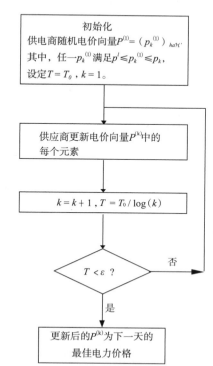

图3-2-15　总用电功耗小于目标值的调度算法示例（CN103065203A）

各时段的用电需求，从而减少电费的支出。

2. 最大化可再生能源利用率的调度算法

光伏发电和风力发电的出力不确定性不利于它们大规模接入电网，限制了它们的利用率，通过大容量的储能系统可以削弱出力波动，提高可再生能源的利用率，但该方法成本高，不便推广。同时光伏发电、风力发电的出力波动大，储能系统的容量不易确定，储能系统的利用效率低。智能家居能量管理系统通过对用电负载和储能系统的调度，优先消纳本地光伏发电、风力发电等可再生能源产生的电能，有利于提高可再生能源的利用率，降低可再生能源出力波动对电网的不利影响。此外，还可以将电动汽车的充/放电与可再生能源发电预测相结合，建立一个同时计及具有V2G功能的电动汽车、风电和光伏发电系统出力不确定性的电力系统协同调度模型，可平抑可再生能源的出力波动，改善电力系统运行的经济性，提高可再生能源的利用率。

CN105356492A提出了一种适用于微电网的能量管理方法，微电网并网运行时，以充分利用可再生能源为目的，以微源和负荷预测为参考值，优化调度各微源的出力；微电网离网运行时，通过对各分布式电源的控制模式及控制参数的设置，保证微电网安全稳定运行，同时维持用户侧微电网频率电压在允许范围之内；当储能系统、光伏发电系统和负荷的调节作用不能满足微电网内部功率平衡，引起其电压或频率异常时，需进行电压稳定控制或频率稳定控制。同时，为了实现微电网运行经济效益最大化，在保证微电网安全稳定运行的前提条件下，以全系统运行费用最低为目标，充分利用可再生能源，实现多能源互补发电，保证整个微电网的经济最优运行。

CN104767224A公开了一种含多类储能的并网型风光储微电网的能量管理方法（见图3-2-16）。该方法在高电价段，优先利用风光等发电形式给负荷供电，若有多余功率则储存在储能装置中，若风光等功率不足则利用储能装置向微电网放电，若储能装置放电功率不足，则通过向电网系统购电；在平电价段，优先利用风光等发电形式给负荷供电，若有多余功率则储存在储能装置，若风光等功率不足，则通过储能装置放电满足负荷的需要，如果若SOC值较低，则向大电网购电；在谷电价段，通过向大电网

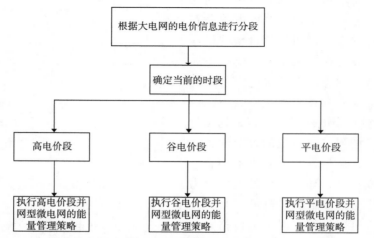

图3-2-16　最大化可再生能源利用率的调度算法示例（CN104767224A）

购电满足负荷需求，若储能装置SOC较低，则通过大电网对储能装置进行充电。其解决了大多数含多类储能的并网型风光储微电网不能根据电价信息进行分段能量优化管理的问题。

### 3. 最小化用户用能费用的优化调度算法

在智能电网环境下，家庭能源管理系统除了降低负载的空闲损耗来降低用电费用外，可以采取多种方法来降低用户用电费用：响应电价信号，将部分负载从"高电价时段"调度到"低电价时段"；根据可再生能源发电的出力状况协同控制用电设备增加低成本可再生能源的利用量，减少从电网购买的电能；将可再生能源产生的多余电量售给电网；利用储能系统在低电价时存储电能，在高电价时供给用电负载或售给电网获取经济效益等。这种算法是目前最常见的优化调度算法。

CN104062958A提出一种基于动态负荷管理的居家智能优化方法（见图3-2-17），建立基于动态负荷管理的居家智能优化模型；将用电设备分为4类；计算4类用电设备的用电费用；居家智能优化模型通过可移动设备接口、可中断设备接口、气候控制接口、环境监控接口、用户接口、天气预报预测接口采集数据和信息；以用电设备总用电费用和用户舒适度为多目标函数来管理设备的运行状态，进行目标函数中权重的设置，采用基于Pareto的多目标算法结合启发式算法对目标函数进行求解，得到最优化的各种用电设备启动时间排列结果，进而能够根据智能家居用户舒适、自然环境相关因素和电价系相关因素，合理安排组织用电设备的运行状态，在适合的时段改变用户的用电行为，使用户得到更好的用电体验，能得到满足用户各种不同需求的设备运行方案。

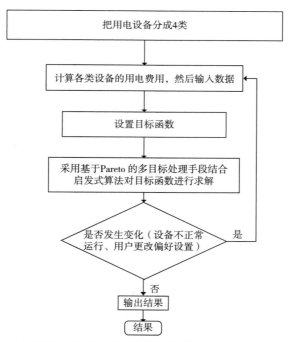

图3-2-17 最小化用户用能费用的优化调度算法示例（CN104062958A）

在实际应用中，并非所有用户都同时拥有用电负载、储能系统、分布式能源和向电网出售电能的能力T.Hurbet和S.Grijalva在优化调度算法仅考虑用电负载的基础上，依次加入储能系统、用户向电网售电能力、光伏发电系统和发电机组，每种情况下都用三种不同的算法对系统进行优化调度，相应的用户用能费用如表3-2-1所示，可见每种优化调度算法下用户用能费用都随着新设备和用户向电网售电能力的加入而减少。

表3-2-1　不同场景下用能费用对比

|  | 实时电价下的算法（$） | 日前电价下的算法（$） | 考虑不确定性的鲁棒算法（$） |
|---|---|---|---|
| 仅对负载调度 | 18.29 | 14.86 | 13.11 |
| 加入储能系统 | 16.67 | 13.61 | 10.39 |
| 加入售电能力 | 16.79 | 13.28 | 10.18 |
| 加入光伏发电 | 7.38 | 6.98 | 4.55 |
| 加入发电机组 | 5.02 | 6.82 | 4.4 |

因此，用户拥有储能系统、分布式电源和向电网出售电能的能力有助于降低用户的用能费用，但在统一的优化框架下综合考虑这些因素的研究目前较少。另外，已有的调度算法对可再生能源出力预测、负载预测、电价预测、用户用能不确定性和环境因素等不确定性因素对优化调度结果的影响研究不足。因此，在不确定性环境下基于统一优化框架综合考虑各种因素的调度算法是该领域未来的研究方向之一。

## 四、结　语

目前，在智能电网环境下，居民用户拥有用电负载、储能系统、分布式电源等设备，家庭环境内的用电网络已经构成一个家域微电网。智能家居能量管理系统为节能减排、提高用电效率及智能电网环境下的居民侧需求响应实施、分布式电源和电动汽车接入网络提供支持。现有技术在智能家居能量管理系统的检测技术和优化调度算法等领域已进行了深入研究，但仍存在一些挑战尚未解决，其中，非侵入式检测识别算法中对多用户行为检测和识别，以及在不确定性环境下基于统一优化框架综合考虑各种因素的优化调度算法仍然是智能家居能量管理系统检测技术领域未来的研究重点。

# 第三节　变压器吸湿器的专利技术分析

## 一、吸湿器技术概述

### （一）吸湿器的应用背景

大型变压器通常分为油浸和干式两种，油浸式变压器包括油箱，油箱中装满绝缘油，变压器本体浸没在绝缘油中。变压器运行时会产生大量热量，且热量直接取决于变压器的负载情况，因此，变压器的运行情况的变化会导致变压器温度的大幅度变化，此外，环境温度也会明显地影响变压器的温度。由于热胀冷缩的特性，变压器绝缘油的体积会随着温度的变化而变化，为了保证变压器油箱内的压力稳定，势必要引入压力平衡机制。

如图3-3-1所示，常见的压力平衡机制是在变压器的油箱上端设置储油柜，储油柜下部包含绝缘油，上部包含空气。当绝缘油膨胀时，油箱中多余的绝缘油会进入储油柜，储油柜中的空气被排出，当绝缘油收缩时，储油柜中的绝缘油会进入油箱，空气被吸入。然而，空气中包含的水分和杂质会影响绝缘油的性能，影响变压器的安全运行，为了保证绝缘油的纯净，通常在储油柜的上端设置吸湿器来吸收空气中的水分和杂质。[1]

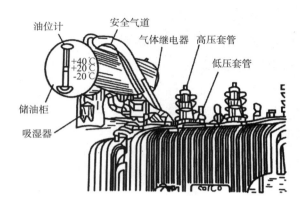

图3-3-1　吸湿器的常规应用方式

（二）吸湿器的工作原理

如3-3-2所示，吸湿器上部连接储油柜，中部是装满干燥剂的吸湿罐，下部是隔绝空气的油杯。当储油柜排出或吸入空气时，外界或内部的空气会经过吸湿罐和油杯，干燥剂通常为硅胶，硅胶对空气进行吸湿和过滤，进而由蓝变粉。油杯包括一个筒和一个杯，绝缘油随着气压的变化而上升或下降，当储油柜排出空气时，筒中的油位下

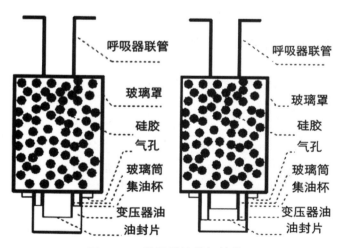

图3-3-2　吸湿器的常规结构

❶　变压器制造技术丛书编审委员会：《变压器装配工艺》，机械工业出版社1998年版，第71～74页。

降，吸湿器中的空气沿着筒的下缘进入杯中，进而排出，当储油柜吸入空气时，杯中的油位下降，外界的空气沿着筒的下缘进入吸湿器，进而进入储油柜。❶ 为了观察干燥剂的状态，吸湿罐通常为透明的或设有透明的观察口。为了保证吸湿器的密闭，在各部件的连接处通常设有密封圈。为了避免干燥剂进入油杯，在吸湿罐的底层通常设有滤网。

### （三）吸湿器面临的技术问题

（1）维护困难。第一，当吸湿器中的硅胶由蓝变粉时，应当更换硅胶，然而此时变压器必须停止运行，并且需要关闭吸湿器与储油柜之间的阀门，对于需要不间断供电的场合，常规的吸湿器显然不能胜任。第二，部分变压器设置在电线杆上或地下室内，更换干燥剂时需要使用梯子或将变压器搬运至地面，费时费力且有安全隐患。第三，频繁地更换硅胶需要频繁地拆卸吸湿器，吸湿器的密封结构很容易受到破坏。第四，吸湿器的干燥剂底层容易积累油泥，油泥容易堵气孔，影响空气流通。

（2）吸湿效果欠佳。干燥剂通常为硅胶，硅胶的吸水性能较好，但是对空气中的杂质则不能很好地吸附。另外，干燥剂的下部比上部先接触外界空气，中心比外周先接触外界空气，先接触外界空气则先失效，此时干燥剂只有上部和外周能够正常吸湿，更换干燥剂则成本太高，不更换则性能不好。

（3）油杯喷油。当储油柜排出空气时，油杯的筒中的油位下降，杯中的油位上升，如果空气的排出速度太快，则会导致杯中的油位超过杯的上缘，即发生喷油。另外，空气的排出速度太快意味着吸湿器内部的压力太大，吸湿器容易泄露甚至损坏。

（4）人员观察的准确性差。为了方便确定干燥剂的状态，通常将吸湿罐设置为透明或在吸湿罐上设置观察口，然而，人员只能判断干燥剂的颜色，不能获得精确的数值，只能凭经验估计干燥剂的含水量，不能最大限度地利用干燥剂。

## 二、吸湿器专利申请的统计分析

### （一）吸湿器专利申请的地域分布

1.国内专利申请的省级分布

由图3-3-3可知，国内申请以福建和北京最多，其次是辽宁、河南、江苏、山东和浙江，可以看出这些省份中除河南和北京外，均是沿海省份，由此可见，经济发达程度对专利申请量有较大的影响。

---

❶ 王尽余、潘妙琼、钟梅：《变压器识图》，化学工业出版社2008年版，第60～61页。.

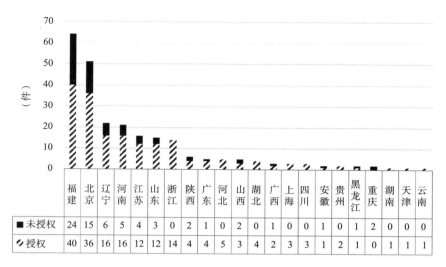

| | 福建 | 北京 | 辽宁 | 河南 | 江苏 | 山东 | 浙江 | 陕西 | 广东 | 河北 | 山西 | 湖北 | 广西 | 上海 | 四川 | 安徽 | 贵州 | 黑龙江 | 重庆 | 湖南 | 天津 | 云南 |
|---|---|---|---|---|---|---|---|---|---|---|---|---|---|---|---|---|---|---|---|---|---|---|
| ■ 未授权 | 24 | 15 | 6 | 5 | 4 | 3 | 0 | 2 | 1 | 0 | 2 | 0 | 1 | 0 | 0 | 1 | 0 | 1 | 2 | 0 | 0 | 0 |
| ▨ 授权 | 40 | 36 | 16 | 16 | 12 | 12 | 14 | 4 | 4 | 5 | 3 | 4 | 2 | 3 | 3 | 1 | 2 | 1 | 0 | 1 | 1 | 1 |

**图3-3-3　国内专利申请的省级分布**

由图3-3-4可知，福建与北京的申请量占比均超过20%，而第八名以后的省份的申请量之和仅有18.15%，这说明我国专利申请的分布集中于某些地区，并不均匀，这种现象的原因可能如下：某些单位或个人针对吸湿器申请了大量专利，某些地区或单位对吸湿器领域投入大量资源研究，某些地区对吸湿器专利申请乃至全部专利申请有扶持政策。

### 2.国外专利申请的分布

由3-3-5可知，国外申请量最多的是日本，其次是美国、德国、俄罗斯、英国和韩国。日本的申请量远大于其他国家，这说明日本重视该方向专利并积极申请，还说明日本特别擅长在吸湿器之类的结构简单的装置上作出改进。

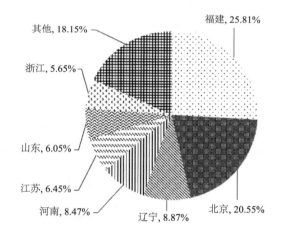

**图3-3-4　国内专利申请的比例**

由图3-3-6可知，日本的申请量占国外申请量的32.67%，美国、德国、俄罗斯、英国和韩国的申请量在5%～15%，其他国家占约20%。可以看出，国外申请量的分布比较平均，并且大部分申请集中在发达国家，这也印证了经济发达程度对申请量的积极影响。

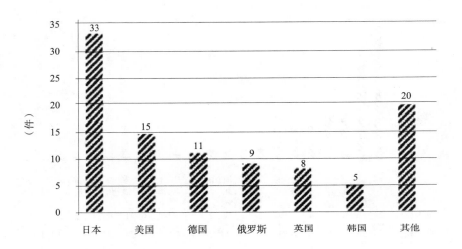

图3-3-5　国外专利申请的分布

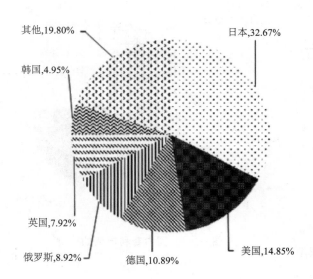

图3-3-6　国外专利申请的比例

（二）吸湿器专利申请的时间分布

1. 国内专利申请的时间分布

由图3-3-7可知，2006年以前，国内申请仅有零星几个，这一方面是由于我国专利制度刚起步，另一方面是由于我国的工业还以购买和仿制国外技术为主，缺少自主知识产权。2007～2010年，国内专利申请每年都有几件，这说明中国经济经过多年发展，已经有了一定积累，中国的技术人员除了仿制国外产品，已经可以开始自主研发。2011～2013年，国内专利申请量大幅度提高，每年有两位数的申请量，这一方面是由于国内技术人员的逐渐成长，另一方面也得益于国家的扶持政策。2014～2015年，专利申请量得到飞速发展，年增长率在100%以上，这说明，国内的工业、技术、人才和政策的积累已经到了爆发阶段，由授权的数量可以看出，国内的专利申请无论是数量还是质量都有了质的提高。

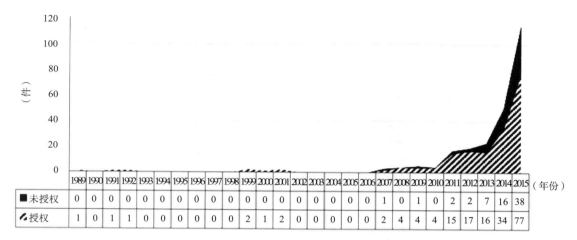

| | 1989 | 1990 | 1991 | 1992 | 1993 | 1994 | 1995 | 1996 | 1997 | 1998 | 1999 | 2000 | 2001 | 2002 | 2003 | 2004 | 2005 | 2006 | 2007 | 2008 | 2009 | 2010 | 2011 | 2012 | 2013 | 2014 | 2015 | （年份） |
|---|---|---|---|---|---|---|---|---|---|---|---|---|---|---|---|---|---|---|---|---|---|---|---|---|---|---|---|---|
| ■未授权 | 0 | 0 | 0 | 0 | 0 | 0 | 0 | 0 | 0 | 0 | 0 | 0 | 0 | 0 | 0 | 0 | 0 | 0 | 1 | 0 | 1 | 0 | 2 | 2 | 7 | 16 | 38 | |
| ◢授权 | 1 | 0 | 1 | 1 | 0 | 0 | 0 | 0 | 0 | 0 | 2 | 1 | 2 | 0 | 0 | 0 | 0 | 0 | 2 | 4 | 4 | 4 | 15 | 17 | 16 | 34 | 77 | |

图3-3-7 国内专利申请的时间分布

### 2. 国外专利申请的时间分布

由图3-3-8可知，国外申请量在1975年以前为1～2件，1976～2015年为1～5件，这说明吸湿器的技术在国外比较成熟，应用也是方便可靠，虽然吸湿器有不少改进的余地，然而技术效果不大，收益与投入相比并不理想，因此国外专利申请量始终保持在比较低的数量。

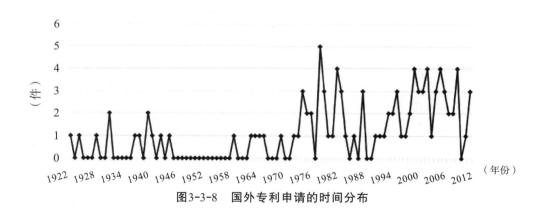

图3-3-8 国外专利申请的时间分布

### （三）吸湿器专利申请的申请人分布

### 1. 国内专利申请的申请人分布

由图3-3-9可知，国内专利申请集中在国家电网，基本是县市一级的供电公司申请的，授权率约68%，考虑到近两年的申请还在审查流程中，最终的授权率应当更高。其他企业的申请量也较多，授权率也较高。此外，个人、南方电网和院校的申请量很少。因此，吸湿器领域的专利申请主要集中在相关企业，这主要是因为吸湿器结构简单，其改进也较为简单，而个人的申请通常涉及较为冷门的技术，院校的申请通常具有一定的复杂度和发明高度，因此，个人和院校的申请量很少。

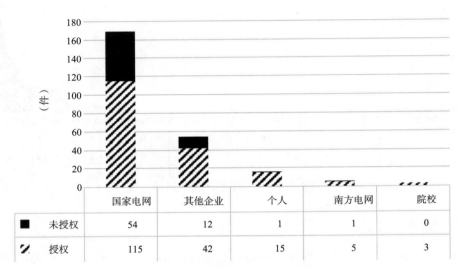

| | 国家电网 | 其他企业 | 个人 | 南方电网 | 院校 |
|---|---|---|---|---|---|
| ■ 未授权 | 54 | 12 | 1 | 1 | 0 |
| ▨ 授权 | 115 | 42 | 15 | 5 | 3 |

图3-3-9　国内专利申请人的分布

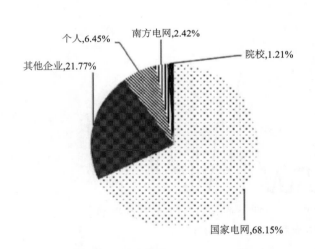

图3-3-10　国内专利申请人的比例

由图3-3-10可知，国家电网所占的比例高达68.15%，除了国家电网规模大、员工多的因素外，其扶持政策也对专利申请量有促进作用。

### 2. 国外专利申请的申请人分布

由图3-3-11可知，前9名的申请人中，日本企业大阪变压器公司、中国电力株式会社、爱知电机株式会社、三菱集团和东芝株式会社占了5名，这说明日本重视相关领域专利并积极申请，还说明，日本特别擅长在吸湿器之类的结构简单的装置上作出改进。

由图3-3-12可知，前9名的申请人在专利申请量上占2.97%~7.92%，其他申请人占65.35%，这说明各国申请量的分布比较均衡，并且大部分申请集中在发达国家，这也印证了经济发达程度对申请量的积极影响。

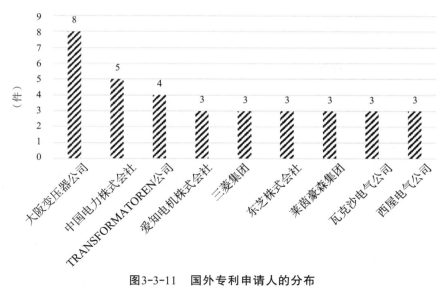

图3-3-11 国外专利申请人的分布

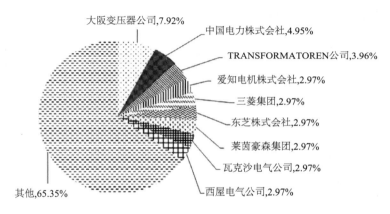

图3-3-12 国外专利申请人的比例

## 三、吸湿器专利申请的技术分解和重点专利申请

### （一）吸湿器的技术分解

目前国内电力系统应用的变压器吸湿器绝大部分是需要经常更换干燥剂的普通吸湿器，无论是技术还是生产工艺都已经十分成熟，国外仅有个别公司在免维护吸湿器方面进行尝试，但是由于价格高昂、功能又不完备，所以在电力系统中很少被采用。

普通吸湿器存在许多缺陷和不足，例如：干燥剂无颜色指示功能、玻璃吸湿罐易破碎、密封性差、更换硅胶和密封油操作困难且费时费力、通气量过大时密封油容易进入吸湿罐或喷出吸湿器、硅胶使用时间过短、油杯不透明导致无法判断是否正常工作，等等。随着电网系统的日益发达和完善、智能化日益普及，其对相关运行设备的智能化和可靠性也提出了新的要求，吸湿器作为变压器中的重要部分，需要在智能化和可靠性方面大幅度提高。另外，普通吸湿器需要运行人员每天巡视，随着投运变电站的数量越来越多、工作量越来越大，传统的靠人员目测干燥剂的颜色变化来确定是否需要更换干燥剂的方式已经不能满足电力系统和变压器的需求。而且，更换干燥剂是多为带电操作还要暂时关闭瓦斯保护，增加人为故障的概率，存在安全隐患。

因此，新形势下的吸湿器应当引入新技术、新结构和新功能，例如：（1）干燥剂均衡加热并且除湿，硅胶循环使用，避免水分在更换过程中进入变压器油箱；（2）实时监测吸湿器的工作状态，保证变压器的空气压力平衡；（3）水分应当及时排出吸湿器而不会进入储油柜；（4）智能化控制。❶

目前，国内外的相关单位和从业人员已经对吸湿器进行了许多改进，主要有干燥剂采用变色硅胶或无钴硅胶，吸湿器加装保护罩或采用金属吸湿罐，增加拉紧螺杆，在吸湿罐上设置硅胶出入口，在油杯和净化室之间增加连接器，在油杯内设置油气分离管，增加双向静态密封阀，安装法兰转换接头，用防护网防护油杯等。❷

如图3-3-13所示，吸湿器的技术分解可以分为四部分，每个部分还可以进一步分解：（1）维护部分包括维护工具、维护结构和维护方法；（2）干燥剂部分包括干燥、干燥剂的重复使用、更换和监测；（3）空气通道部分包括不同类型的空气流通结构和压力平衡结构；（4）保护部分包括保护结构和监测。

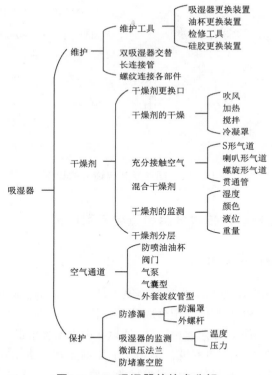

**图3-3-13　吸湿器的技术分解**

---

❶　李璐、王晓辉、王伟、刘富荣："智能型吸湿器在电网中的应用于探索"，载《中国机械》2013年第7期，第61～62页。

❷　于在明、韩洪刚、赵义松："吸湿器运行中存在的问题与改进"，载《变压器》2013年第4期，第47～48页。

图3-3-14统计了吸湿器的四部分技术在国内外专利申请中的涉及次数。可以看出，干燥剂方面的专利申请涉及次数最多，这首先是因为干燥剂是吸湿过程的核心部分，吸湿器工作过程中，干燥剂需要经常更换或干燥，干燥剂的性能优劣直接影响到吸湿器的工作效果。其次，吸湿器需要日常维护，例如更换油杯或阀门、更换密封圈、更换滤网等。此外，保证空气通道的畅通、压力平衡的速度、吸湿器的密封以及吸湿器的安全也是必要的。

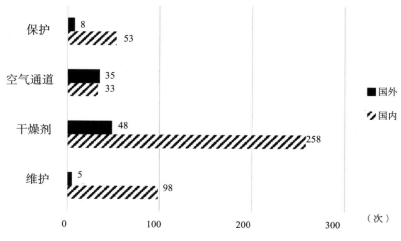

图3-3-14　技术分解在国内外专利申请中的涉及次数

（二）吸湿器的维护

图3-3-15是维护方式的涉及次数，在国内专利申请中，维护方式涉及四个方面，其中双吸湿器交替的数量明显多于其他维护方式，而在国外专利申请中，双吸湿器交替的专利申请有5件，其余维护方式为0，这说明双吸湿器交替在国内外均为最常见的维护方式。

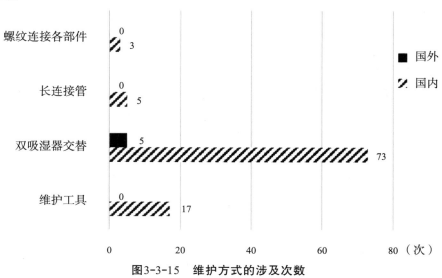

图3-3-15　维护方式的涉及次数

1.维护工具

由图3-3-16可知，维护工具可以分为硅胶更换装置、检修工具、油杯更换装置、吸湿器更换装置。在实际使用中，硅胶经过一段时间的使用会逐渐失效，需要经常更换，而油杯在长时间使用后会沾染油污，不利于空气流通，需要更换，另外，吸湿器在长时间使用后可能会漏气、漏油甚至损坏，此时需要检修和更换。由于硅胶的更换频率高，所以人们对硅胶更换的研究更多，可以推断，硅胶更换方面的专利申请较多。

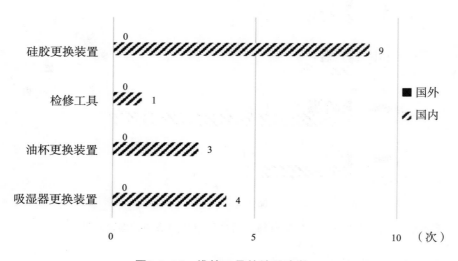

图3-3-16　维护工具的涉及次数

图3-3-17是一种变压器呼吸器用硅胶填装装置，包括漏斗状的装料部和与吸湿器固定的固定部，固定部上还包括弹性抱箍。该专利申请在灌胶时能很好地固定住自身位置不易松脱，而且能适用多种不同尺寸变压器呼吸器的尺寸，加快了硅胶填装速度，避免了采用嘴对嘴倾倒的方法，填装过程中不需要人为用手控制，硅胶也不会洒落，避免资源浪费。

图3-3-18是一种多功能变压器呼吸器更换工具，包括电机、转盘、调节盘和支撑柱，在转盘上设有若干沿周向均匀分布的滑道，在转盘的下端面设有与滑道贯通的凹槽，在转盘的下端面上转动安装有调节盘，在调节盘的安装面上设有固定环，在固定环的外壁上均匀设置有与滑道数量相同的拨片；在每一滑道中滑动安装有支撑柱，在支撑柱与转盘之间设有弹簧，在弹簧的作用下支撑柱有向远离转盘中心一侧移动的趋势；每一支撑柱与拨片的内侧接触；在转盘与调节盘之间设有锁紧部件，电机的输出轴穿过中心孔后与转盘的中心固定连接。该更换工具可快速卸载法兰，并能卸载不同尺寸的法兰，通用性强。

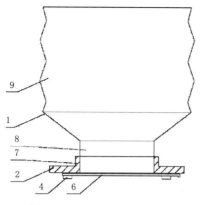

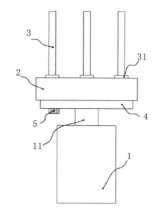

图3-3-17 CN201410041122　　　　图3-3-18 CN201510312604

### 2.双吸湿器交替

图3-3-19是一种特高压变压器的双呼吸器装置，包括直管和弧形管，弧形管的两端分别连接有第一呼吸器和第二呼吸器，直管上设置有第一可控阀门，弧形管的两端分别设置有第二可控阀门和第三可控阀门，第一呼吸器和第二呼吸器上分别设置有第一传感器和第二传感器，第一可控阀门、第二可控阀门、第三可控阀门、第一传感器和第二传感器都与控制器连接，本新型通过在第一呼吸器和第二呼吸器内的传感器对呼吸器是否有液位差进行检测。该专利申请可以在其中一个呼吸器正常工作的情况下，进行硅胶的更换，并且不会引起瓦斯继电器的保护动作。

### 3.长连接管

许多油浸式变压器是安装在电线杆上或地下室中的，因此在更换吸湿器时势必要移动变压器或者人员需要攀爬，这不但费时费力，还增加了安全隐患。

由于变压器油箱和储油柜不需要经常维护，图3-3-20中的专利申请通过一根延伸管来连接变压器和吸湿器，利用该延伸管将连接管与呼吸器相连通，使该呼吸器的高度较变压器本体的高度大为降低，运维人员对呼吸器进行维护时就能够远离变压器本

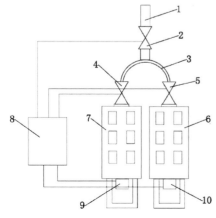

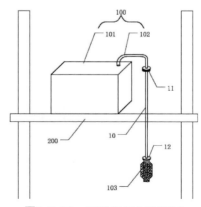

图3-3-19 CN201520152009　　　　图3-3-20 CN201510566505

体上的接线柱，并且不必将变压器移动至地面，进而避免因停电对供电可靠性造成的负面影响。

### 4.螺纹连接各部件

常规的吸湿器的各个部件是通过螺杆和螺栓连接起来的，图3-3-21是一种新型的变压器吸湿器，包括外罩杯、内罩杯和干燥筒；还包括第一螺纹接头、连接构件，第一螺纹接头设有第一螺纹段、第二螺纹段和第三螺纹段，第一螺纹段和第二螺纹段分别位于第一螺纹接头的两端处，第一螺纹接头的内部设有环状的缩口部，第三螺纹段设于该缩口部；外罩杯的开口端连接于第一螺纹段处，且其外周形成有与外界相通的第一气孔；内罩杯的开口端连接于第三螺纹段处，且该内罩杯底部设有与外罩杯相通的第二气

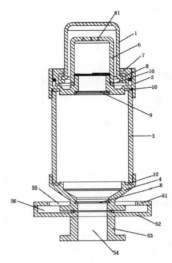

图3-3-21　CN201510030730

孔；干燥筒的一端螺纹连接于第一螺纹接头的第二螺纹段，干燥筒的另一端装接有连接构件，该连接构件具有第一过气通道。该专利申请采用上述结构后，每次更换干燥剂时，其操作步骤更便捷，能够大幅提高工作效率。

### （三）干燥剂

由图3-3-22可知，国内外的专利申请中，将干燥剂干燥后继续使用是最常见的技术方案，如果需要更换干燥剂，国内外均有专利申请在吸湿器上设置更换口。此外，针对人员观察的准确性差的缺陷，国内外均有大量专利申请涉及干燥剂的监测。

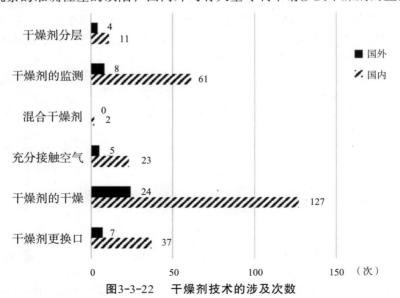

图3-3-22　干燥剂技术的涉及次数

### 1.干燥剂更换口

图3-3-23是一种可自动警示的变压器用吸湿器，包括玻璃瓶及油杯，玻璃瓶上端设置有带安装孔的法兰；玻璃瓶右侧上端设置有干燥剂进口，玻璃瓶左侧下端设置有干燥剂出口，干燥剂进口及干燥剂出口上均设置有孔塞；底板的下方设置有称重传感器；不锈钢罩上端设置有控制器及蜂鸣器；能直观观察干燥剂的颜色及存储量，实时监测干燥剂的重量并自动警示人工更换干燥剂，干燥剂更换方便，油杯内壁清洁方便，降低维护成本。

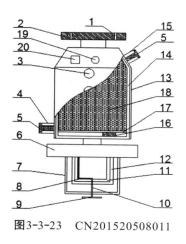

图3-3-23　CN201520508011

### 2.干燥剂的干燥

常规的吸湿器在其中的干燥剂失效后，是由人员进行更换的，然而，更换干燥剂不仅费时费力，频繁地拆卸吸湿器还容易导致损坏，将干燥剂干燥后继续使用可以直接避免损坏和浪费。图3-3-24是干燥方式的涉及次数，其中加热是最常见的干燥方法，其次是吹风、搅拌和冷却。

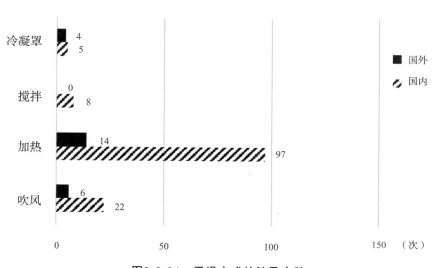

图3-3-24　干燥方式的涉及次数

图3-3-25是一种变压器油箱呼吸器结构，包括容纳硅胶颗粒的罐体和与罐体连通的三通管，三通管的左分支管与热风机的出风口连接，在吸湿器中还设有可以转动的叶片，该专利申请同时采用加热、吹风和搅拌三种干燥方法。另外，该专利申请还在呼吸器和油位管上装设颜色传感器来判断硅胶和油质颜色是否正常，如颜色出现异常，即向运行人员发出异常信息，且不用更换变色硅胶。

图3-3-26是一种变压器呼吸器用的冷凝罩，包括罩体，在罩体内表面上排列有凸

起，凸起相互交错排列。凸起的上部由对称的两个三角状的向内斜向凸起的上斜面构成，两个上斜面与罩体内表面相交线所成的角A为锐角；凸起的下部由对称的两个三角状的向内斜向凸起的下斜面构成，两个下斜面与罩体内表面相交线所成的角B为钝角，两个下斜面和两个上斜面相交于顶点。由于在罩体内有多个交错排列的凸起，大大增加罩体的内表面积，并在凸起与凸起之间形成冷凝水流动的通道，因此具有冷凝效果好、排湿快的优点。

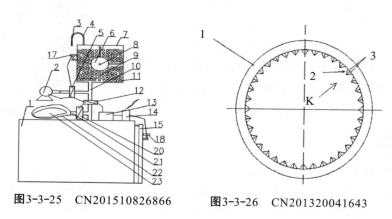

图3-3-25　CN201510826866　　图3-3-26　CN201320041643

### 3.充分接触空气

吸湿器的空气通道通常位于顶端和底端的中心，在吸湿器工作时，下部和中心的干燥剂通常先失效，即干燥剂与空气的接触是不均匀的，这会造成其他部分的干燥剂的浪费。由图3-3-27可知，绝大部分国内外的专利申请采取了中心贯通管的方式来提高干燥剂的使用效率，此外，还有螺旋形、喇叭形和S形气道等专利申请。

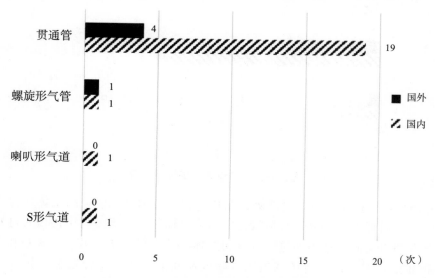

图3-3-27　充分接触空气方式的涉及次数

图3-3-28是一种变压器用呼吸器，其技术方案要点是，包括呼吸器本体，呼吸器本体包括自上而下依次设置上法兰盖、吸附筒和过滤罩，吸附筒自过滤罩一侧向上法兰盖一侧凹陷形成有吸附腔，吸附腔的长度为吸附筒长度的3/4，且吸附腔包括有吸附腔壳体，吸附腔壳体上开设有气孔。

图3-3-29是一种新型变压器用呼吸器，包括壳体、硅胶颗粒、吸气管、油杯、托盘、托盘圆形竖板和通气布，吸气管从壳体外顶部通入底部，吸气管下端的进气口为喇叭口，通气布覆盖于托盘底部，托盘所在平面与水平面之间的夹角为30度。通过倾斜的托盘，气体在扩散过程中会沿着托盘的角度向四周扩散，使每个角落的硅胶颗粒都能充分接触空气，提高硅胶的实用效率。

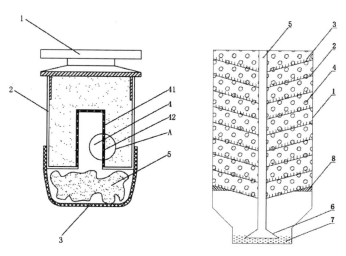

图3-3-28　CN201420401779　图3-3-29　CN201320664509

图3-3-30是一种变压器吸湿器，包括外壳，外壳为中空圆柱状，该外壳的上端连接一上盖，上盖设有一进气口，进气口自上而下呈螺旋状，外壳的下端有过滤板，过滤板的中间设有一旋转销，该旋转销自下而上设置，该螺旋气道可以使硅胶颗粒充分接触空气。

图3-3-31是一种变压器用的吸湿器，其特征是在下法兰盘的底平面上有S形迷宫式导气槽，S形迷宫式导气槽的两端分别与下法兰盘底部边缘处的环形导气槽及导气嘴外侧根部的环形导气槽连通。与前三种专利申请不同的是，该专利申请的气槽是设置在法兰上而不是吸湿罐内。另外，该技术方案还可以与前三种专利申请结合使用。

4.混合干燥剂

图3-3-32是一种变压器用呼吸器，包括壳体，在壳体内设有变色硅胶吸附剂，在变色硅胶吸附剂的下方位于透气隔层上设有活性炭吸附剂，形成双层吸附结构。由于在变色硅胶吸附剂的下方设有耐强酸、强碱、能经受水浸、高温、高压作用、不易破碎的活性炭吸附剂，工作时活性炭高度发达的孔隙结构——毛细管构成一个强大的吸附力场，当气体污染物碰到毛细管时，活性炭孔周围强大的吸附力场会立即将气体分子吸入孔内，达到净化空气的作用，在保护变压器的同时，也有效地防止有毒物质的外泄，保护环境。

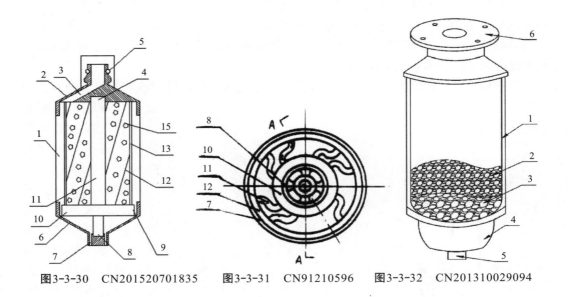

图3-3-30　CN201520701835　　图3-3-31　CN91210596　　图3-3-32　CN201310029094

**5.干燥剂的监测**

由图3-3-33可知，由于人员观察颜色的准确性差，国内外的许多专利申请提出了自动监测的方式，最常见的是湿度监测，因为湿度能够直接反应干燥剂的状态，此外，还有部分专利对干燥剂的颜色、液位和重量进行监测，同样能够准确获得干燥剂的工作状态。

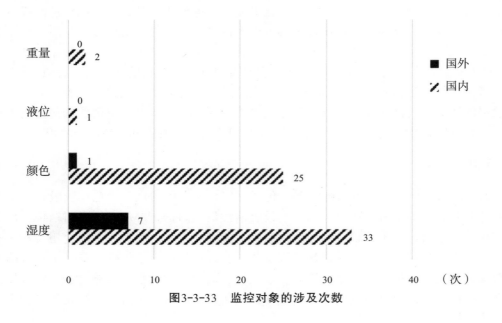

图3-3-33　监控对象的涉及次数

### 6.干燥剂分层

图3-3-34是一种变压器用吸湿器，包括法兰盘、玻璃罩和过滤室，玻璃罩与法兰盘和过滤室连接。在玻璃罩中部设有隔片，隔片将玻璃罩分隔成上腔室和下腔室，其中上腔室和下腔室的中部均设有挡板。通过挡板和上下分层结构，使湿空气进入吸湿器口，干燥路径大大延长，使吸湿效果更好；同时在更换干燥剂时，可以仅更换部分干燥剂，减少工作人员的负担，增加工作效率。

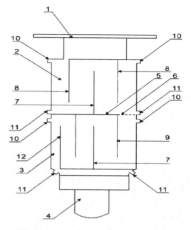

图3-3-34　CN201320549913

### （四）空气通道

图3-3-35是吸湿器的空气通道的几种类型，吸湿器的下端通常设有油杯，在气压变化较大时，绝缘油可能会喷出油杯，对此，国内外专利申请均涉及防喷油油杯。另外，吸湿器还可以设置为密封结构，这样就可以从根本上避免喷油，具体可以分为阀门型、气泵型和气囊型。

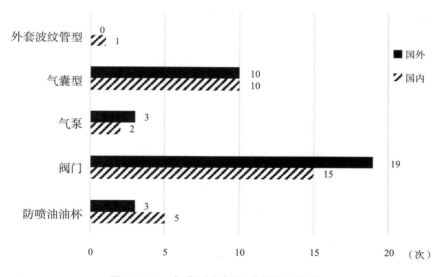

图3-3-35　各类型空气通道的涉及次数

### 1.防喷油油杯

图3-3-36是一种具有防喷油油杯的吸湿器，包括连接法兰，上封头与下封头之间连接有夹紧玻璃杯，下封头底部连接有油杯；在下封头的下部连接有缓流筒和油气分离装置，缓流筒和油气分离装置设在油杯中。当电力设备通气量过大时，呼出的气体通过通气孔流出，油杯中的密封油会喷到油气分离装置上，气体通过溢出孔排出，密封油靠自身重量回落到油杯内，可以防止通气量过大时，密封油随气体外喷。

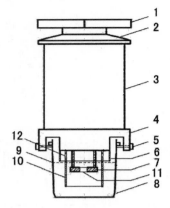

图3-3-36　CN201220461727

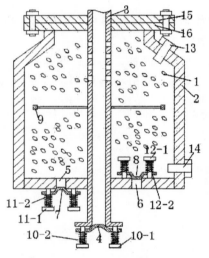

图3-3-37　CN201410396722

## 2.阀门

图3-3-7是一种具有单向阀门的吸湿器，其吸湿罐上包含两个方向相反的单向阀门，中心气管上也包含一个单向阀门。当内部气压下降时，外界空气通过单向阀门进入吸湿罐，干燥剂在此时进行干燥。当内部气压增大时，内部的空气通过吸湿罐上的另一个单向阀门排出。此外，如果内部气压太大时，内部空气可以通过气管上的阀门排出。

## 3.气囊型

图3-3-38是一种外置的气囊型吸湿器。其包含一个气囊和一个吸热罐，当内部气压增大时，内部的空气可以直接进入气囊，不必与外界交换。另外，在吸热罐内还设有吸热材料，可以降低空气的温度，避免空气体积太大而造成气囊的损坏。

图3-3-39是一种内置的气囊型吸湿器。在长方体油箱内设置至少一个胶囊，当内部气压增大时，内部的气囊体积缩小，达到平衡压力的效果。其通过密封胶囊或者开口胶囊解决了变压器、互感器、电抗器、油罐的呼吸问题；取消了储油柜，真正实现全密封，保证油罐在整个运输过程中不吸收水分和空气，绝缘油也不会从油箱顶部的密封面渗出。

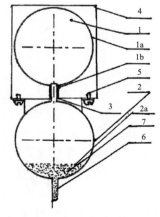

图3-3-38　CN200810016898

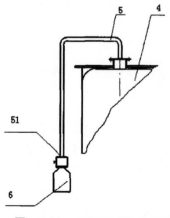

图3-3-39　CN200720130015

4.气泵

图3-3-40是一种通过气泵充气平衡气压的吸湿器，主变本体通过一油枕连管连接至一油枕的底部，油枕连管上安装有一瓦斯继电器，油枕顶部通过呼吸管连接至呼吸氮气槽的一端，呼吸氮气槽的另一端设置有一补气电磁阀，补气电磁阀通过一补气连管连接至一高纯氮气补充装置的出气口，高纯氮气补充装置的出气口设置有一减压阀；还包括一控制装置，控制装置包括中央控制模块以及与其电性相连的设置于油枕处用以检测油枕内气体压力的压力传感器、设置于油枕顶部的泄压阀以及补气电磁阀。该专利申请能够既能保证呼吸作用，又能隔绝空气和潮气与主变内油面的接触，保证主变内部变压器油质量长期稳定、优质，还能起到有效的防火消防作用。

5.外套波纹管型

图3-3-41是一种外套波纹管的吸湿器。包括硅胶罐和油杯，其中，硅胶罐内放置变色硅胶，变色硅胶下面铺设一层过滤网，硅胶罐底部开有小孔；油杯由外油杯和内油杯组成，内油杯与硅胶罐底部小孔连通，内油杯底部设置有内油杯底孔，外油杯侧壁上设置有外油杯气孔，油杯底部放有密封油；油杯外侧套有波纹管，波纹管一端通过设置在硅胶罐底部两侧的挡板与硅胶罐密封，另一端设置有弹性挡片，外油杯底部安装有行程开关，硅胶管底部一侧的挡板上安装有电磁阀，电磁阀受行程开关控制。该专利申请减少了硅胶的更换频率，延长硅胶的使用寿命，降低维护费用；同时减少了"重瓦斯"保护退出的次数，使设备的可靠性得以提高。

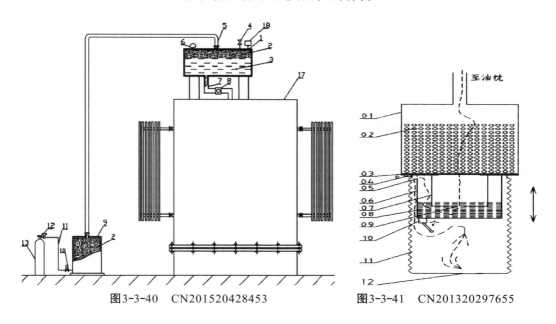

图3-3-40 CN201520428453　　　图3-3-41 CN201320297655

（五）吸湿器的保护

图3-3-42是吸湿器的几种保护方式，主要分为防过热、防过压、防渗漏、防堵塞等。干燥剂在加热时，温度可能会很高，温度过高首先会影响吸湿器内的气压，导致

油杯喷油，或者密封圈老化，如果气压继续增大，还可能导致吸湿罐损坏，即使温度不高，持续加热也可能导致内部气压增大，因此需要设置温度保护和压力保护。部分吸湿器设置在室外，雨雪天气下，大量水分会积累在吸湿器周围，不但有可能腐蚀吸湿器，还可能渗透入吸湿器内。另外，吸湿器在工作时，绝缘油、空气中的灰尘和干燥剂混合后可能会产生油污，大量油污堆积在吸湿罐底部就会堵塞气孔，导致吸湿器无法工作。

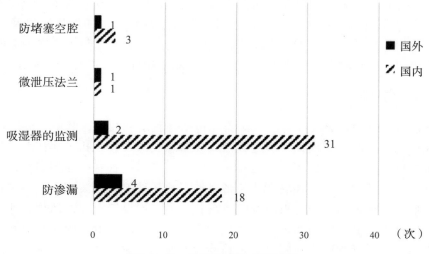

图3-3-42　保护方式的涉及次数

### 1.防渗漏

吸湿器的渗漏主要在各部件的连接处，虽然吸湿器都设有密封圈，然而随着密封圈的老化，渗漏时常会发生。此外雨雪天气下，连接处积累的水分也会慢慢渗入。图3-3-43是两种防渗漏手段在国内外专利申请中的涉及次数。

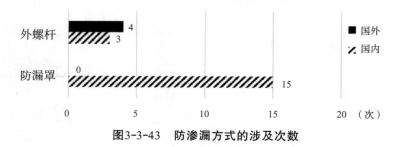

图3-3-43　防渗漏方式的涉及次数

图3-3-44是一种具有外螺杆和防水外沿的变压器呼吸器，两种结构均能防止渗漏。其包括硅胶罐、油杯、设在硅胶罐顶部中心的法兰，硅胶罐是由玻璃罐体、通过螺栓连接在玻璃罐体端口的上、下端盖，连接在上、下端盖之间的长螺栓和设置在罐体与上、下端盖之间的密封圈构成，下端盖底部排气管插入油杯内，其特殊之处是：在上、下端盖上分别设置硅胶注入口和硅胶排出口，硅胶注入口和硅胶排出口上安装密封盖，长螺栓位于玻璃罐体外，下端盖外缘设有向下延伸的挡水沿。操作方便，不会破坏原有的密封结构；解决了因长螺栓位于罐体内其间密封不良导致漏气的问题；

防止冬季雪水由硅胶罐外壁沿下端盖底面流入油杯中；防止因油与硅胶粒接触形成油膜而失去吸水气作用。

**2.吸湿器的监测**

国内外专利申请对吸湿器的监测均有涉及，图3-3-45是监测内容，可以看出国内外对温度均有监测，国内专利申请还涉及压力监测。

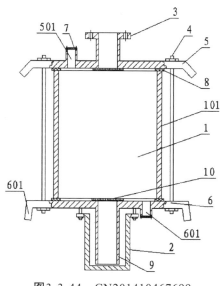

图3-3-44　CN201410467699

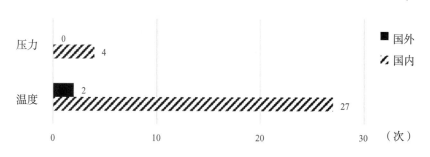

图3-3-45　监控对象的涉及次数

**3.微泄压法兰**

图3-3-46一种电力变压器吸湿器用微泄压法兰，包括法兰本体、锥形阀，法兰本体一侧设有阀孔，阀孔与法兰本体中心孔之间设有第一泄流孔，阀孔与法兰本体的底面之间设有第二泄流孔，锥形阀的前端与阀孔相匹配。该专利申请由于采用上述技术方案，微泄压法兰安装在吸湿器与联管之间，作为旁路的泄压通道。拆除吸湿器作业时可以避免油的流速超过整定动作值，导致主变重瓦斯误动作，从而需要将重瓦斯保护由运行时的投跳闸位改为信号位置的操作，减少现场操作的工作量，并且保证作业过程中变压器运行可靠性。

**4.防堵塞空腔**

图3-3-47是一种防堵塞的吸湿器，其吸湿罐下方设有底盖，底盖的中心设有呼吸孔，变压器运行时，可能会有少量绝缘油进入吸湿罐，形成油泥，进而堵塞呼吸孔，而上述专利申请则在干燥剂和底盖之间设置一个呼吸盘，由于呼吸盘与底盖之间形成

空腔，使得干燥剂不直接接触底盖，避免当油杯中的油倒吸时污染干燥剂，能够提高干燥剂的使用寿命，降低其更换频率，既节约成本，也有利于环保；而且可以避免干燥剂因长期污染后形成油泥堵塞呼吸孔的情况发生。

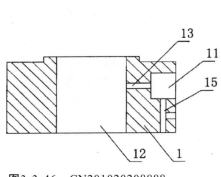

图3-3-46　CN201020208888

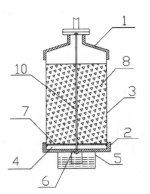

图3-3-47　CN201220103332

## 四、结　语

根据分析，国内申请大部分在沿海省份，可见，经济发达程度对专利申请量有较大的影响，福建与北京的申请量明显高于其他省份，说明这两个地区的某些单位或个人针对吸湿器申请了大量专利，或者某些单位对吸湿器领域投入大量资源研究，还有可能这两个地区对吸湿器专利申请乃至全部专利申请有扶持政策。国外申请量的分布比较均衡，并且大部分申请集中在发达国家，这说明经济发达程度对专利申请量有正面影响。

2010年以前，我国的工业还以购买和仿制国外技术为主，缺少自主知识产权。2011年以后，由于国内技术人员的逐渐成长和国家的扶持政策，国内专利申请量大幅度提高，特别是近两年，国内的工业、技术、人才和政策的积累已经到了爆发阶段。国外的吸湿器的改进的技术效果不大，收益与投入相比不理想，因此国外专利申请量始终保持在比较低的数量，说明国外的吸湿器技术比较成熟，应用也比较可靠稳定。

国内申请主要集中在国家电网，其中绝大部分是县市一级的供电公司，除了国家电网规模大、员工多的因素外，其扶持政策也对专利申请量有促进作用。国外申请人的申请量比较平均，绝大部分集中在发达国家，这说明经济发达程度直接影响申请量，另外，日本企业的申请量排名明显高于其他企业，这说明日本重视专利并积极申请，并且日本特别擅长在吸湿器之类的结构简单的装置上作出改进。

在吸湿器的维护方面，国内外均选择双吸湿器结构来改进维护方式，国内申请还涉及维护工具、长连接管和螺纹连接结构。在干燥剂方面，国内外申请均涉及干燥剂更换口、干燥剂的干燥、干燥剂与空气的充分接触、干燥剂的监测和分层，国内申请还涉及硅胶与活性炭的双层干燥剂。在空气通道方面，国内外申请均涉及防喷油油杯、阀门、气囊和气泵，国内申请还涉及外套波纹管的吸湿器。在吸湿器的防护方面，国内外均涉及防渗漏结构，微泄压法兰、防堵塞空腔和吸湿器监测。

## 第四节　高压断路器在线监测系统专利技术分析

### 一、高压断路器技术概述

高压断路器是电力系统配电网中最重要的开关电器设备之一，控制并保护着整个配电网的正常运行，它既可以用来在输配电网中进行电能的分配，又可以切断电路以保护电力系统，其在电力系统输配电中占有十分重要的地位，因此被广泛地应用于国民经济的各个领域。断路器在工作运行时，利用动静触头来切换其运行方式，使得设备或线路开断、闭合，此时起控制作用；当设备发生故障时须立即切换线路，以保证未出故障部分能够正常运行，此时起保护作用。可见，在电力系统中断路器主要起控制和保护的作用，其工作状态的正常与否将直接影响电力系统的安全、稳定运行。❶

在电力系统中，高压断路器数量多，检修量大，费用高。有关统计表明，变电站维护费用的一半以上是用在高压断路器上，其中60%用于断路器的小修和例行检修上。另外据统计，10%的断路器故障是由于不正确的检修所致，断路器的解体大修，既费时间，费用也很高，而且解体和重新装配会引起很多新的缺陷。在目前相对保守的计划检修中，检修缺乏针对性。及时对断路器状态实现监测，准确了解断路器的工作状态和缺陷的部位，减少过早或不必要的停电试验和检修，减少维护工作量，降低维修费用，提高检修的针对性，可显著提高电力系统可靠性。

实现对高压断路器工作状态的监测是保证断路器正常运行的有效手段之一，查阅资料可知，断路器状态的监测方法已由最初的停电监测、带电测试，发展到当前的在线监测。

（1）停电监测。停电监测就是定期或者在发现异常时，对某段电力系统进行断电，并对该段的电力设备进行检查、测试，对监测的结果，采取必要的措施进行预防故障发生，或者对监测到的问题进行及时解决的办法。该方法需要断电，对电力系统影响较大。

（2）巡视检查。巡视检查由有经验的专业人员进行，具有简便、直观和一般性的特点，是参与状态检修的最基本手段。

（3）预防性试验。高压断路器预防性试验是用作掌握设备状态的常用方法，开展状态检修必须加强预防性试验工作，但测试数据的可信度常受测试环境、仪器性能、测试方法和测试人员素质等因素影响。

（4）带电测试。带电测试是被测断路器不需要停电即可进行测试，根据需要或按预定周期进行，但带电测试工作存在安全隐患。

（5）在线监测。在线监测能使设备实时处于工作参数的监控当中，及时发现设备

---

❶ 宋萌："10kV断路器触头机械动态特性的研究"，载《中国优秀硕士学位论文全文数据库》2015年第11期，第C042-52页。

状态量的实时变化趋势，易于捕捉到突变的信息量，及时发现设备存在问题，反映设备的实时状态，便于电力设备管理人员进行科学管理。在线监测比常规停电监测能更及时、更有效地发现设备早期存在的缺陷，比预防性试验更直观准确，且比带电监测更加安全，避免停电检测而因停电带来的损失等，因此在线监测是实行设备状态检修的重要基础，是电力系统所向往的监测手段。

可见，如何准确、及时实现高压断路器的在线监测技术已是当今发展的主流趋势，通过多年的努力，其许多在线监测技术已经在电力系统得到应用，倍受电力系统管理人员的青睐。

高压断路器在线状态监测通常是对高压断路器的机械性能、电气性能、触头电寿命及操作回路工作状态的监测，通过综合分析在线监测的数据和相关历史数据，诊断出高压断路器当前的工作状态，为电气设备状态检修提供决策依据。图3-4-1为高压断路器在线监测系统结构图。❶

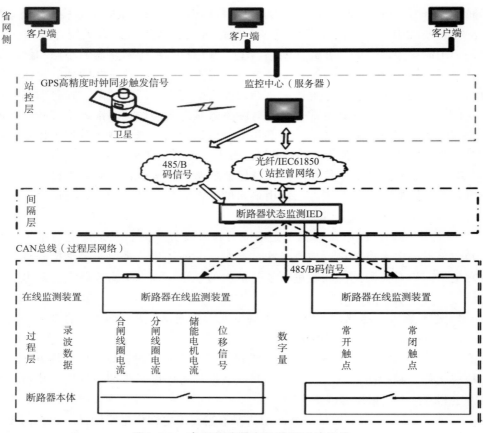

图3-4-1　高压断路器在线监测系统结构

可以看到，在线监测系统能够实时采集高压断路器运行状态各种参数，通过在线

---

❶　黄新波等："智能断路器机械特性在线监测技术和状态评估"，载《高压电器》2015年第3期。

监测装置采集数据参量，实现对高压断路器当下状态进行分析，从而能够准确判断高压断路器的运行状态。常见的监测数据[1]有以下几种。

（1）电气特性在线监测。通常电气特性的监测又分为控制回路的连续性监测和控制回路的波形监测：①控制回路的连续性监测，实时监视控制回路的连接线和控制电源是否正常，在控制回路断开时，提前发出报警提示；监测的关键在于选择合适的电流和并联接入点。②控制回路的波形监测，即在断路器每次动作（分闸、合闸、储能）时，记录和分析控制回路的电流和电压信号，分析电信号的波形以判断控制电路及所控制的驱动装置（脱扣线圈或储能电机）是否工作正常；其能够识别出脱扣机构的摩擦力、驱动力，线圈的阻抗、感抗等参数。

（2）机械特性在线监测。机械特性包括行程特性、速度特性等，反映断路器在动作过程中是否有机械卡滞或缓冲不良等异常现象，并由此来判断断路器当前的状态是否正常；通常是通过配置传感器等，测量断路器动作过程中的分/合闸速度、开距离、动作时间、行程、振动频谱等参数。

（3）真空度在线监测。通过放电现象、电场梯度变化、离子电流、气压等方式直接或间接地判断真空灭弧室内的真空状态，常见的测量方法有气压、放电电流、电弧等方法；由于真空断路器的真空室的气密性要求高，故对真空度的在线监测通常都是间接判断。

（4）触头状态在线监测，包括对触头磨损监测和触头温度在线测量两种方式，其中触头磨损是通过对触头行程量的监测，通过对动触头的位置变化测量判断触头的磨损度，对触头温度的监测又分为接触式测量和非接触式测量，即采用热敏电阻、半导体温度传感器等提取发热点的温度。

## 二、专利申请整体状况

本部分主要对高压断路器在线监测技术的专利申请状况以及申请人进行分析，从中得到技术发展趋势，以及各阶段专利申请人所属的国家分布和主要申请人。利用S系统中的CNABS、DWPI等数据库，通过IPC分类号、CPC分类号、关键词等检索策略相结合，获得初步结果后通过概要浏览和详细浏览将检索文献中明显的噪声去除，考虑到一部分发明专利公开的滞后性，2015年的数据会比实际申请量偏少。其中以每个同族中最早优先权日期视为该申请的申请日，具有多个同族申请的视为一件申请。

（一）国外专利申请状况

1. 国外专利总体申请趋势

图3-4-2和图3-4-3示出了高压断路器在线监测技术的国外专利申请趋势和各个技术分支专利分布，由图3-4-2所示，在线监测技术大致可以分为三个时期，各时期划分以

---

❶　徐建国等：“真空断路器在线监测系统研究”，载《电子技术与软件工程》2016年第9期。

申请量增长率的变化为标准。

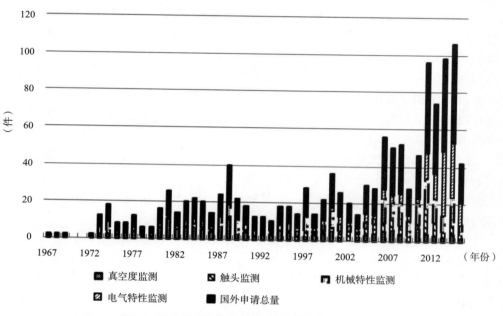

图3-4-2高压断路器在线监测国外专利申请趋势

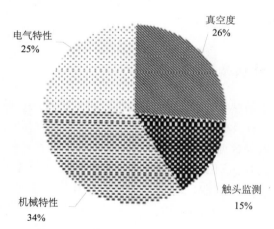

图3-4-3 高压断路器在线监测技术国外分支专利分布

（1）萌芽期（1990年以前）。

从图3-4-2可以看出，1990年前对于断路器的在线监测已经具有一定的申请量，然而，通过浏览可以发现其大部分都是在简单地测量数据，对于数据量的判断并无统一的标准。此外，还可以看出，1990年以前，其申请量很少，研究该领域的申请人的数量也很少，在这个阶段，断路器在线监测的发展还处于萌芽阶段，人们的关注点大多还在实现预防测试和带电测试阶段。

图3-4-4示出1990年以前萌芽期申请量国家（地区）分布。从该图可以看出，在DWPI数据库收录的专利范围内，其中以日本专利局、德国专利局、美国专利局、欧洲专利局的申请量较多，即从一个侧面体现了传统的三强国家工业发展技术基础强大，技术发展时间较长，有较深的工业发展历史文化底蕴。图3-4-5示出了1990年以前萌芽期申请量公司分布，可以看出，其主要以东芝株式会社、明电舍株式会社、通用电气公司、西门子股份公司、ABB有限公司、西屋电气公司等申请人的申请量较多，但由于该阶段是断路器在线监测的萌芽阶段，其该领域的发明人和申请人相对较少，需要值得注意的是，萌芽期阶段日本专利申请量比较多，为后续的发展奠定了基础。

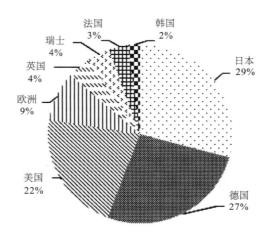

图3-4-4 1990年以前萌芽期申请量国家（地区）分布

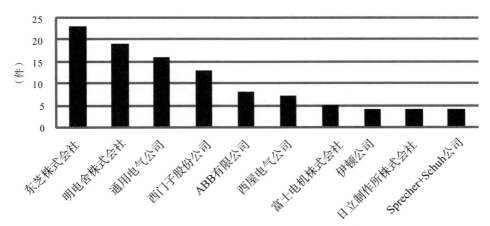

图3-4-5 1990年以前萌芽期申请量前十位的申请人

（2）平稳增长期（1991～2005年）。

从图3-4-2可见，从1991年开始，关于在线监测的专利的申请量比1991年之前的申请量多，而且申请人数量相较之前也有大幅度增长，在该阶段，国外有关断路器在线监测的申请量的发展总体趋势趋于平稳增长。

图3-4-6示出1991～2005年平稳增长期申请量国家（地区）分布，其中在萌芽阶段的日本专利局、德国专利局、美国专利局、欧洲专利局四个局的断路器在线监测的申请量排在国外专利申请量的前四位，可以看出，1991～2005年，这四个专利局的申请量依然是国外有关断路器在线监测申请量的前四位，但其申请量的排名发生变化，变成德国专利局、美国专利局、欧洲专利局以及日本专利局，从一个侧面证明排名靠前的各专利局在萌芽阶段有关断路器在线监测的研究和发展为后续的研究提供了足够的理论基础和技术保障。同时，从图3-4-6可以看出，其他各国（地区）的申请量也都有所增长，说明各个国家（地区）越来越重视电网中高压断路器在线监测的重要性，也充分证实断路器的在线监测研究是历史发展的必然，也为在线监测技术手段的多样化提供了更加有力的保障。

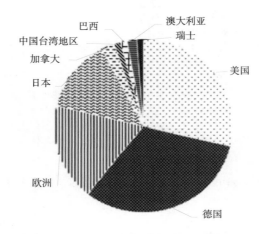

图3-4-6　1991～2005年平稳增长期申请量国家（地区）分布

图3-4-7示出1991～2005年平稳增长期申请量公司分布，可以看出，在该阶段，申请量排名前三的公司为西门子股份公司、ABB有限公司以及通用电气公司，从这三个申请人可以看出，1990年后德国和美国在在线监测技术方面投入了更多的研究，尤其是在真空度监测和触头监测方面。比较图3-4-5和图3-4-7可以看出，一些在萌芽阶段已经涉及断路器在线监测的公司在平稳增长期快速发展，例如西门子股份公司和ABB有限公司在萌芽阶段的申请量并不突出，而在平稳增长期快速发展成为在该阶段与断路器在线监测相关的申请量排名国外专利申请量第一、二位，日本的东芝株式会社、富士电机株式会社的申请量虽有所下降，但在断路器在线监测方面占有重要地位。

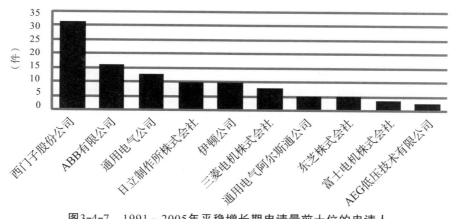

图3-4-7　1991～2005年平稳增长期申请量前十位的申请人

（3）快速增长期（2006年至今）。

从图3-4-2可见，从2006年开始，高压断路器在线监测的申请量相比前两个阶段都出现量的飞跃，这也从一个侧面证明随着时代和工业的发展，对高压断路器实现在线监测来预防损坏的优势被越来越认可，能够准确了解断路器的工作状态和缺陷的部位，减少过早或不必要的停电试验和检修，降低维修费用，提高检修的针对性，可显著提高电力系统可靠性等优点，正是由于在线监测的种种优点，使得这一阶段在线监测技术迅猛发展。

图3-4-8示出2006～2013年快速增长期申请量国家（地区）分布，可以看出，申请量排名前四位的国家专利局分别是美国专利局、欧洲专利局、德国专利局以及日本专利局，与前两个时期排名不同的是，美国专利局以及欧洲专利局的申请量远远超过德国专利局、日本专利局。从美国专利局、欧洲专利局的申请量变化来看，这两个地区的在线监测技术的发展在该阶段已经超过德国并为今后的发展提供了稳定的基础，其掌握了该领域的核心技术手段。在该阶段，在线监测技术的相关专利申请数量美国占有一定的优势，但这并不完全意味着美国在该技术的科研实力最

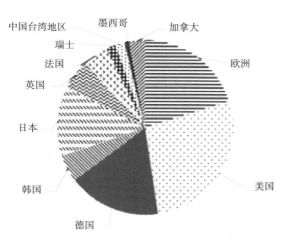

图3-4-8　2006～2013年快速增长期申请量国家（地区）分布

强，有可能受跨国公司的影响，国外的公司急需打开美国的市场，而其他国家对于在线监测技术的申请量相比平稳期来说并没有多大变化。

图3-4-9示出2006~2013年快速增长期申请量公司分布，可以看出，在该阶段，申请量排名前四位的公司为西门子股份公司、施耐德电气有限公司、伊顿公司以及ABB有限公司。从图3-4-9还可以看出，德国的申请量虽然相比美国专利局的申请量在这一阶段有所降低，然而，其该方面的技术依然处于世界领先地位；同时，2006年以后施耐德电气有限公司的申请量明显增加，一跃成为申请量第二的申请人，其在高压断路器的在线监测技术方面投入了大量研究。与此同时，涌现出一大批申请人在断路器在线监测技术申请专利，每个申请人的申请量虽不大，但呈现出百家争鸣之态。

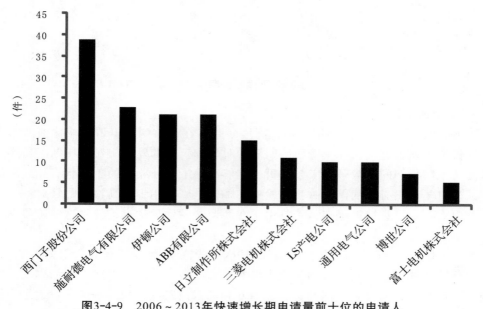

**图3-4-9　2006~2013年快速增长期申请量前十位的申请人**

2. 国外专利申请重要申请人分析

本部分从国外专利申请重要申请人方面对国外相关内断路器在线监测领域的专利申请做进一步分析，主要考虑申请人历年的申请总量，按照申请总量进行排名，取前12名申请人进行分析。

图3-4-10示出了国外专利申请量排名前12名的申请人，分别是：（1）西门子股份公司（德国）；（2）ABB有限公司（德国）；（3）通用电气公司（美国）；（4）伊顿公司（美国）；（5）日立制作所株式会社（日本）；（6）东芝株式会社（日本）；（7）施耐德电气有限公司（德国）；（8）三菱电机株式会社（日本）；（9）明电舍株式会社（日本）；（10）富士电机株式会社（日本）；（11）LS产电公司（韩国）；（12）西屋电气公司（美国）。

由此可以看出，排在前12名的申请人集中在德、美、日、韩四个国家。总体来看，申请总量排名前12的申请人所申请的专利总数占国外专利总量的60%以上，从排名上可以看出，诸如西门子股份公司、ABB有限公司、通用电气公司、伊顿公司一直是较为活跃的申请人，且这些申请人在申请数量以及质量方面都自始至终占据较为重要的地位，部分公司一直处于所属领域的领头羊地位。

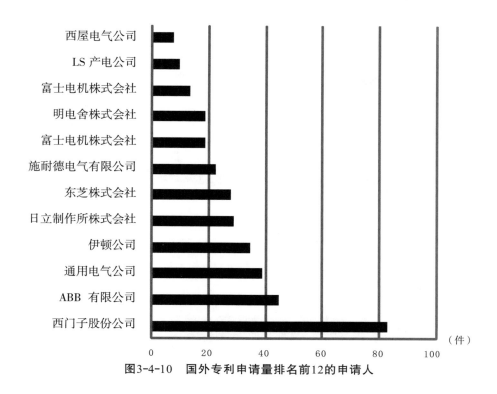

**图3-4-10　国外专利申请量排名前12的申请人**

（二）中国专利申请状况

本部分主要对中国专利申请状况的趋势以及国内专利重要申请人进行分析，从中得到断路器在线监测技术发展趋势，以及重要申请人的专利申请状况。

1. 中国专利申请趋势

图3-4-11和图3-4-12示出关于高压断路器在线监测中国专利申请趋势和各个技术分支专利分布，与国外专利申请趋势对应，大致也可以分为两个阶段：第一阶段为1985～2005年，第二阶段为2006年至今。

（1）第一阶段（1985～2005年）。

从图3-4-11可以看出，2005年以前，中国专利关于在线监测的数量较国外专利在量的方面要少很多；比较国外专利申请趋势和国内专利申请趋势可以看出，当国外专利申请处于研究初级阶段时，中国的申请量还是0，而在国外专利申请趋于平稳时，中国有关断路器在线监测的专利申请才处于萌芽阶段，相对而言，在这个阶段中国对于在线监测技术的发展落后于主要发达国家。

从图3-4-13可以看出，在该阶段，中国的申请大都是国外公司在中国的申请，其反映了在该阶段国内对于断路器在线监测的研究还没有起步，也从一个侧面反映了中国在该阶段的工业水平落后于其主要发达国家。由于中国市场巨大，因此其他国家的申请人为了开拓中国市场从而在中国提交了相关的专利申请。

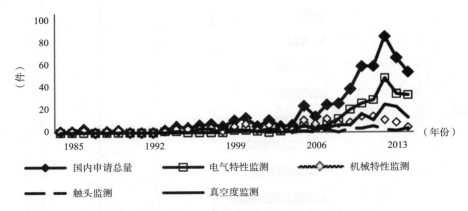

图3-4-11 高压断路器在线监测中国专利申请趋势

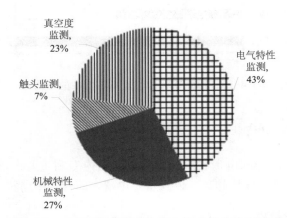

图3-4-12 高压断路器国内各个技术分支专利分布

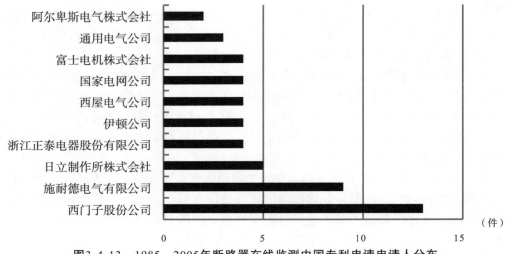

图3-4-13 1985～2005年断路器在线监测中国专利申请申请人分布

（2）第二阶段（2006年至今）。

第二阶段内，中国有关断路器在线监测的专利申请趋势总体呈现急剧上升趋势，证明中国的工业发展相比前一时期都要快速，从图3-4-11还可以看出，在这一阶段，中国的断路器在线监测的申请量一直在追赶国际的脚步，2012年差距已经相当小。

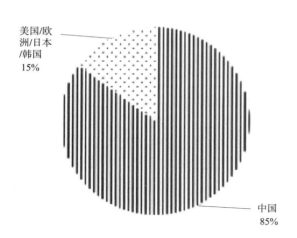

从图3-4-14可以看出，第二时期的中国国内有关高压断路器在线监测的研究申请快速发展，国内申请人的比额也大幅提升，这也说明国内越来越多的申请开始关注高压断路器在线监测领域与研究，促进高压断路器在线监测技术的发展。

图3-4-14　2006年至今中国申请人国内外分布

从图3-4-15可以看出，在这一阶段，在中国国内申请人有关在线监测的申请相对于国外申请人在国内的申请依然占据一定的优势；同时，在这一阶段，申请人大多数是国家电网公司以及国内各高校，说明在线监测技术在电网运行中具有实际意义，使得国家电网投入大量人力物力研发，从一个侧面也证明了国内有关高压断路器的在线

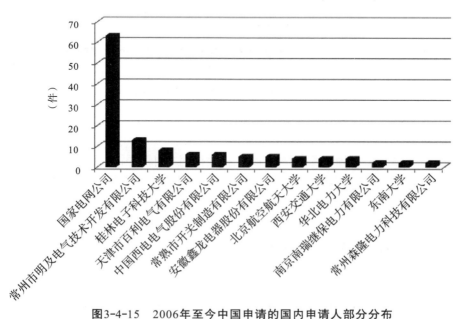

图3-4-15　2006年至今中国申请的国内申请人部分分布

监测的研究正从理论转化为实际的应用，值得注意的是，国家电网公司多数是在电气特性技术分支上的专利申请；此外，高校对于电气特性、机械特性方面的在线监测深入研究并进行了一定数量的申请。

2. 中国专利申请重要申请人分析

下面从国内专利申请重要申请人方面对高压断路器的在线监测领域的专利申请做进一步分析，主要考虑申请人历年的申请总量，按照申请总量进行排名，取前14名申请人进行分析。

图3-4-16示出国内专利申请量排名前14的申请人，分别是：（1）国家电网公司（中国）；（2）常州市明及电气技术开发有限公司（中国）；（3）西门子股份公司（德国）；（4）施耐德电气有限公司（德国）；（5）桂林电子科技大学（中国）；（6）天津市百利电气有限公司（中国）；（7）中国西电电气股份有限公司（中国）；（8）常熟开关制造有限公司（中国）；（9）日立制作所株式会社（日本）；（10）安徽鑫龙电器股份有限公司（中国）；（11）北京航空航天大学（中国）；（12）浙江正泰电器股份有限公司（中国）；（13）西安交通大学（中国）；（14）华北电力大学（中国）。

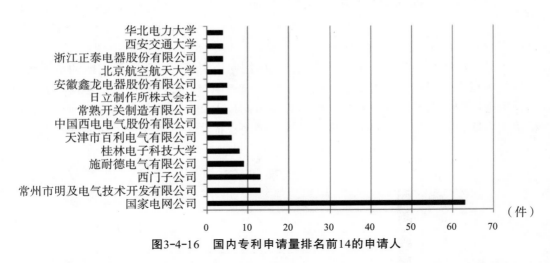

图3-4-16　国内专利申请量排名前14的申请人

由此可见，申请量在国外处于前列的申请人在中国的申请量也基本都排在前10名内，主要体现在西门子股份公司、施耐德电气有限公司、日立制作所株式会社等公司，说明国外公司对于中国市场的重视度较高。同时，中国国内企业在断路器在线监测领域的申请量在前10名内的也较多，说明中国国内断路器在线监测的发展比较良好，且占有一席之地。

## 三、高压断路器在线监测技术专利技术发展分析

下面针对高压断路器在线监测的技术分支做进一步的分析，主要从其主要的几个技术分支的发展方面进行分析。而技术分支的确定从目前相关高压断路器在线监测专

利申请中常见的监测数据分类进行划分，通过划分这些技术分支，查看不同的申请人提出根据不同数据参量判断断路器状态或者解决高压断路器在线监测本身不足点的技术手段以及达到的技术效果，从而确定高压断路器在线监测的技术发展路线。考虑到各参数的表现形式不同，可对上述参量进一步细分，最终结果见图3-4-17。

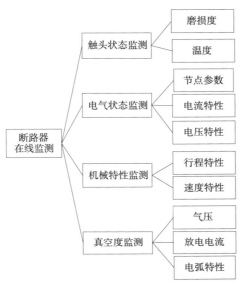

**图3-4-17　高压断路器在线监测的技术分支**

## （一）电气特性在线监测的技术发展路线

对高压断路器的电气性能监测，通常是通过参量计算判断断路器的工作状态，随着技术的发展，其通常是在线监测单元分别与振动传感器、高压传感器、霍尔传感器等传感器连接构成，在工作状态下采集电流、电压、振动等参量判断高压断路器是否能够正常运行。根据实际需要选择合适的测量参数、设置准确的测量节点以及优化程序精准分析数据是电气性能监测必不可少的三要素。

图3-4-18示出电气特性在线检测技术发展脉络，可以看出最早是DE2814443A1介绍通过电流发生器与变压器次级侧线圈电连接，通过对连接在电路中的断路器触头进行监测高压断路器的安全性。这一技术手段的提出，引发大家对断路器的电气特性监测的关注，20世纪90年代具有代表性的WO9323760A1比较系统全面提出对断路器的电流中断、跳闸电压、跳闸电流等参数进行监测，通过测定参数能够及时存储便于监控判断。同时，DE19530776C1通过对触头断开和闭合的过程中脉冲造成的电弧从而引起高频率噪音的故障监测，而中国专利CN2456176Y是通过不间断采集每相电流信号计算平均开断电流，然后与电磨损关系曲线参数进行计算。进入2000年之后，CN1595188提出了采用振动传感器获取振动信号，计算合闸同期性和合闸时间从而判断断路器的状态，EP1515411A1通过在电气开关装置系统中设置电路节点，对节点应用一个模拟信号，并接收表示断路器的状态的数据，通过数据判断是否断路器正

常运行。US2005057254 A1通过集成传感器测量电测量参数或物理测量参数来实现对断路器的监测和评估。CN201438208U通过实时采集分合控制回路上各节点的电位值（电压值），根据其节点附近设备的运行情况来判断断路器是否运行正常。现如今，WO2012157138A1通过设置若干金属电极，根据由金属电极检测的信号，判定GIS断路器的放电部位是在GIS断路器壳的内部还是外部。CN1595188选取振动传感器测量三相触头的振动信号，对振动数据预处理，采用短时能量算法进行分析，确定三相触头的关合时刻，根据三相触头的关合时刻计算合闸同期性和合闸时间。CN104198934A通过采集分合闸过程中的相电流，并根据采集到的数据计算分合闸电流，根据分合闸电流和高压断路器额定电流获得分合闸平均速度并将其上传至监控中心。

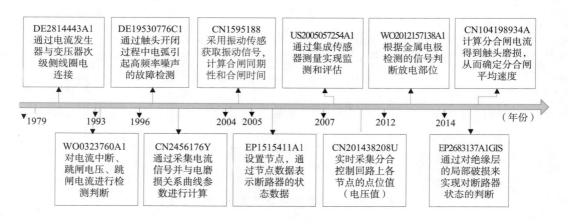

**图3-4-18　电气特性技术发展路线**

总体来说，电气特性在线监测技术多体现在对于监测到的数据参量的计算、优化，通过计算后得到与测量参数相对应的性能参数值；由于其判断准确性较高，成为断路器在线监测的主流技术之一。

（二）机械特性在线监测技术的发展分支

机械特性在线监测主要是针对断路器操作机构、脱扣机构在分闸、合闸阶段的时间、速度以及力等方面的监测，通过配置适当的位移、力传感器等，测量断路器动作过程中的分/合闸速度、开距离、动作时间、行程、振动频谱等参数，使监测者能够直观地反映操作机构、脱扣机构存在的问题。

图3-4-19示出机械特性在线检测技术分支，可以看出，申请人通过对开关行程的监测、双金属元件的监测、断路器操作时间的获取、转动角度的监测以及操作杆的位移变化测量5个技术手段解决了对高压断路器机械特性的在线监测技术问题。

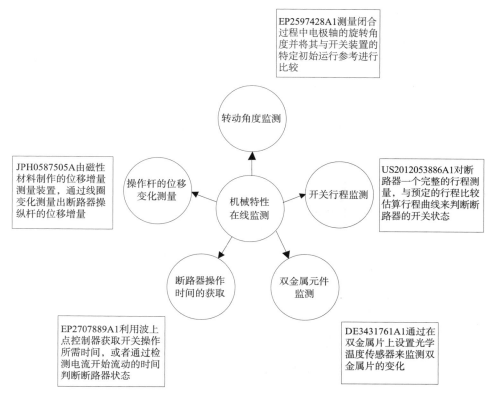

图3-4-19 机械特性在线监测技术分支

## （三）真空度在线监测的技术发展路线

真空断路器是断路器中结构较为特殊的一类，其凭借开断容量大，灭弧性能好，机械寿命长，运行维护量小，检修量小，检修周期长等多优点，成为电网设计中的主流产品之一。真空灭弧室是真空断路器的核心部件，真空度是真空灭弧室的重要参数之一。而真空中的绝缘强度和开断电流能力与真空度有关，只有在一定的真空度范围内，真空开关设备的性能才能得到保证。真空度的在线监测演化经历了如图3-4-20所示的几个阶段。

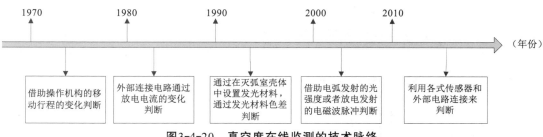

图3-4-20 真空度在线监测的技术脉络

其中，表3-4-1示出同一时期监测真空度最常见的技术手段专利申请。

表3-4-1　真空度在线监测同一时期代表专利

| 公开号 | 附图 | 技术手段 |
|---|---|---|
| US3814885（1974） | | 弹簧50用于向可动操作杆30提供驱动力，由于真空室的气压一定，当弹簧50提供的驱动力发生变化时，其真空室出现泄漏 |
| US4471309（1984） | | 真空开关连接有一个特斯拉线圈，其用于产生放电电流，放电电流的变化可以用于真空开关真空度的判断 |
| EP0543732A1（1993） | | 在壳体12内设置有发光纤维，当射线照射真空开关时，产生光学信号，通过光学信号的变化来反应真空度的变化 |
| US2005258342（2005） | | 主要是通过测量从断续器内的触点102、104之间产生的电弧发射出的光的强度；将测量强度与预定值相比较来判断真空开关内部真空度 |

| 公开号 | 附图 | 技术手段 |
|--------|------|----------|
| CN102201296A（2011） | | 真空测定端子12经由测定端子电压检测部18与压力诊断装置19连接。该压力诊断装置19由电容器26及与电容器26并连接的测定电容器26的输出电压Vout的电压计20以及与该电压计20连接的判定真空压力是否正常的判定部21构成 |
| CN103346039A（2011） | | 在屏蔽罩104和绝缘外壳108之间设置有用于检测真空度的辅助电极109，利用屏蔽罩104作为电极的一个极板，辅助电极109作为另一极板，分别将其引出到真空断路器100的外部，然后通过检测电路测量它们之间的击穿情况检测真空断路器的真空度 |
| CN103996564A（2014） | | 微型无线无源真空传感器2置于真空灭弧室本体1内，微型无线无源真空传感器与真空灭弧室本体外部的真空检测与预警装置无线信号连接 |

## （四）触头状态在线监测的应用技术分解

触头是断路器实现分闸、合闸的关键部件，触头的磨损、疲劳老化、变形等均会引起断路器动作时间的改变；为此，对触头状态的检测是在线监测的重要手段之一。触头状态通常包含触头磨损监测和触头温度在线测量两种方式，其中对触头温度的监测通常是在触头上或触头周围设置传感器来实现对温度的监测，而触头磨损是通过位置指示等直观的监测触头行程或者电流、电压数据变化来计算判断是否出现触头磨损、烧蚀状况的产生。相比之下，本领域常常通过对磨损、烧蚀的监测来实现对触头状态的判断。表3-4-2列出了同一时期监测触头最常见的技术手段专利申请。

表3-4-2　在线监测触头状态的同一时期代表专利

| 公开号 | 附图 | 技术手段 |
|---|---|---|
| DD116530A1 （1975） | — | 对触头烧蚀状态的监控是利用在触头中加入放射性物质，通过对放射性物质的检测来判断触头烧蚀状态 |
| DE3337553 （1984） | | 通过光纤反射器对触头表面的烧蚀状态进行监测 |
| JPH05120945 （1993） | | 利用辅助接点信号波形、时间检测单元的参量来计算得到触头磨损量 |
| EP0925594A1 （1999） | | 在触点中安装包含腐蚀或温度指示剂的插入物，当触点和插入物被腐蚀到临界点时，腐蚀指示剂即外露或释放到可被检测的周围环境中，或者将温度指示剂连到或埋在该触点上，当组件达到一预选温度时能够指示温度 |
| DE10229096A1 （2004） | | 触头位置指示器与可动杆6相连接，指针16可以直观反映动触头的运动行程，从而判断触头的磨损量 |

| 公开号 | 附图 | 技术手段 |
|---|---|---|
| DE10260258A1 （2004） | | 通过测量间距测量磨损量，设置有指示器41，能够直观判断接触部位的磨损，同时根据开关触头（17、18）的烧损值和/或开关机构（20、30、40）的磨损确定开关装置（1）的剩余寿命 |
| DE10345183A1 （2005） | | 其中由光源Q发出的光耦合到光波导体中，并传递检测器，检测器测量的耦合到光波导体中的光的强度随着由触点烧损产生的触点烧损微粒的数量增加而减小 |
| EP2682971A1 （2014） | | 设置在可移动触点上两个突出接触部件（4A，4B），接触栓（2A，2B）被设置在接近于可移动触点而使得接触部件在可移动触点处于第一位置时紧靠接触栓，接触部件在可移动触点处于第二位置时远离接触栓，接触部件和接触栓形成电开关（10A），通过与检测器装置配合检测可移动触点的位置 |

综上所述，本部分对高压断路器的在线监测技术的四个技术分支发展路线进行了分析，并按照时间轴排布各时期的代表性专利，这对于理解高压断路器的在线监测技术的发展历史以及发展现状具有重要的指导意义。

## 四、结 语

本节通过DWPI和CNABS数据库收录的专利为样本，分析国内外断路器在线监测的专利申请趋势，以及主要申请人等，并对断路器在线监测发展所解决的技术问题为技术分支的技术发展做了进一步分析。

就目前而言，关于断路器在线监测的研究和发展，其申请量主要分布于美国专利局、欧洲专利局、中国专利局、德国专利局以及日本专利局；从解决的技术问题出发，断路器在线监测的发展主要围绕四个分支进行。

从断路器的在线监测技术发展来看，对断路器的在线监测技术的研究国外已逐渐步入成熟期，而国内对断路器的在线监测技术的研究还处在发展阶段，近年来国内的专利申请量呈上升的趋势，显示出我国高校、科研院所以及企业在该领域具有巨大发展潜力。

## 第五节　输电线路防舞动间隔棒专利技术分析

### 一、防舞动间隔棒技术概述

近年来，随着电网规模的日益扩大，架空输电线路的舞动问题日趋严重。我国在导线舞动方面的记载始于20世纪50年代，据不完全统计，1957～1996年发生导线舞动，其中较大的有48次，涉及线路171条，引起线路跳闸超过130次，造成巨大经济损失。由此形成的恶性事故，例如相间短路、导线断裂、相邻部件变形损坏和系统跳闸等，使输电线路的安全和电力系统的稳定受到极大威胁。我国中部地区在2005年遭遇了多年不遇的大冰雪，导线上的覆冰雪厚度最大达到60毫米，使得导线舞动现象大范围出现。从2009年11月开始，全国有十几个省份输电线路受雨雪冰冻、大风等恶劣天气的影响发生不同程度的舞动事件，涉及的线路为10～500kV电压等级的输配电线路。

架空输电导线的舞动是在风激励作用下覆冰导线产生的一种大幅度、低频率的自激振动。统计数据表明，在0℃气温附近且具备3毫米以上导线覆冰厚度并在大风作用下则可能发生舞动，因此在架空线路覆冰且有大风的地区容易发生舞动。我国输电线路的舞动范围比较广，而且具有明显的区域性，整体来看是一条从湖南延伸到吉林的带状区域[1]，这条带状区域内的气候条件恶劣，经常有大风、降雪等极端天气出现，使得导线极易覆冰从而发生舞动，其中河北、辽宁等省份是舞动频发区。

在防舞技术方面，研究者根据不同的舞动机理提出不同的防舞措施，如图3-5-1所示。各国针对各种防舞措施进行过多种尝试，如加拿大在失谐摆、相间间隔棒和各种阻尼器方面作了较多研究和工程实践；苏联在空气动力稳定器方面有较多研究和实践经验；日本在偏心锤方面研究比较多；美国在扰流防舞器方面取得了较大的进展并已形成定型产品向国内外出售。

目前，常用的防舞措施分为避舞、抗舞、抑舞三大类。在这三类中，应当优先采用避舞和抗舞措施，只有在避舞或抗舞效果不佳时才需要采用抑舞措施。通过加装防舞装置来破坏舞动发生的条件，从而抑制舞动的发生，保证线路安全可靠运行。针对高电压等级输电导线分裂数多、导线截面大、架线高、档距大等利于舞动的特点，如何提高导线的抗舞能力，以及在可能发生舞动的线路上加装防舞装置，有效抑制导线舞动，成为输电线路防舞研究的关键。而间隔棒作为分裂导线必不可少的防护金具，不仅对子导线起到夹持支撑作用，而且对导线的结构刚度有重要影响，进而影响导线的舞动。

---

[1] 黄经亚："架空送电线路导线舞动的分析研究"，载《中国电力》1995年第2期。

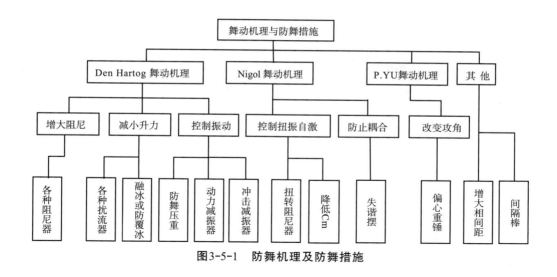

图3-5-1　防舞机理及防舞措施

本节主要以DWPI专利数据库以及CNABS数据库的检索结果为分析样本，从专利文献的视角对输电线路仿舞动间隔棒的技术发展进行全面统计分析，总结与防舞动间隔棒相关的国内外专利的申请趋势、主要申请人分布以及重点技术分支的发展路线，进行分析并从中得到一定规律。

（一）间隔棒概述

间隔棒是输电线路的关键防护金具之一，运行时承受各种非常复杂的载荷。除此之外，它还受到各种气象条件、自然条件的考验，其中不乏在非常恶劣条件下工作的可能，因此分裂导线间隔棒的研究开发是线路金具研发的重点工作之一。

1. 间隔棒的主要作用

间隔棒在线路中主要承担以下功能：
（1）固定子导线空间相对位置，满足电气要求；
（2）抑制次档距振荡，保护导线免受损害；
（3）降低微风振动的强度，延长导线及其部件的使用寿命；
（4）防止产生短路电流时引起的子导线鞭击。

2. 特高压线路对间隔棒的特殊要求

（1）放电晕要求高。特高压直流同塔线路在实际运行时金具表面场强高，尤其是暴露在导线分裂圆外的线夹部分，更容易发生电晕，对金具的放电晕要求更加严格，间隔棒必须进行放电晕设计。
（2）良好的阻尼性能。阻尼间隔棒在保持分裂导线几何尺寸的同时，其关节处应具有充分的活动性能。利用关节处的橡胶元件的弹性来获得所需要的阻尼性能。阻尼性能（利用橡胶在交变应力下的耗能抑制微风振动）是研究设计阻尼间隔棒的关键参数，与橡胶元件材料的阻尼系数有关，但消振效果与间隔棒的结构、使用状态有着更密切的关系，要求在设计时充分考虑。

（3）良好的耐疲劳性能。这是一项非常重要的技术性能，线路在长时间运行后，如果间隔棒不能耐受疲劳振动，会引起阻尼性能失效，可能会造成间隔棒脱落，或者在振动过程中损伤导线，对线路安全运行造成危害。

3. 间隔棒的选型

间隔棒分为刚性间隔棒、柔性间隔棒、阻尼间隔棒三类。阻尼间隔棒在关节处嵌入橡胶垫，消耗振动能量，对抑制微风振动和次档距震荡效果明显，并且在线夹处也有橡胶垫，对导线进行保护，从运行状况来看，效果较好。

多分裂导线间隔棒的本体框架设计分为矩形框架式（四分裂）、圆环框架式、十字形（四分裂）等；线夹布置形式分为上下型、左右型和放射型等。每种形式具有各自不同的特点，在功能上都能够满足使用要求，形式选择取决于设计习惯和模具制造、产品加工的难易等方面。我国从500kV输电线路开始，越来越多地选用多边形框架式，这种形式结构简单明晰，强度可靠。西北电网700kV六分裂输电线路使用了正六边形、单板框架式间隔棒。

间隔棒本体框架形式设计，可以采用单板整体式和双板式，如图3-5-2所示。相比较而言，单板整体式一旦关节出现故障，容易造成脱落，从而造成间隔棒失效；双板式的受力更稳定，其不足之处是顺线方向上线夹的可运动量偏小，在设计和制造时应引起重视。

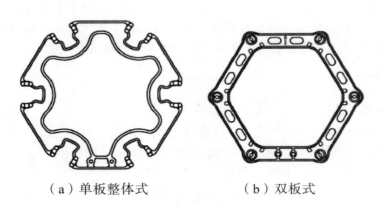

（a）单板整体式　　　　　（b）双板式

图3-5-2　间隔棒本体框架

（二）国内外运用情况

特高压输电线路中一般采用阻尼间隔棒，既可使一相导线中各根子导线之间保持适当的间距，又能通过自身的阻尼特性，降低微风振动和次档距震荡对导线带来的危害。

我国对于间隔棒的研究始于20世纪80年代500kV超高压输电线路的建设。通过对国外金具的大量调研，结合国内的相关研究成果，逐渐形成自己的一套设计理论。首先从材质上推行铝合金，因为它质量轻、强度可靠，避免不必要的磁滞损耗，节约能源。其次，在线夹夹头关节处采用橡胶阻尼元件可以实现间隔棒的阻尼性能。对于四分裂导线的输电线路，间隔棒的结构形式有框架形（正方形、矩形）和十字形等。而六分裂线路也延续了这样的设计思路，采用了正六边形设计。

1000kV晋东南—南京—荆门特高压交流试验示范工程采用八分裂导线，导线为LGJ-500/35，线路采用的八分裂阻尼间隔棒如图3-5-3所示。

±800kV向家坝—上海特高压直流示范工程采用六分裂导线，导线为ASCR-720/50，线路采用的六分裂阻尼间隔棒如图3-5-4所示。

图3-5-3　特高压交流试验示范工程用　　　图3-5-4　特高压直流示范工程用
　　　　　八分裂阻尼间隔棒　　　　　　　　　　　　六分裂阻尼间隔棒

俄罗斯和日本的特高压直流输电线路使用了八分裂间隔棒。俄罗斯在1150kV八分裂输电线路多分裂间隔棒的研究中，提出了两种型式的间隔棒：（1）整体式，如图3-5-5所示的八分裂间隔棒；（2）分布组合式，这种间隔棒在超高压交流输电线路中采用过，在1150kV输电线路试验阶段也研究过，如图3-5-6所示，在多分裂线路中采用多个两分裂间隔棒，两两连接导线。

图3-5-5　俄罗斯1150kV交流输电线路八分裂间隔棒

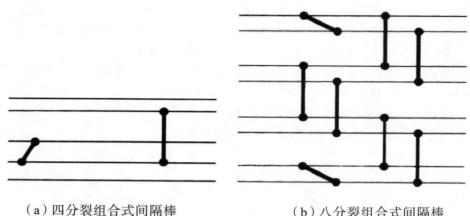

（a）四分裂组合式间隔棒　　　　　　　　（b）八分裂组合式间隔棒

**图3-5-6　俄罗斯超高压交流输电线路组合式间隔棒**

美国AEP公司与加拿大魁北克水电局研究所合作，就150kV特高压输电线路十二分裂间隔棒进行了大量的试验机分析，研究结果表明，间隔棒宜采用柔性阻尼间隔棒，结构上采用环形，并采用不等距安装方式。

日本也对多分裂间隔棒进行了大量研究，其一贯坚持用低碳钢作为主材，通过预紧弹簧释放压紧的方式握紧导线，并且间隔棒线夹部分与导线直接接触，不用阻尼橡胶，通过弹簧的收缩实现能量的消耗和线夹的灵活转动，达到消振的目的，并且在安装完毕后不再有螺栓，从运行效果看没有出现问题。

## 二、防舞动间隔棒专利申请整体状况

### （一）中国专利申请状况

下面主要对相关领域中国专利申请状况的趋势以及中国专利重要申请人进行分析，从中得到相关的防舞动间隔棒技术发展趋势，以及重要申请人的历年专利申请状况。该分析数据主要来自CNABS，通过IPC分类号、CPC分类号、关键词等检索策略相结合，获得初步结果后通过概要浏览和详细浏览将检索文献中明显的噪音去除；其中一系列的同族申请视为一个申请，申请日是指同族中最早的优先权日期。

1. 中国专利申请趋势

图3-5-7示出关于防舞动间隔棒中国专利申请趋势，大致可以分为三个时期：第一时期为1994～2004年，第二时期为2005～2009年，第三时期为2010年至今。

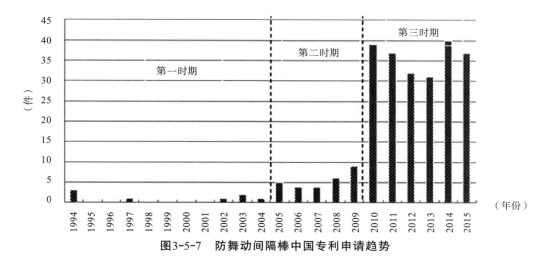

**图3-5-7 防舞动间隔棒中国专利申请趋势**

（1）第一时期（1994～2004年）。从图3-5-7可以看出，在第一时期内，中国专利申请总体比较平缓，上升趋势不明显，且申请量数量非常少。因为在这一时期，中国国内间隔棒技术刚起步，水平低下，国内高校研究所专利申请意识薄弱，只发表文章而很少申请专利。

（2）第二时期（2005～2009年）。第二时期内，中国专利申请趋势总体呈现上升趋势。随着中国加入世界贸易组织，中国经济飞速发展，国家重视发明创造，国内高校研究所、企业、个人申请量均增长较快。另外，随着社会经济迅猛发展，能源供求矛盾日益尖锐，大功率、长距离、高密度的输电线路建设十分紧迫，根据"西电东送、南北互供、全国联网"的战略部署,全国展开了大规模特高压输电线路的建设。因此，在这一阶段，国内关于输电线路防舞动技术的研究增多，防舞动间隔棒的研究日益受到重视。

（3）第三时期（2010年至今）。由图3-5-7可以看出，2010年至今，关于防舞动间隔棒的申请量呈现跨越式增长，可谓是防舞动间隔棒发展的黄金时期。2009年11月至2010年3月，我国发生了最近一次大范围的覆冰舞动，全国多数省份受大范围的大风、降温、降雪等恶劣天气的影响，多条输电线路发生不同程度的舞动现象，波及范围之广、设备之多、危害之大，实为历年罕见。因此，2010年相关申请增长势头最为迅猛，申请量大幅度增加，这也是间隔棒在这段时间迅猛发展的一个侧面写照，说明市场对于防舞动间隔棒的需求急剧增加，对于这方面的技术关注度也急剧提升，才出现量的飞跃。

2. 中国专利申请申请人类型分析

下面从中国专利申请申请人类型方面对国内相关防舞动间隔棒的专利申请进行分析，国内申请人类型分布如图3-5-8所示。

图3-5-8主要按照高校研究院所申请、企业申请以及个人申请进行划分，可以看出，企业申请占总申请量的75%、高校研究院所申请占总申请量的23%、个人申请占总

申请量的2%。

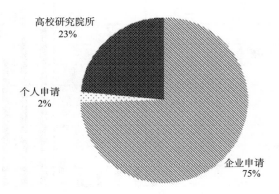

**图3-5-8　国内申请申请人类型分布**

3. 中国专利申请重要申请人分析

下面从中国专利申请重要申请人方面对防舞动间隔棒的专利申请做进一步分析，主要考虑申请人历年（1994～2015年）的申请总量，按照申请总量进行排名，取前8名申请人进行分析。

图3-5-9示出了中国专利申请量排名前8的申请人，分别是：国家电网公司、国网河南省电力公司电力科学研究院、中国电力科学研究院、江苏双汇电力发展股份有限公司、江苏天南电力器材有限公司、江苏华厦电力成套设备有限公司、红光输配电设备有限公司、固力发集团有限公司。

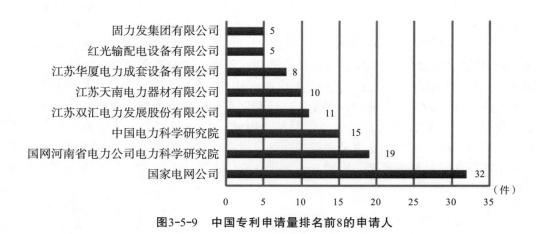

**图3-5-9　中国专利申请量排名前8的申请人**

第三时期（2010年至今）由于受大范围输电线路舞动的影响，全国范围内防舞动间隔棒专利数量猛增，上述前8位的申请人在该时间段内申请量如图3-5-10所示。

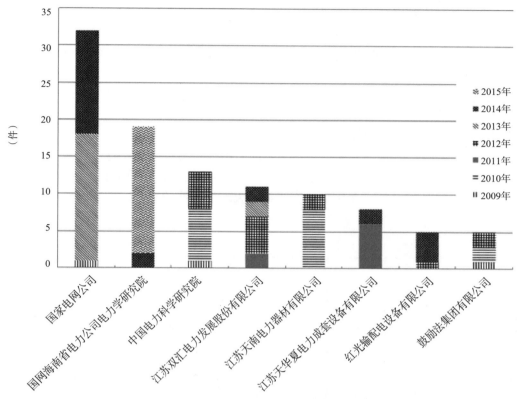

**图3-5-10 第三时期主要申请人申请量年份变化趋势**

### 4. 中国专利申请重要技术分支

由于防舞动间隔棒所具有的技术分支是本节的研究重点，因此，以下从中国专利申请中关于各个技术分支的申请量来研究各分支的总体申请趋势。

间隔棒的阻尼结构是指利用关节处的橡胶元件的弹性来获得所需要的阻尼性能，由图3-5-11可以看出，间隔棒通过采用阻尼结构以达到防舞动的效果占总体申请量的37%；通过安装摆锤等防舞动装置以达到防舞动的效果占总体申请量的24%；回转式线夹可在线夹中设置旋转的内夹头，使得导线能够以转动的形式减小其承受的扭转力，防止导线由于风力作用发生舞动，采用该方式的间隔棒占总体申请量的21%。

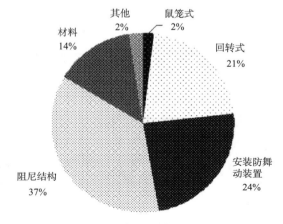

**图3-5-11 中国专利申请各重要技术分支**

（二）国外专利申请状况

下面主要对1972年后的防舞动间隔棒的国外专利申请状况的趋势以及国外专利重要申请人进行分析，从中得到相关的防舞动间隔棒技术发展趋势，以及申请国家分布和主要申请人分布。

1. 国外专利申请趋势

图3-5-12示出各时间段防舞动间隔棒国外专利申请量，图3-5-13示出国内外专利申请趋势的对比，与中国专利申请趋势不同，国外相关技术研究起步比较早，在1972年已经有国家陆续开始防舞动间隔棒方面的专利申请，而国内直到1994年才有首次申请，但是国外的申请量变化趋势不明显，大致处于波动状态，无阶段性增长或减小趋势。

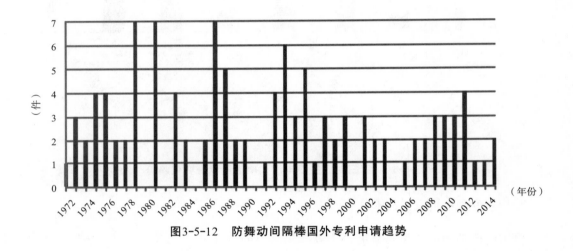

图3-5-12　防舞动间隔棒国外专利申请趋势

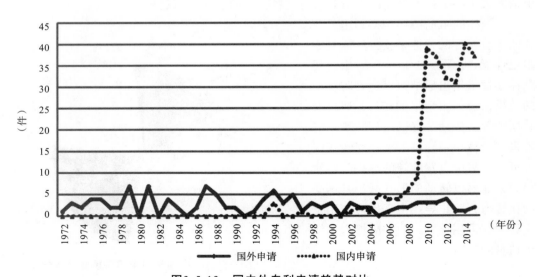

图3-5-13　国内外专利申请趋势对比

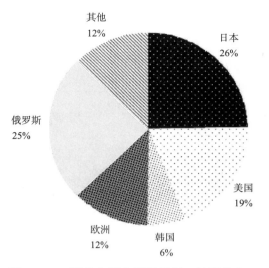

图3-5-14　国外专利申请量国别／地区分布

## 2. 国外专利申请量国别分布

图3-5-14示出防舞动间隔棒申请量国别分布，可以看出，在DWPI数据库收录的专利范围内，其中以美国专利局、日本专利局、俄罗斯专利局的申请量较多。根据资料显示，在一些舞动频繁、危害严重的国家，如日本、俄罗斯、美国等，投入了大量的人力、物力、财力，对输电线路间隔棒的防舞动效果进行了试验与研究，因此，对间隔棒的专利申请数量也占据较大的比重。

选取其中专利申请量较为稳定的1992~2000年，在这段时间内各国申请量变化趋势如图3-5-15所示，可以看出，日本专利局的申请量远大于其他专利局的申请量，说明防舞动间隔棒在日本的研究普遍，另外其他国家基本处于持平状态。

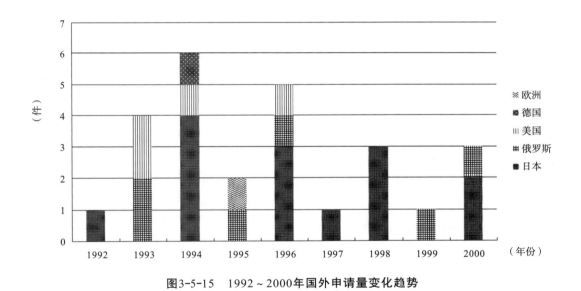

图3-5-15　1992~2000年国外申请量变化趋势

## 3. 国外专利申请重要申请人分析

下面从国外专利申请重要申请人方面对国外相关防舞动间隔棒的专利申请做进一步分析，主要考虑申请人历年（1972~2015年）的申请总量，按照申请总量进行排名，取前8名申请人进行分析。

图3-5-16示出国外专利申请量排名前8的申请人及其申请量。

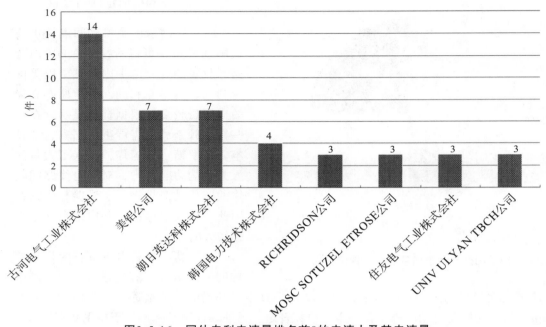

图3-5-16 国外专利申请量排名前8的申请人及其申请量

由此可以看出，排在前8名的申请人集中在美国和日本，前3名也被这两个国家的申请人占据，说明美国、日本的防舞动间隔棒发展水平较为先进。

## 三、防舞动间隔棒专利技术发展分析

下面针对防舞动间隔棒的重要技术分支做进一步分析，主要从间隔棒采用的防舞动措施进行分类，包括线夹回转式间隔棒、阻尼间隔棒、鼠笼式间隔棒、加装防舞动装置间隔棒，对不同间隔棒防舞动方法和效果进行分析。通过这些技术分支的分析，查看不同申请人提出的解决间隔棒存在的技术问题所采用的技术手段以及所达到的技术效果。

### （一）防舞动间隔棒技术分支

防舞动间隔棒的技术分支如图3-5-17所示，申请人通常采用设置回转式线夹、阻尼系统、鼠笼式框架、加装防舞动装置及选择防舞动材料等五个技术手段解决间隔棒防舞动的技术问题。

图3-5-17 防舞动间隔棒技术分支

### （二）防舞动间隔棒代表性专利分析

#### 1. 线夹回转式间隔棒

线夹回转式防舞动间隔棒，由于在线夹支架上装有数量相同或多于固定式线夹的回转式线夹，回转式线夹常时处于转动状态，故可随时抑制在导线上形成恒定的机翼状结冰或积雪的发生，减小迎风面覆冰雪状态下及导线舞动状下导线所受阻力、升力和扭转力的力矩作用，由此减弱导线本身的过大的张力变动减少所有导线的水平尤其是上下方向的舞动幅度，从而可将导线舞动的轨迹改变为非圆形，提高架空输电线即导线及铁塔等相关设备的安全性。表3-5-1示出了线夹回转式间隔棒的代表性专利。

表3-5-1　线夹回转式间隔棒的代表性专利

| 申请号 | 技术要点 | 附　图 |
|---|---|---|
| CN200920278048 | 该间隔棒设有主体支架，主体支架边角设置至少一个回转式线夹，回转式线夹包括与间隔棒各边角固定连接的外夹头201、与所述外夹头201活动连接的外夹头压盖202，外夹头201和外夹头压盖202形成第一孔腔203；设置于第一孔腔203中并可在第一孔腔203内转动的内夹头204，内夹头204主要由两个环状半圆柱的内夹头片组成，两个内夹头片形成第二孔腔2041；回转式线夹内设置有可在回转式线夹中旋转的内夹头，这种设计使得导线能够以转动的形式减小承受的扭转力，防止导线由于风力作用发生舞动 | |
| CN201020584342 | 该间隔棒包括框架1以及与框架1固定连接的偶数个线夹2，线夹2包括回转线夹2a和预绞线夹2b，回转线夹2a与预绞线夹2b的数量相同，对称设置在框架1上。间隔棒的线夹由回转线夹2a与预绞线夹2b组合，在回转线夹2a的作用下抑制电网线路的舞动，而预绞线夹2b可防止间隔棒在线路上的轴向移动 | |
| CN200820233784 | 分裂线夹回转式阻尼间隔棒（1）包括间隔棒本体框架（11）；间隔棒本体框架为正六边形结构，在间隔棒本体框架的六角部位设有线夹。线夹包括设在间隔棒本体框架一侧的3个普通阻尼式线夹（12）、设在间隔棒本体框架另一侧的3个回转式线夹（13）。使用时，3个回转式线夹的侧边朝向迎风侧。这样的结构，既可解决不均匀覆冰的问题，又可尽量减少整体线路扭转刚度的损失，避免分裂导线拧成麻花状 | |

### 2. 鼠笼式间隔棒

鼠笼式间隔棒的支撑整体采用鼠笼造型，能够有效防止导线之间的鞭击与碰撞，具有抑制导线振动的功能。表3-5-2示出了鼠笼式间隔棒的代表性专利。

表3-5-2　鼠笼式间隔棒的代表性专利

| 申请号 | 技术要点 | 附　　图 |
|---|---|---|
| CN200710157197 | 鼠笼式跳线间隔棒包括框架（1）和线夹本体（2）；框架由对称的两部分拼接而成，框架沿圆周方向分别与一组线夹本体的末端固定连接，并在框架和线夹本体的连接处卡装橡胶档块（18）；在线夹本体前端设有第一销孔（24），第一销孔分隔并形成插槽，盖板（5）一端插装在该插槽中，盖板的第二销孔（26）与第一销孔通过铰链销（6）连在一起；在线夹本体和盖板（5）上设有用于安装橡胶垫（4）的橡胶垫腔（25），在线夹本体上开有与锁住销（3）配合的自锁销孔（27）。框架采用半开式铸钢支撑架，线夹夹头与本体框架之间采用高强度螺栓连接，导线握紧方式采用自锁销式 | |
| CN201110387006 | 该间隔棒包括固定连接在本体（1）上的连接板（5）和通过螺栓（4）连接在连接板上的线夹（3），连接板与线夹之间设有绝缘弹性衬垫（2）。该结构能吸收线缆轴向振动和围绕连接螺栓方向的周向振动。间隔棒一改通常的形态，在间隔棒线夹的夹头与连接板的接触连接位置加装衬垫，这样大大地提高间隔棒的阻尼效果，有效防止输电导线的舞动。 | |

### 3. 阻尼间隔棒

阻尼间隔棒在关节处嵌入橡胶垫，消耗振动能量，对抑制微风振动和次档距振荡效果明显，并且在线夹处也有橡胶垫，对导线进行保护，从运行状况来看，效果较好。阻尼间隔棒利用关节处的橡胶元件的弹性来获得所需要的阻尼性能，阻尼性能（利用橡胶在交变应力下的耗能抑制微风振动）是研究设计阻尼间隔棒的关键参数，与橡胶元件材料的阻尼系数有关。表3-5-3示出了阻尼间隔棒的代表性专利。

表3-5-3　阻尼间隔棒的代表性专利

| 申请号 | 技术要点 | 附　图 |
|---|---|---|
| US19790043567 | 该阻尼间隔棒包括框架、线夹本体，框架上设有线夹位槽，线夹本体一端转动连接有夹头盖板，另一端的上、下两面分别设有一个定位球盖，定位球盖内设有橡胶垫，框架上对称设有4个线夹位槽，线夹本体设有定位球盖的一端与框架位槽转动连接，橡胶垫为空心圆柱体，圆柱两端面呈漏斗状内陷锥面，锥面上等距设有扇缺形突起，两锥面上的突起呈交错关系。橡胶垫具有很好的阻尼性能，可有效地抑制导线振动和减轻次档距振荡，消耗和吸收尽可能多的振动能量 | |
| US19780970734 | 该四分裂导线间隔棒，包括十字形的框架、4个由线夹本体及相应线夹盖板构成的线夹，框架外侧通过十字轴套与均匀分布的4个线夹本体近端固定连接；十字形框架与4个线夹本体近端对应处开有弧形槽，线夹近端同时还与该框架的弧形槽孔之间通过销轴连接；该结构可在发生较强烈的振动时，整套系统受力顺畅，对分裂导线的微风振动、舞动、次档距振荡、顺线振动均能发挥衰减振动能量的作用，从而达到最佳的减振防舞效果，更好地抑制相导线、子导线之间鞭击 | |
| CN201210020838 | 该间隔棒是由框架、橡胶柱、十字轴套、线夹本体、锁柱销、橡胶垫、盖板、铰链销、螺栓、螺母、垫圈组成，线夹本体通过橡胶柱、十字轴套、螺母、垫圈、螺栓与框架连接，盖板的一端通过锁柱销与线夹本体连接，盖板的另一端通过铰链销与线夹本体连接，线夹本体和盖板形成一个盛放导线的槽，在槽内的四周边缘处设有橡胶垫。通过将间隔棒导线之间的刚性相连，变为柔性连接，可彻底解决相邻次导线风尾涡流引起的导线舞动、次档距振荡等问题，提高了高压输电线路的运行安全 | |

4. 加装防舞动装置的间隔棒

通过在间隔棒上加装防舞动装置,该防舞动装置能够实现自身缓冲能量、消耗能量、抑制舞动的目的,从而达到抑制架空输电线路舞动的效果。表3-5-4示出了加装防舞动装置间隔棒的代表性专利。

表3-5-4 加装防舞动装置间隔棒的代表性专利

| 申请号 | 技术要点 | 附 图 |
|---|---|---|
| JP2004066937 | 该四分裂间隔棒加装了防舞动装置:平衡锤7,平衡锤7可以使其在垂直于导线的平面方向上相对于间隔棒左右运动的装置设置于防舞器下端;利用平衡锤因惯性而相对于导线摆动方向相反的原理,来抵消摆动力并且不产生离心力而有效减少舞动频率和减小舞动幅度,可以适应不同风向 | |
| CN200820233785 | 六分裂双摆防舞阻尼间隔棒包括紧凑型六分裂阻尼间隔棒,间隔棒为正六边形结构;在其中一边设有对称的"人"字形联板,"人"字形联板顶部(21)与紧凑型六分裂阻尼间隔棒固定连接;在"人"字形联板下部两个分支的端部分别设有一个摆锤,摆锤为实心结构;在六角部位分别设有阻尼线夹。由于六分裂双摆防舞阻尼间隔棒上对称设有两个摆锤,当将该六分裂双摆防舞阻尼间隔棒设置在架空输电线路上时,可改变紧凑型线路的六分裂导线系统的扭转刚度和扭转惯量等参数,因此,能够达到防止输电线路舞动的效果 | |
| CN201420757891 | 单摆锤阻尼式双分裂间隔棒,包括框架、线夹、重锤架、重锤,框架的两端分别连接线夹,其中重锤架安装在框架的中部位置,重锤架的上端套在第一套管上,重锤架与框架之间设置第一阻尼垫,第一阻尼垫套在第一套管上,螺栓穿过第一套管将重锤架、第一阻尼垫、框架紧固在一起,重锤上设置连接座,重锤架与连接座固定连接。由于框架中部位置安装重锤架和重锤,采用单重锤结构,解决了双锤摆浮冰厚度不同造成的舞动性能变差的问题,防舞性能好,重锤架与框架之间设置第一阻尼垫,消除了硬性防舞 | |

## 四、结　语

我国是输电线路舞动较为频繁的国家之一，而间隔棒作为分裂导线必不可少的防护金具，不仅对子导线起到夹持支撑作用，而且对导线的抗舞性具有重要影响。

本节主要以DWPI专利数据库以及CNABS数据库中的检索结果为分析样本，从专利文献的视角对输电线路防舞动间隔棒的技术发展进行全面的统计分析，对与防舞动间隔棒相关的国内和国外专利的申请趋势、主要申请人分布以及重点技术分支的发展路线进行分析，并从中得到一定的规律。这些分析和总结梳理了防舞动间隔棒在输电线路领域的应用技术，有助于本领域技术人员了解该领域的发展情况和趋势。

从防舞动间隔棒的专利技术发展来看，国外对间隔棒的研究起步比较早，并已经逐渐步入成熟期，而国内对间隔棒的研究起步较晚，初期主要还是借鉴国外的技术，由于线路需求，近年来间隔棒的国内专利申请量已高于国外，呈快速上升的趋势，显示出我国高校、科研院所以及企业在该领域具有巨大发展潜力；另外，国外关于防舞动间隔棒的专利申请主要集中在日本、美国、欧洲等，反映出这些国家和地区的企业专利布局强。